高职高专"十二五"规划教材

民航基础知识

王重华　孙　梅　主编
王　芳　张　祎　副主编
杨益群　主审

化学工业出版社

·北京·

本书根据空中乘务和航空服务专业"十二五"规划教材出版要求，针对高职、高专院校而编写。本书介绍了民航基础知识的相关理论与实践，全书共分七章，包括绪论、民用飞机基本知识、民用机场基本知识、国内国际主要航空运输企业、航空地理知识、民航运输组织基本知识、民航法律知识，以及附录等。

　　本书编写过程中结合了中国民航业的实际情况，突出了航空专业的时效性、实用性，由浅入深、通俗易懂，使学生在教师的指导下，提高认知能力。

　　本书为高职高专空中乘务和民航服务专业教材，也可供行业培训机构及相关人员参考。

图书在版编目（CIP）数据

民航基础知识/王重华，孙梅主编 . —北京：化学工业
出版社，2013.6（2022.9重印）
高职高专"十二五"规划教材
ISBN 978-7-122-17014-9

Ⅰ.①民…　Ⅱ.①王…②孙…　Ⅲ.①民用航空-高等职业
教育-教材　Ⅳ.①V2②F56

中国版本图书馆 CIP 数据核字（2013）第 074842 号

责任编辑：旷英姿　陈有华　　　　　　文字编辑：张春娥
责任校对：蒋　宇　　　　　　　　　　装帧设计：王晓宇

出版发行：化学工业出版社（北京市东城区青年湖南街 13 号　邮政编码 100011）
印　　刷：北京云浩印刷有限责任公司
装　　订：三河市振勇印装有限公司
787mm×1092mm　1/16　印张 14¾　字数 372 千字　2022 年 9 月北京第 1 版第 14 次印刷

购书咨询：010-64518888　　　　　　　售后服务：010-64518899
网　　址：http://www.cip.com.cn
凡购买本书，如有缺损质量问题，本社销售中心负责调换。

定　　价：30.00 元　　　　　　　　　　　　　　　　版权所有　违者必究

前言 FOREWORD

中国的民航业在不断地发展，行业规模也在不断地扩大，尤其是近几年民航事业取得了巨大的成就。目前，中国民航有运输公司 46 家，其中全货运航空有 11 家，截至 2011 年底全国共有民航机场 180 个，较 2010 年增加了 5 个。截至 2011 年 12 月 1 日，中国民航在册运输类航空器 1745 架。这些数据已经超过了前两年统计，而且随着民航业的不断发展统计数据还将会更新。这就迫切要求加强民航各方面的建设，包括提高高职高专航空专业学生的从业水平。

具备民航基础知识是步入民航运输业的一个必备条件。熟悉民航基础知识以及了解它的基本过程，是目前对高职高专航空专业学生的基本要求。

本书从民航发展的现状出发，结合航空专业的特点和先进理念，强化基础知识，集通俗性、实用性、创新性于一体，使学生基本掌握国内、国际民航基础知识，扩大学生航空知识面、开阔思路，了解民航发展的历史。

在编写这本《民航基础知识》时，喜逢 2012 年 7 月 8 日《国务院关于促进民航业发展的若干意见》的发布，明确了促进民航业发展的总体要求、主要任务和政策措施，为当前及今后一段时期民航业的发展指明了方向。这是 1949 年以来首次在国家战略层面上出台的指导民航业发展的纲领性文件，具有重要的里程碑意义，同时，也将对民航业发展产生极其深远的影响。因此，本书专门将此作为一个附件，让读者了解和学习。经过近 30 多年的快速发展，中国民航已经成为世界第二大航空运输系统。中国也已经跻身世界民航大国之列，三次当选国际民航组织一类理事国。但我们与世界民航强国还有较大差距。《国务院关于促进民航业发展的若干意见》出台，对民航业的发展是一个重要的契机，标志着我国民航强国建设开始进入一个新的历史阶段。

本书共分七章，主要供高职高专院校和中专技校航空专业教学使用，在教学过程中可以穿插一些新的内容，把航空业一些新的知识和新的发展理念作为辅助资料融进教材中。为方便教学，本书配套有电子课件。

本书由上海应用技术学院王重华、上海建桥学院孙梅主编，河北建材职业技术学院王芳、信阳职业技术学院张祎副主编，上海应用技术学院杨益群主审。参加本书编写的还有中国货运航空有限公司王益友，上海应用技术学院刘慧和陈丽娜，青岛外事服务学校刘海燕，信阳职业技术学院陈俊廷、周珊珊、周鹭、梁红艳，以及上海航空公司刘玲、余晴莲及刘琦。

在本书编写过程中，查阅和参考了一些民航书籍及相关文章和期刊，在这里向他们表示诚挚的谢意。

由于时间仓促和编者水平有限，还有许多不足之处，谨请读者批评指正并提出宝贵意见。

编者

2012 年 10 月

CONTENTS

民航基础知识

目 录

3 CHAPTER 第三章 民用机场基本知识

Page 072

第七章 民航法律知识应用

Page 187

附录 Page

198

参考文献 Page

227

第一章

绪论

第一节
航空基本概念

人类自古以来就梦想着能像鸟一样在太空中飞翔，而 2000 多年前中国人发明的风筝虽然不能把人类带上太空，但它确实可以称为飞机的鼻祖。

从人类梦想在空中自由飞翔和对飞行的探索，到今天高速发展的航空业，在这漫长的岁月中，尤其是在发展的过程中，航空业制造技术突飞猛进。今天的航空业已经发展为航空器制造业、军事航空和民用航空三个相对独立的行业。

一、飞机的发明及使用

飞机发明以后，人类逐渐认识到了飞机的重要作用。如在两次世界大战中，使用飞机来与敌人作战，以及战后不断地提高飞机技术给人们带来的利益，都让人类感受到了飞机的重要作用。直到今天航空技术的现代化，飞机、火箭、宇宙飞船等航空技术不断的提高，我们可以看到，飞机在军用、民用及航天领域发挥着不可替代的作用。

1903 年，美国的莱特兄弟（哥哥威尔伯·莱特，弟弟奥维尔·莱特）在家乡俄亥俄州代顿完成了中学课程后，便开始对飞机进行了发明研究。1903 年 12 月 17 日，兄弟俩在美国北卡罗来纳州的一块儿空地上进行了试飞。首次试飞，飞机离地飞行 36.5 米，留空时间仅 12 秒。同一天，他们进行了三次试飞，最好成绩为空中持续飞行 59 秒，飞行距离 260 米。这被世界公认为是航空业最早的自由飞行，莱特兄弟发明的飞机也被公认为是世界上最早的飞机。

1909 年，法国人路易·布莱里奥成功地飞过了英吉利海峡，开创了历史以来第一次国际飞行。

1909 年 12 月，中国人冯如驾驶自制的飞机（时速为 76 千米），参加了第一次国际飞行竞赛大会，并拿到了冠军。

1910 年 11 月 7 日，首次飞机货运飞行是美国飞行员菲利浦帕马利受英尔豪斯貂皮公司委托，驾驶了一架莱特 B 型双翼机，将第一批丝织品从代顿运到哥伦布。

首次飞机航班飞行是在 1914 年 1 月 1 日，由美国飞行员托尼·贾纳斯驾驶"伯努瓦"

号水上水机，载了一名乘客开始第一次航程，航线长 31 千米，航行约 20 分钟。

1914 年 10 月，第一次真正的空战发生了，1914 年至 1918 年的第一次世界大战，使用几千架飞机参与作战，极大地推动了世界航空技术的发展。战后的 1919 年，世界各工业发达国家的民用航空产业迅猛发展。许多国家建立了专门的航空科研机构和航空产业，当时出现过 200 多个飞机制造厂，生产出几十万架飞机和发动器。

1919 年 10 月 13 日，26 个国家在巴黎签署了《关于管理空中航行的公约》，即《巴黎公约》，这是第一个关于航空的国际公约，对于国际航空法的建立和发展具有重要作用，也是世界上第一部国家间的航空法。

1930 年，美国波音公司开始研制全金属客机，这也就是航空历史上著名的波音 247 型客机，波音 247 是第一架真正现代的客机，它具有全金属结构和流畅的线型外形，采用下单翼结构，装有自动驾驶装置，起落架可以收放，机上装有两台功率为 410 千瓦的发动机，巡航速度为 248 千米/小时，航程 766 千米，载客 10 人，并可装载 181 千克邮件，机上座位舒适，并配备洗手间。

波音 247 于 1933 年首次试飞成功，并在 1933 年世界博览会上引起了轰动，而美国联合航空公司一次就订购了 60 架，价值 400 万美元。当时一共只制造了 70 架波音 247 飞机。

从 1933 年开始，美国道格拉斯公司研制出 DC-1 型、DC-2 型飞机，当时这种型号的飞机是最先进的，航程 1915 千米，而改进的 DC-3 型客机于 1935 年问世后，它的航程达到了 2415 千米，巡航速度为 290 千米/小时，当时共生产出 455 架客机以及 10174 架军用型运输机。

1937 年 3 月，德国人冯奥海因研制出世界上第一种轴流式喷气式发动机，并于 1939 年 8 月装配在 He-178 飞机上试飞成功，成为世界上第一架成功飞行的喷气飞机。

1939 年至 1945 年的第二次世界大战，在这六年的战争中，航空技术取得了飞跃发展，对战争的胜负起到了很大的作用，特别是战争后期喷气飞机的出现，飞机在战争中被大量使用，为以后民航的发展奠定了基础。

二、飞机的发展

第二次世界大战的结束，带来了民航业的兴旺发展。喷气飞机早在 1939 年于德国首次出现。1949 年 7 月，由英国德哈维公司研制的喷气式客机"彗星"号首次试飞成功，此为第一架喷气式民航客机，此飞机巡航速度为 800 千米/小时，飞行高度也突破 10000 米，达到 12800 米。

1954 年前苏联的图波列夫设计局研制图 104 客机，并于 1956 年投入航线，成为了 20 世纪 50 年代末 60 年代初前苏联民航的主要客机。

1958 年，美国波音飞机公司也开始了喷气式客机的研制，从此，开始了喷气式航空的新时代。作为喷气式航空的代表机种，波音 707 的速度为 900～1000 千米/小时，航程可达到 12000 千米，可载乘客 158 人。由于波音 707 客机的体积、速度和航程等指标比以前的飞机有了很大提高，使其飞行能力大大加强，一时成为了现代喷气客机的代名词。波音 707 真正得到了全世界的公认并在商业航空运输方面成为最为成功的喷气客机，这也极大地促进了全球的交通发展。1958 年开始的民用喷气时代是民航发展的一个新阶段，标志着民航进入了全球大众化运输的新时代。

1945 年第二次世界大战结束后，到 1958 年民用航空经历了恢复和大发展的时期。这一时期民用航空发展的特点是：国际航空业迅速发展，机场和航路网等基础设施大量兴建，直升机进入民航服务，喷气民用飞机的研制进入试用阶段。

在此后的 20 世纪 60 年代到 21 世纪初，由于喷气发动机的发展，出现了第二代以及第三代喷气式客机。其特点是安装了耗油率低、噪声小的高涵道比的涡轮发动机，随后出现的波音 727、波音 737、波音 747、波音 757、波音 767、波音 777 都是美国波音飞机制造公司的代表作。随之，英国的"三叉戟"，前苏联的伊尔-62、伊尔-86、伊尔-96 也相继问世。

1969 年，欧洲空中客车飞机工业公司开始研制双发宽体运输机，其原型于 1972 年开始使用，这是由法国和德国组建的一个合资财团联合研制，机身部分主要在德国制造，机翼由英国霍克西德公司负责，荷兰福克公司制造水平尾翼，总装由法国南方航空公司在图鲁兹完成。随后推出了空中客车 A300、310、320、330、340，而空中客车 A380 是近两年投入使用的最大型、最先进、最宽敞和最高效的飞机，可载乘客 555 人。

时至今日，民航已经发展成为一个巨大的国际性行业，对世界经济或一个国家的经济发展有着举足轻重的影响，各国的政府和企业都对民航进行了大量的投资，把它作为一个具巨大潜力的行业来开拓发展。

第二节
中国民航的历史发展概况

一、最早的飞行器

虽然在现阶段，我国与世界上各先进国家的航空技术整体水平有较大差距，但是追溯到航空发展的历史，我国的人民在早期的航空科技发明和航空活动中，也有着许多光辉的成就。

我国自古以来就有了四大发明（造纸、火药、指南针、活字印刷术），而在航空方面也有了许多前奏。4000 多年前，我们的祖先已经在实际生活中使用了空气动力制作了木船上的帆和舵，以及风扇、风车等。2100 多年前，中国出现了风筝，它也是世界上第一种重于空气的飞行器，并且已得到世界的公认。2000 多年前，中国出现了松脂灯（孔明灯），它是利用加热后的空气产生升力，同一时期，中国还出现了竹蜻蜓。1000 年前，我国陆续发明了利用火药的喷射推力的军事武器。500 多年前，出现了"神火飞鸦"，是利用 4 支绑在其上的火箭飞向目的地。

二、中国的近代航空业

1909 年 9 月 21 日，中国最早的飞机设计师和飞行员冯如驾驶自己设计制造的飞机，在美国奥克兰市附近的派得蒙特山丘上试飞，首次飞行取得成功。后来又进行过多次飞行，他的飞机飞行高度达 210 米，速度达到每小时 105 千米，沿海湾飞行距离曾达到 32 千米。这是中国人首次驾驶自制飞机飞上蓝天。

1911 年 1 月，中国的冯如研制成一架液冷式发动机的双翼飞机在奥克兰进行表演获得成功。1913 年 10 月，由潘世忠设计、制造并驾驶的飞机在南苑试飞成功，这是中国自制飞机成功的最早记录。

1911 年 10 月，孙中山领导的革命军在北京、广东、东北组建了空军，开始把航空用于军事，进行了震撼世界的辛亥革命，当时有南方革命政府、北京政府和其他地方势力。抗日战争时期，民航业也在发展，1939 年成立的中苏航空公司开辟了重庆到莫斯科的航线，为前苏联方面支援中国的抗日开辟了通道。

1913 年 9 月，北洋政府筹建中国第一所航空学校——北京南苑航空学校。

三、中国航空业的发展

1. 创建时期（1949～1957 年）

1949 年 10 月，新中国成立，中国的民航事业开始了新起点。1949 年 11 月 2 日，中国民用航空局成立，从此开始了中国民航业发展的新篇章。也是从这一天起，新中国民航迎着朝阳起飞，从无到有，由小到大，由弱到强，经历了不平凡的发展过程。

与此同时，中共中央做出了在中国人民革命军事委员会下设立民用航空局，受空军指导的决定。

1949 年 11 月 9 日，当时总部迁到中国香港的中国航空公司，总经理刘敬宜和中央航空公司总经理陈卓林宣布两个航空公司近 4000 名员工在香港起义，服从中央人民政府领导，并当日率 12 架飞机飞往北京、天津，为新中国民航建设提供了一定的物质和技术力量，这就是震惊中外的两航起义。两航起义对新中国的民航事业的建设起到了一定的作用。

1950 年 7 月 1 日和 8 月 1 日，新中国民航运输正式在固定航线上经营，定期国际航班、国内航班任务，当年 7 月 1 日，也合资成立了中苏民用航空服务公司。1952 年 7 月，新中国第一个国营航空运输企业中国人民航空公司在天津成立。1954 年经中央人民政府批准，民航局归国务院直属机构，并更名为中国民航总局，但在业务上仍属空军领导，是一个半军事化的行业，主要服务于各项政治和军事。

这一时期，中国民航开辟航线，进行基础设施建设，更新机队，改进管理机制，提高技术，这为中国民航的后续发展奠定了基础。

2. 调整时期（1958～1976 年）

1960 年，中央提出"调整、巩固、充实、提高"八字方针。中国民航随着国家经济的发展而发展，走上了正常发展的道路。

这一时期，中国民航的国际交往逐步展开，1958 年 7 月 20 日，中国正式加入 1929 年在华沙签订的《统一国际航空运输某些规则的公约》。在此期间，中国先后订购多架飞机，新建、改建机场，开通数条开往西亚和东南亚的国际航线。中国民航大力发展国际和国内航空运输业务，出现了略有盈利的良好局面。

1972 年，中华人民共和国在联合国恢复了席位，并经常务理事国在国际民航组织第 74 届理事会，第 16 次会议通过决议，承认中华人民共和国的代表为中国唯一合法代表。

1974 年 2 月 15 日，中国外交部通知国际民航组织秘书长：中国政府决定承认 1944 年《国际民航公约》加入有关决定书，并决定自即日起恢复在国际民航组织的活动。

3. 成长时期（1977～1990 年）

1978 年十一届三中全会以来，中国民航事业无论在航空运输、通用航空、机群更新、机场建设、航线布局、航行保障、飞行安全、人才培训等方面都持续快速发展，取得了令人瞩目的成就。

1980年3月5日，中国政府决定将民航脱离军队，成为一个从事经济发展的业务部门，民航管理开始走向现代化的道路。

1980年以后，中国的民航事业得到迅速发展，在1980年这一年中，中国民航向美国波音公司购买了波音747SP型宽体客机，这也是中国民航首次使用了宽体客机，标志着中国民航使用的运输飞机已部分达到了国际民航先进水平。1983年引进了波音747-200、波音737、MD-80型。1985年至1987年，中国民航又相继购买了波音757、波音767、空客A310、图154等型号飞机，至1987年底，中国民航已拥有各型号飞机402架，其中起飞全重60吨以上的运输机104架。

这一阶段，中国民航的航空运输网络逐步完善，到1990年底，中国民用航空航线达到437条，其中国际航线44条、地区航线8条，连接世界24个国家的97个城市，中国的航空运输网络初步形成。

4. 起飞时期（1991～2001年）

进入20世纪90年代，对外开放进一步深化，中国民航客货运输和各项基础设施建设获得飞速发展。具体体现在四个方面：①民航基础设施建设成就显著；②民航运力进一步提升；③民航运输规模增长，国际地位提高；④航线网络更加密集。

中国民航运输总周转量保持高速增长，从1991年的第15位上升到2001年的第5位。大量引进国际上先进机型，如空中客车A300系列、A320、A321、A319、A340、A330，包括最新式的飞机A380，波音737-600/700/800/900、波音777、最新式的波音787等，这不仅使中国民航完成了从中小型飞机为主向先进的大中型飞机为主的转变，而且提高了航空运输装备的国际先进性，增强了参与国际航空运输市场竞争的实力。

5. 改革时期（2002～2004年）

2002年10月，中国民航业再次进行重组，组成为六大集团公司，分别是：中国航空集团公司、东方航空集团公司、南方航空集团公司、中国民航信息集团公司、中国航空油料集团公司、中国航空器材进出口集团公司。这六大集团是在民航总局直属的九家航空公司和国家服务保障企业的基础上联合组建的，它们的成立，标志着中国民航业的发展进入了一个全新阶段，成为了中国民航由民航大国向民航强国转变的新起点。民航总局与6个集团公司脱钩，民航地区管理局完成了机构改革，民航总局下属的7个地区管理局（华北地区管理局、东北地区管理局、华东地区管理局、中南地区管理局、西南地区管理局、西北地区管理局、新疆管理局）和26个省级安全监督管理办公室，对民航事务实施监管。空管系统通过改革形成了总局空管局—地区空管局—空管中心的三级管理与运营体制框架。

机场实行属地管理，按照政企分开、属地管理的原则，对90个机场进行了属地化管理改革。民航总局直接管理的机场下放所在省（区、市）管理，相关资产、负债和人员一并划转；民航总局与地方联合管理的民用机场和军民合用机场，属民航总局管理的资产、负债及相关人员一并划转所在省（区、市）管理。首都机场、西藏自治区区内的民用机场继续由民航总局管理。2004年7月8日，随着甘肃机场移交地方，机场属地化管理改革全面完成，这也标志着民航重组全面完成。

6. 高速发展时期（2005年至今）

自改革开放以来，随着中国经济的快速发展，中国民航业得到了巨大的发展，中国民航平均增长速度为17.6%。2012年，中国民航运输总周转量达到632亿吨千米，旅客运输量达到3.2亿人次，货邮运输量达到578万吨。北京首都国际机场旅客吞吐量达8192.9万人次，稳居全球第二位，上海浦东国际机场货邮吞吐量达 293.82 万吨，居全球第三位。截止到 2012 年 11 月底，我国现有通用航空企业 149 家，通用飞机 1316 架；拥有 70 个通用机场和 329 个起降点。中国民航已跃居为全球第二大航空运输系统，目前已成为全球增长最快和发展潜力最大的航空市场，为世界民航业的发展做出了积极贡献。而中国民航的快速发展，得益于中国的经济快速发展。

在中国民航业发展壮大的同时，机场及配套设施的数量和质量得到进一步发展，为了满足日益发展的航空运输需要，中国民航加大了机场投资建设力度。

机场的建设速度近几年来明显加快，在北京、上海、广州、重庆、天津等城市建立了我国重要的国际交通枢纽，综合交通运输体系正在加速形成；一些中心城市如武汉、成都、南京等也进行和完成二、三期机场扩建工程，这些标志着以临空产业为支撑的航空经济正在加速发展，标志着这些城市对外开放的服务功能正在稳步提升，同时也提升了民航运输整体服务功能，增加了我国民航业的核心竞争力，促进了我国民航业健康发展。

中国民航经过几代人的艰苦努力，已初具规模，中国民航正适应市场规律，朝着安全高效的方向蓬勃发展。

? 思考练习题

1. 在莱特兄弟发明飞机之前，人类已向天空挑战，试举例说明。
2. 简述中国民航运输业的发展过程。
3. 简述中国民航 2002 年重组的主要内容。

第二章

民用飞机基本知识

第一节
飞行器的概念与分类

一、飞行器与航天器定义

在空间飞行并由人来控制的在地球大气层内或大气层之外的空间（太空）飞行的器械统称为飞行器。飞行器通常可分为四类：航空器、航天器、火箭和导弹。在大气中进行飞行的飞行器称为航空器（图 2-1～图 2-3），而飞到大气层外的飞行器则称为航天器（图 2-4～图 2-6）。二者之间有联系，但更是相互独立的，例如中国相关机构分别为航空工业部（航空工业集团公司）、航天工业部（航天工业集团公司）。

图 2-1　航空器（一）

图 2-2　航空器（二）

二、航空器的分类

航空器的分类如图 2-7 所示。

1. 航空器依据获得升力方式的不同分类

可分为两大类：一类是轻于空气的航空器，依靠空气的浮力漂浮在空中，如气球、飞艇等；另一类是重于空气的飞行器，由其自身与空气相对运动产生升力，包括非动力驱动和动

图 2-3　航空器（三）

图 2-4　航天器（一）

图 2-5　航天器（二）

图 2-6　航天器（三）

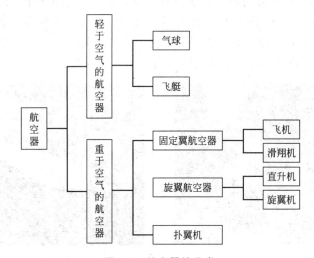

图 2-7　航空器的分类

力驱动两种类型，具体如图 2-7 所示。

（1）气球（图 2-8）　气球是充满空气或某种别的气体的一种密封袋。气球不但可作为玩具，也可作为运输工具。气球种类有很多，现主要介绍以天然乳胶生产出来的气球，可以作为装饰、开业庆典做的拱门，可以印制上广告图案作为宣传，以及可以作为装饰道具等。

气球又可分为自由气球和系留气球。自由气球是不加约束可以自由漂浮的气球；系留气球是使用缆绳将其拴在地面绞车上并可控制其在大气中飘浮高度的气球，升空高度 2 千米以下，主要应用于大气边界层探测。为使气球有良好的稳定性，有时做成流线型，横放在空

图 2-8　气球

中。球内充氢气或氦气。气球可携带自记仪器、无线电遥测仪器，或可通过缆绳传送信息的仪器，也可吊挂仪器在几个预定高度进行梯度观测。

　　（2）飞艇（图 2-9）　飞艇是一种轻于空气的航空器，它与气球最大的区别在于具有推进和控制飞行状态的装置。飞艇由巨大的流线型艇体、位于艇体下面的吊舱、起稳定控制作用的尾面和推进装置组成。艇体的气囊内充以密度比空气小的浮升气体（氢气或氦气）借以产生浮力使飞艇升空。吊舱供人员乘坐和装载货物。尾面用来控制和保持航向、俯仰的稳定。

图 2-9　飞艇

　　一般从结构上看，飞艇可分为三种类型：硬式飞艇、半硬式飞艇和软式飞艇。硬式飞艇是由其内部骨架（金属或木材等制成）保持形状和刚性的飞艇，外表覆盖着蒙皮，骨架内部则装有许多为飞艇提供升力的充满气体的独立气囊。半硬式飞艇要保持其形状主要是通过气囊中的气体压力，另外，部分也要依靠刚性骨架。20 世纪 20 年代，一艘意大利制造的半硬式飞艇从挪威前往阿拉斯加的途中穿过了北极点。

　　（3）固定翼航空器　固定翼航空器（fixed-wing aircraft）泛指比空气重，有动力装置驱动，机翼固定于机身且不会相对机身运动，靠空气对机翼的作用力而产生升力的航空器。

　　飞机（图 2-10）是指具有机翼和一具或多具发动机，靠自身动力能在大气中飞行的重于空气的航空器。严格来说，飞机指具有固定机翼的航空器。20 世纪初，美国的莱特兄弟在世界的飞机发展史上做出了重大的贡献。自从飞机发明以后，飞机日益成为现代文明不可缺少的运载工具。它深刻地改变和影响着人们的生活。

　　滑翔机（glider）（图 2-11）是一种没有动力装置，重于空气的固定翼航空器。它可以由

图 2-10　飞机

飞机拖曳起飞，也可用绞盘车或汽车牵引起飞，更初级的还可从高处的斜坡上下滑到空中。在无风情况下，滑翔机在下滑飞行中依靠自身重力的分量获得前进动力，这种损失高度的无动力下滑飞行称滑翔。在上升气流中，滑翔机可像老鹰展翅那样平飞或升高，通常称为翱翔。滑翔和翱翔是滑翔机的基本飞行方式。

图 2-11　滑翔机

　　（4）旋翼航空器　旋翼航空器（图 2-12）是一种利用前飞时的相对气流吹动旋翼自转以产生升力的航空器。它的前进力由发动机带动螺旋桨直接提供。旋翼机必须滑跑加速才能起飞。旋翼机与直升机的最大区别是，旋翼机的旋翼不与发动机传动系统相连，发动机不是以驱动旋翼为飞机提供升力，而是在旋翼机飞行的过程中，由气流吹动旋翼旋转产生升力。

图 2-12　旋翼航空器

（5）扑翼机　扑翼机（ornithopter）（图 2-13）的机翼能像鸟和昆虫翅膀那样上下扑动，是重于空气的航空器，又称振翼机。扑动的机翼不仅产生升力，还产生向前的推动力。中国春秋时期就有人试图制造能飞的木鸟。15 世纪意大利的达·芬奇绘制过扑翼机的草图。1930 年，一架意大利的扑翼机模型进行过试飞。此后出现过多种扑翼机的设计方案，但由于控制技术、材料和结构方面的问题一直未能解决，扑翼机仍停留在模型制作和设想阶段。

图 2-13　扑翼机

2. 按照航空器的使用用途分类

按照航空器的使用用途，航空器可分为国家航空器和民用航空器。

（1）国家航空器　1919 年，第一次世界大战的战胜国在法国巴黎举行和平会议，讨论并就管理国际航空的规则达成协议，其中就包括对航空器的区分问题。《巴黎公约》第七章第 30 条规定以下应被认为是国家航空器。

① 军用航空器，如图 2-14、图 2-15 所示。

图 2-14　军用航空器（一）

图 2-15　军用航空器（二）

② 专业用于国家部门的航空器，如海关、警察航空器属于这一类。

（2）民用航空器　除以上，其他一切航空器应被认为是民用航空器。所有航空器，除军事、海关、警察航空器外，应作为私有航空器来对待并受本公约所有规定的约束。

我国《民用航空法》明确规定，民用航空器是指除用于执行军事、海关、警察飞行任务外的航空器。从航空的使用性质来区分民用航空器与军用航空器是比较科学的。

现阶段，我国有些空运企业的担任国内、国际航空运输任务的航空器，虽然作为生产资料的所有权来说，主要为国家所有，但它们执行的任务却是民用的，不属于国家航空器。

（3）民用航空器（图 2-16、图 2-17）的特征

图 2-16 民用航空器 (一)

图 2-17 民用航空器 (二)

① 民用航空器一般是在一个国家的民用航空当局注册登记。

② 从事旅客、行李、货物和邮件等公共航空运输。

③ 在国民经济的某些部门从事公共航空运输以外的航空作业，如工农业、林业、渔业和建筑业的作业飞行。

④ 从事医疗卫生和采取保健措施。

⑤ 进行气象探测、科学实验等活动。

⑥ 从事教育训练、文化体育等飞行活动。

⑦ 进行救灾抢险等活动。

航空器虽然有很多种，但在民用航空中主要使用的是飞机，其他种类的航空器使用较少。

三、民用航空

1. 民用航空的定义

运输是把人、财、物从一个地方转移到另一个地方的过程，它使运输对象发生空间和时间上的变化。运输的种类有公路、铁路、水路、航空和管道等。

使用各类航空器从事除军事性质（包括国防、警察和海关）以外的所有的航空活动称为民用航空。这个定义明确了民用航空是航空的一部分，同时以"使用"航空器确定了它和航空制造业的界限，用"非军事性质"表明了它和军事航空的不同。

2. 民用航空的分类

民用航空分为商业航空和通用航空两部分。

（1）商业航空　也称为航空运输，是指以航空器进行经营性的客货运输的航空活动。它的经营性表明这是一种商业活动，以盈利为目的。它又是运输活动，这种航空活动是交通运输的一个组成部分，与铁路、公路、水路和管道运输共同组成了交通运输系统。尽管航空运输在运输量方面和其他运输方式相比是较少的，但由于快速、远距离运输的能力及高效益，航空运输在总产值上的排名不断提升，而且在经济全球化的浪潮中以及在国际交往中发挥着不可替代的、越来越大的作用。民航运输不产生质化的产品，它的产品是旅客、货物、邮件等产生的位移。航空运输具有快速性、机动性、安全性、舒适性、国际性等特点。

（2）通用航空　航空运输作为民用航空的一部分划分出去之后，民用航空的其余部分统称为通用航空，因而通用航空包罗多项内容，范围十分广泛，可以大致分为下列几类。

① 工业航空　包括使用航空器进行与工矿业有关的各种活动，具体的应用有航空摄影、航空遥感、航空物探、航空吊装、石油航空、航空环境监测等。在这些领域中利用了航空的优势，可以完成许多以前无法进行的工程，如海上采油，如果没有航空提供便利的交通和后勤服务，很难想象出现这样一个行业。其他如航空探矿、航空摄影等，使这些工作的进度加

快了几十倍到上百倍。

② 农业航空 包括农、林、牧、渔等各行业的航空服务活动。其中如森林防火、灭火、撒播农药，都是其他方式无法比拟的。这类飞机速度一般在 400 千米/小时以下。

③ 航空科研和探险活动 包括新技术的验证、新飞机的试飞，以及利用航空器进行的气象天文观测和探险活动。

④ 飞行训练 除培养空军驾驶员外培养各类飞行人员的学校和俱乐部的飞行活动。这种飞机通常只有一个发动机，机构简单，便于操纵。

⑤ 航空体育运动 用各类航空器开展的体育活动，如跳伞、滑翔机、热气球以及航空模型运动。

⑥ 公务航空 大型企业等用单位自备的航空器进行公务活动。跨国公司的出现和企业规模的扩大，使企业自备的公务飞机越来越多，公务航空已成为通用航空中的一个独立部门。

⑦ 私人航空 私人拥有航空器进行航空活动。

通用航空在我国主要指前面 5 类，后两类在我国刚刚开始发展，但在一些航空强国，公务航空和私人航空所使用的航空器已占通用航空的大部分。

3. 民用航空的组成

民用航空由 3 大部分组成，即政府部门、民航企业和民航机场等。

（1）政府部门 民用航空业对安全的要求高，涉及国家主权和交往的事务多，要求迅速地协调和统一地调度，因而几乎各个国家都设立独立的政府机构来管理民航事务，我国是由中国民用航空局来负责管理。政府部门管理的内容主要是：

① 制定民用航空各项法规、条例，并监督这些法规、条例的执行。

② 对航空企业进行规划、审批和管理。

③ 对航路进行规划和管理，并对日常的空中交通实行管理，保障空中飞行安全、有效、迅速的实行。

④ 对民用航空器及相关技术装备的制造、使用制定技术标准并进行审核、发证，监督安全，调查处理民用飞机的飞行事故。

⑤ 代表国家管理国际民航的交往、谈判，参加国际组织内的活动，维护国家的利益。

⑥ 对民航机场进行统一的规划和业务管理。对民航的各类专业人员制定工作标准，颁发执照，并进行考核、培训民航工作人员。

（2）民航企业 指从事和民航业有关的各类企业，其中最主要的是航空运输企业，即我们常说的航空公司，它们掌握航空器从事生产运输，是民航业生产收入的主要来源。其他类型的航空企业如油料、航材、销售等，都是围绕着运输企业开展活动的。航空公司的业务主要分为两部分：一是航空器的使用（飞行）维修和管理，另一部分是公司的经营和销售。

（3）机场 亦称飞机场、空港或航空站，是固定翼飞机、直升机或飞艇起飞和降落的场地。机场的组成至少需要一个平面，如跑道、直升机停机坪或水面，而且往往包括一些建筑物，如塔台、机库和航站楼。大型机场可能有机场地勤服务、水上飞机停泊码头和机坪、空中交通管制和旅客设施，如餐厅和酒廊以及灾难应对服务等。

4. 航空运输的分类

（1）从航空运输的性质出发 一般把航空运输分为国内航空运输和国际航空运输两大类。

国内航空运输，是指根据当事人订立的航空运输合同，运输的出发地点、约定的经停地点和目的地点均在中华人民共和国境内的运输。

国际航空运输，是指根据当事人订立的航空运输合同，无论运输有无间断或者有无转运，运输的出发地点、约定的经停地点和目的地点之一不在中华人民共和国境内的运输。

（2）从航空运输的对象出发 可分为航空旅客运输、航空旅客行李运输和航空货物运输三类。较为特殊的是航空旅客行李运输既可附属于航空旅客运输中，亦可看作是一个独立的运输过程。航空邮件运输是特殊的航空货物运输，一般情况下优先运输。

5. 民用航空业的作用

各种运输工具都具有其特点和局限性，它们相互补充、分工合作，构成社会化大生产中不可缺少的运输体系；由于航空运输业远程、快速、方便、安全的特点，在现代交通运输体系中具有不可替代的优势，因此，它在国际、国内经济、政治、文化交往中发挥着越来越重要的作用。随着社会的不断发展，它在各种交通运输方式中的比重正在日益增加。

（1）促进国际旅游和国际交往 航空运输的发展带动了世界旅游业的发展。目前旅游业已成为许多国家的重要产业和外汇收入的来源。可以说，没有航空运输，就没有现代化的国际旅游业。

（2）有利于经济的发展，并促进国内旅游业 随着对外开放的落实，运输价值较高的精密仪器、对时间要求严格的货物和资料，以及鲜活产品等运输品种日趋增多，它们一般要求航空运输。

（3）承担特殊任务运输 航空运输承担着社会上对时间要求较严格、地形复杂或地面交通不发达地区以及其他运输工具难以承担的那一部分运输任务。

（4）节约时间 节约旅客的旅途时间，体现货物的时间价值。

第二节
飞机的基本结构

自世界上出现飞机以来，其结构虽经不断改进而使其外貌不尽相同，甚至相差极大，但其主要组成部分却大体一致。飞机基本部分可以分为机身、机翼、尾翼、起落架、动力装置和仪表设备等几个大部分，通常把机身、机翼、尾翼、起落架这几个构成飞机外部形状的部分合称为机体（图 2-18）。它们的尺寸大小及位置变化影响着飞机的使用性能及运行效率。

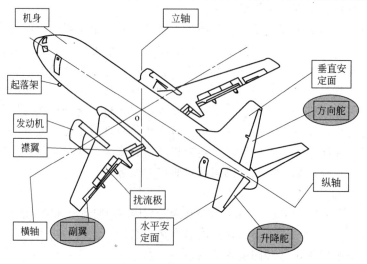

图 2-18 飞机结构示意图

一、机身

机身是飞机的主要部分，机身呈现长筒形状，把机翼、尾翼和起落架连在一起，它的前头部分即机头，装置驾驶舱用来控制整个飞机，中部是客舱（载客分头等舱、商务舱、经济舱）和货运舱（用来装载货物、燃油及各种必需的设备）。机身后部则与尾翼相连。

（1）机翼　用来产生支持飞机重量的升力，使飞机能在空中飞行。

（2）尾翼　用来操纵飞机俯仰或偏转，并保证飞机能平稳地飞行。

（3）机身　机身用来装载人员、物资和各种设备。

（4）起落架　用于起飞、着陆滑跑和滑行，停放时支撑飞机。

（5）动力装置　用来产生推力或者拉力，使飞机前进。

1. 机身及机身的功用（图 2-19）

在使用方面，应要求机身具有尽可能大的空间，使它的单位体积利用率最高，以便能装载更多的人和物资，同时连接必须安全可靠；应有良好的通风加温和隔音设备；视界必须广调，以利于飞机的起落。

在气动方面，机身的迎风面积应减少到最小，表面应光滑，形状应流线化而没有突角和缝隙，以便尽可能地减小阻力。

在保证有足够的强度、刚度和抗疲劳能力的情况下，应使机身的重量最轻。对于具有气密座舱的机身，抗疲劳的能力尤为重要。

图 2-19　机身外形图

2. 机身的结构形式

（1）梁式机身　由 4 根桁梁承受机身的全部或大部分弯曲正应力。蒙皮较薄，只承受扭矩和横向剪切力。桁条较少，用于支持蒙皮或承受少量轴向力。这种结构形式多用于机身口盖较多的部位。如歼击机的前机身有较多的大开口（座舱盖、前起落架舱盖、电子设备舱和武器舱口盖等），蒙皮不可能受力，宜用梁式结构。

（2）半硬壳式机身　没有强的桁梁。密布的桁条与蒙皮一起承受弯曲正应力。这种结构重量较轻，机身上凡是开口较少的部位大多采用这种结构形式。

（3）硬壳式机身　没有桁梁和桁条。为了改善蒙皮的支持情况，沿机身长度方向布置有较密的普通框，有时也称密框结构。一般用在弯矩很小而又无大开口的部位。有些轻型飞机为便于制造而采用硬壳式机身。

二、机翼

机翼是飞机的重要部分，机翼一般分为左右两个翼面，机翼除了提供升力外，还作为油箱和起落架的安放位置，机翼的翼尖两点之间的距离称为翼展，机翼的剖面称为翼型，翼型要符合飞机飞行速度范围并产生足够升力。

机翼内部的空间除了安装机翼表面各种附加翼面的操纵装置外，主要部分是用来存储燃油的油箱，机翼上的燃油载量大约占全机燃油的1/4；机翼还用来安放起落架舱。

（1）机翼的功用

① 产生升力（主要作用）；

② 使飞机具有横侧安定性和操纵性；

③ 安装发动机、起落架、油箱及其他设备。

（2）分类　根据机翼在机身上安装的部位和形式，飞机可以分为：

① 上单翼飞机（安装在机身上部）（图2-20）；

图 2-20　上单翼飞机

② 中单翼飞机（安装在机身中部）（图2-21）；

图 2-21　中单翼飞机

③ 下单翼飞机（安装在机身下方），目前的民航运输机大部分为下单翼飞机（图2-22）。

图 2-22　下单翼飞机

（3）几个机翼部件的名词解释

① 安装角　机翼装在机身上的角度，称为安装角。

② 安装角向上或向下，称为上反角或下反角（图 2-23、图 2-24）。上单翼飞机具有一定的下反角；下单翼飞机具有一定的上反角。

图 2-23　安装角

图 2-24　A380 前视图

（4）机翼的组成　机翼由四个部分组成，即翼根、前缘、后缘、翼尖。翼根是指机翼和机身结合的部分，因其受力很大而是结构强度最强的部位；而机翼的前缘和后缘则加装了许多改善和控制飞机气动性能的装置，这些装置包括副翼、襟翼、缝翼和扰流板，在飞机起飞或着陆时发挥着重要作用。

（5）四个控制飞机气动性能的装置

① 副翼（图 2-25、图 2-26）　副翼是使飞机产生滚转力矩，以保证飞机具有横侧操纵性。其位置一般在机翼后缘外侧或机翼后缘内侧。

图 2-25　飞机副翼（一）

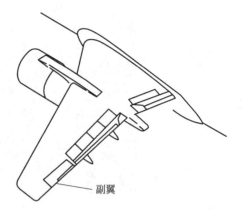

图 2-26　飞机副翼（二）

机翼前缘有五块缝翼

图 2-27　飞机缝翼（一）

② 缝翼（图 2-27、图 2-28）　前缘缝翼是安装在基本机翼前缘的一段或者几段狭长小翼，是靠增大翼型弯度来获得升力增加的一种增升装置。

③ 襟翼（图 2-29、图 2-30）　装在机翼后缘的内侧，可以向外、向下伸出，这样就改变了机翼的形状和大小。在机翼上安装襟翼改变机翼的弯曲程度，可以增加机翼面积，提高机翼的升力系数。

④ 尾翼　尾翼是飞机尾部的水平尾翼和垂直尾翼的统称。垂直尾翼（图 2-31、图 2-32）由固定的垂直安定面和可偏转的方向舵组成；水平尾翼由固定的水平安定面和可偏转的升降舵组成。

水平尾翼（图 2-33、图 2-34）简称平尾，安装在机身后部，主要用于保持飞机在飞行中的稳定性和控制飞机的飞行姿态。

（6）对尾翼的主要要求

飞机缝翼

图 2-28　飞机缝翼（二）

飞机襟翼

飞机襟翼

图 2-29　飞机襟翼（一）

飞机襟翼

飞机襟翼

图 2-30　飞机襟翼（二）

图 2-31　垂直尾翼（一）

图 2-32　垂直尾翼（二）

图 2-33　水平尾翼（一）

图 2-34　水平尾翼（二）

① 保证飞机平衡和具有必要的安定性及操纵性；

② 强度和刚度足够而重量轻；

③ 尾翼载荷对机身的扭矩应尽可能小。

三、起落架

最早由于飞机的飞行速度低，对飞机气动外形的要求不十分严格，因此飞机的起落架都是固定的（图2-35）。当飞机在空中飞行时，起落架仍然暴露在机身之外。

随着飞机飞行速度的不断提高，飞机很快就跨越了音速的障碍，由于飞行的阻力随着飞行速度的增加而急剧增加，这时，暴露在外的起落架就严重影响了飞机的气动性能，阻碍了飞行速度。因此，便设计出了可收放（图2-36）的起落架，当飞机在空中飞行时就将起落架收到机翼或机身之内，以获得良好的气动性能，飞机着陆时再将起落架放下来。

图 2-35　固定式起落架

图 2-36　可开放式起落架

1. 起落架的主要作用

起落架就是飞机在地面停放、滑行、起降滑跑时用于支持飞机重量、吸收撞击能量的飞机部件。简单地说，起落架有一点像汽车的车轮，但比汽车的车轮复杂得多，而且强度也大得多，它能够消耗和吸收飞机在着陆时的撞击能量。概括起来，起落架的主要作用有四个：承受飞机在地面停放、滑行、起飞着陆滑跑时的重力；承受、消耗和吸收飞机在着陆与地面运动时的撞击和颠簸能量；滑跑与滑行时的制动；滑跑与滑行时操纵飞机。

现代飞机不论是军用还是民航，起落架绝大部分都是可以收放的，只有一小部分超轻型飞机仍然采用固定形式的起落架。

起落架的配置方式分为前三点式和后三点式，前三点式是指主起落架（承重起落架）在飞机重心之后，机头装前起落架。现代大型高速飞机大都是采用前三点式，并且是支柱式多轮起落架，轮子的数量取决于飞机的重量和机场跑道的性能。如波音747的主起落架共有16个轮胎。后三点式是指主起落架（承重起落架）在飞机重心之前，机尾装后起落架或尾轮。现代的起落架一般包括起落架舱、制动装置、减震装置和收放装置几个部分。

2. 起落架的布置形式

（1）前三点式起落架（图2-37）　这种起落架有一个前支柱和两个主起落架，并且飞机的重心在主起落架之前。在现代飞机中应用最为广泛的起落架布置形式就是前三点式。

前三点式起落架的主要优点为：

① 着陆简单，安全可靠。

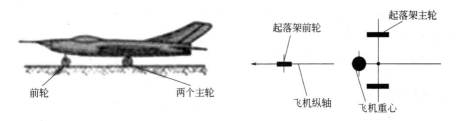

图 2-37　前三点式起落架

② 具有良好的方向稳定性，侧风着陆时较安全。地面滑行时，操纵转弯较灵活。

③ 无倒立危险，因而允许强烈制动，因此可以减小着陆后的滑跑距离。

前三点式起落架的缺点为：

① 前起落架的安排较困难，尤其是对单发动机的飞机，机身前部剩余的空间很小。

② 前起落架承受的载荷大、尺寸大、构造复杂，因而质量大。

③ 着陆滑跑时处于小迎角状态，因而不能充分利用空气阻力进行制动。在不平坦的跑道上滑行时，超越障碍的能力也比较差。前轮会产生摆震现象，因此需要有防止摆震的设备和措施，这又增加了前轮的复杂程度和重量。

（2）后三点式起落架（图 2-38）　后三点式起落架结构简单，适合于低速飞机。目前这种形式的起落架主要应用于装有活塞式发动机的轻型、超轻型低速飞机上。

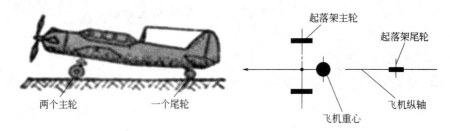

图 2-38　后三点式起落架

后三点式起落架的优点为：

① 飞机上易于装置尾轮。与前轮相比，尾轮结构简单，尺寸、质量都较小。

② 正常着陆时，三个机轮同时触地，这就意味着飞机在飘落时的姿态与在地面滑跑、停机时的姿态相同。

后三点式起落架的缺点为：

① 在大速度滑跑时，遇到前方撞击或强烈制动，容易发生倒立现象。如着陆时的实际速度大于规定值，则容易发生"跳跃"现象。

② 在起飞、降落滑跑时是不稳定的。在停机、起、落滑跑时，前机身仰起，因而向下的视界不佳。

（3）自行车式起落架（图 2-39）　自行车式起落架的两个主轮都在机身轴线上，飞行时直接收入机身内，而只在左右机翼下各装一个较小的辅助轮。

3. 起落架的减震装置

起落架中的减震装置由减震器和轮胎组成。减震器分为弹簧减震器（一般为小型飞机使用）和油气减震器（一般为大型飞机使用）两种。轮胎则有低压轮胎、中压轮胎、高压轮胎三种，小型飞机多用低压轮胎，大型飞机则用高压轮胎。

起落架中的收放装置通常是通过液压做动筒实现的，并装备有起落架收起和放下的锁定

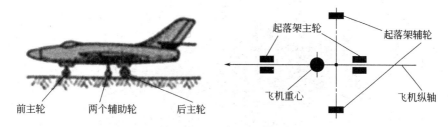

图 2-39　自行车式起落架

装置以及收放指示灯，同时还附有收放音响指示及警告指示系统等。与此同时还有一套独立的起落架紧急收放系统，在紧急情况时可以采用人工、重力、空气动力、飞行姿态等收放起落架。

四、飞机的动力装置

飞机的动力装置是飞机的重要组成部分，包括航空发动机、螺旋桨、动力辅助装置，其中最主要的是航空发动机，它的构造复杂，自成体系，独立于机体，所以人们说发动机是飞机的心脏。目前，航空发动机分为活塞式发动机和喷气式发动机两大类，活塞式发动机为四冲程汽油内燃机。

1. 发动机

（1）活塞式发动机　活塞式发动机是航空发动机的先驱，它与螺旋桨组成飞机的推进系统，飞机发展到 20 世纪中期被涡轮喷气发动机取代，在低速飞行时，活塞式发动机的经济性能及油耗比喷气式发动机低，因此，目前在小型飞机和轻型直升机上广泛应用。

活塞式发动机不能单独驱动飞机，它必须驱动螺旋桨才能使飞机运动，因而活塞发动机和螺旋桨一起才能构成飞机的推进系统。活塞式发动机又分为往复式活塞发动机和旋转活塞发动机。

① 往复式活塞发动机主要是由汽缸、移动活塞、连杆、曲轴、机匣及排气门等构件组成。

② 旋转活塞发动机的活塞在汽缸内做旋转运动，不需要曲柄、连杆结构。

（2）喷气式发动机　1939 年在德国试飞了世界上第一架喷气式飞机，这使得飞机的动力装置有了一个飞跃性的发展，也使人类从此进入了喷气机时代。喷气式发动机是航空燃料在发动机内燃烧导致气体膨胀向后排出的巨大反作用力，使飞机受到向前的推动力，它使燃料的化学能转变为机械能，同时喷气式发动机也和螺旋桨一样利用反作用力把气体排向后方产生推力。因此目前世界各飞机制造商不断地研究推动力带来的飞行速度。

喷气式发动机分为两类：一类是带压气机的喷气发动机，由进气道、压气机、燃烧室、涡轮和尾喷管组成。其应用最为广泛，根据使用性能，它先后出现过四种，即涡轮喷气发动机，它的特点是重量轻、推力大，适合高速飞行；涡轮螺旋发动机，它的特点是构造简单，容易维护；涡轮风扇发动机，它目前是大型民航运输机唯一的动力装置；涡轮轴发动机，它的结构重量轻、功率大，在直升机上被广泛使用。

2. 飞机的辅助动力装置 APU

在大、中型飞机上和大型直升机上，为了减少对地面（机场）供电设备的依赖，都装有独立的小型动力装置，称为辅助动力装置或 APU（图 2-40）。

APU 的作用是向飞机独立地提供电力和压缩空气，也有少量的 APU 可以向飞机提供附加推力。飞机在地面上起飞前，由 APU 供电来启动主发动机，从而不需依靠地面电、气

图 2-40　飞机辅助动力装置

源车来发动飞机。在地面时 APU 提供电力和压缩空气，保证客舱和驾驶舱内的照明和空调，在飞机起飞时使发动机功率全部用于地面加速和爬升，改善了起飞性能。降落后，仍由 APU 供应电力照明和空调，使主发动机提早关闭，从而节省了燃油，降低机场噪声。

通常在飞机爬升到一定高度（5000 米以下）时辅助动力装置关闭。但在飞行中当主发动机空中停车时，APU 可在一定高度（一般为 10000 米）以下的高空中及时启动，为发动机重新启动提供动力。

辅助动力装置的核心部分是一个小型的涡轮发动机，大部分是专门设计的，也有一部分由涡桨发动机改装而成，一般装在机身最后段的尾锥之内，在机身上方垂尾附近开有进气口，排气直接由尾锥后端的排气口排出。发动机向机身前部的空调组件输送高温的压缩空气，以保证机舱的空调系统正常工作，同时还带动一个发电机，可以向飞机电网送出 115V 的三相电流。APU 有自己的单独启动电动机，由单独的电池供电，有独立的附加齿轮箱、润滑系统、冷却系统和防火装置。它的燃油来自飞机上总的燃油系统。

APU 是动力装置中一个完整的独立系统，但是在控制上它和整架飞机是一体的。它的控制板装在驾驶员上方仪表板上，它的启动程序、操纵、监控及空气输出都由电子控制组件协调，并显示到驾驶舱相关位置，如 EICAS 的屏幕上。

现代化的大、中型客机上，APU 是保证发动机空中停车后再启动的主要装备，它直接影响飞行安全。APU 又是保证飞机停在地面时，客舱舒适的必要条件，这会影响旅客对乘机机型的选择。因此 APU 成为飞机上一个重要的不可或缺的系统。

五、飞机的电子仪表系统

飞机的电子仪表系统是飞机感知和处理外部情况并且控制飞机飞行状态的核心，相当于人的大脑及精神系统，对保障飞机安全、改善飞行性能起着至关重要的作用。飞机可依靠电子设备和地面导航系统的帮助，在远距离的航线上，能自动辨别航向，适应各种各样的气象条件，并且能在能见度很低的（50～100 米）情况下着陆，能选择最佳航线、最佳飞行状态，使飞机性能有很大的提高，并能够给乘客提供机上视听娱乐和电话服务。飞机的电子仪表系统可分为四部分：通信系统、导航系统、飞机控制仪表系统和飞机电子综合仪表系统。

1. 通信系统

通信系统是飞机和飞机之间、飞机与地面航线管制人员，通过通信过程的全部设备，实现双向的语音和信号联系，主要包括：

（1）甚高频通信系统　用于飞机起飞和降落时，机舱驾驶员与地面双向语音通信。

使用甚高频无线电波，它的有效作用范围较短，只在目视范围之内，作用距离随高度变化，在高度为 300 米时距离为 74 千米。该系统是目前民航飞机主要的通信工具，用于飞机在起飞、降落时或通过控制空域时机组人员和地面管制人员的双向语音通信。起飞和降落时期是驾驶员处理问题最繁忙的时期，也是飞行中最容易发生事故的时间，因此必须保证甚高频通信的高度可靠，民航飞机上一般都装有一套以上的备用系统。甚高频通信系统由收发机组、控制盒和天线三部分组成。收发机组用频率合成器提供稳定的基准频率，然后和信号一起，通过天线发射出去。接收部分则从天线上收到信号，经过放大、检波、静噪后变成音频信号，输入驾驶员的耳机。

甚高频所使用的频率范围按照国际民航组织的统一规定在 118.000～135.975MHz，每 25kHz 为一个频道，可设置 720 个频道由飞机和地面控制台选用。其中 121.500MHz 定为遇难呼救的全世界统一的频道。

（2）高频通信系统　用于飞机在飞行时保持与地面和航站的联系，是远距离通信系统。它使用了和短波广播的频率范围相同的电磁波，它利用电离层的反射，因而通信距离可达数千千米，用于飞行中保持与基地和远方航站的联络。使用的频率范围为 2～30MHz，每 1kHz 为一个频道。大型飞机一般装有两套高频通信系统，使用单边带通信，这样可以大大压缩所占用的频带，节省发射功率。高频通信系统由收发机组、天线耦合器、控制盒和天线组成，它的输出功率较大，需要有通风散热装置。现代民航机用的高频通信天线一般埋入飞机蒙皮之内，装在飞机尾部，不过目前该系统已很少使用。

（3）选择呼叫系统　是以信号灯和音响器通知机组有人呼叫，从而进行通话联系。

它的作用是用于当地面呼叫一架飞机时，飞机上的选择呼叫系统以灯光和音响通知机组有人呼叫，从而进行联络，避免了驾驶员长时间等候呼叫或是由于疏漏而不能接通联系。每架飞机上的选择呼叫必须有一个特定的四位字母代码，机上的通信系统都调在指定的频率上，当地面的高频或甚高频系统发出呼叫脉冲，其中包含着四字代码，飞机收到这个呼叫信号后输入译码器，如果呼叫的代码与飞机代码相符，则译码器把驾驶舱信号灯和音响器接通，通知驾驶员进行通话。

（4）音频综合系统　机内所有通话、广播、录音等音频系统。用来实现机内各类人员之间以及飞机在地面维护时机组与地勤人员之间的语音交流，还包括驾驶舱内的话音记录系统。

包括飞机内部的通话系统，如机组人员之间的通话系统、对旅客的广播和电视等娱乐设施以及飞机在地面时机组和地面维护人员之间的通话系统。它分为飞行内话系统、勤务内话系统、客舱广播及娱乐系统以及呼唤系统等。

① 飞行内话系统　主要功能是使驾驶员使用音频选择盒，把话筒连接到所选择的通信系统，向外发射信号，同时使这个系统的音频信号输入驾驶员的耳机或扬声器中，也可以用这个系统选择收听从各种导航设备来的音频信号或利用相连的线路进行机组成员之间的通话。

② 勤务内话系统　是指在飞机上各个服务站位，包括驾驶舱、客舱、乘务员、地面服务维修人员站位上安装的话筒或插孔组成的通话系统，机组人员之间和机组与地面服务人员之间利用它进行联络，如地面维护服务站位一般是安装在前起落架上方，地面人员将话筒接头插入插孔即可进行通话。

③ 客舱广播及娱乐系统　是机内向旅客广播通知和放送音乐的系统。各种客机的旅客娱乐系统区别较大。

④ 呼唤系统　与内话系统相配合，呼唤系统由各站位上的呼唤灯和谐音器及呼唤按钮组成，各内话站位上的人员按下要通话的站位按钮，那个站位的扬声器发出声音或接通指示灯，以呼唤对方接通电话。呼唤系统还包括旅客座椅上呼唤乘务员的按钮和乘务员站位的指示灯。

2. 导航系统

导航是指飞机按照规定的航线，保持正确的航向和外置，完成飞行任务并准确到达预定位置的方法。

导航系统可分为他备式导航和自备式导航两大类。他备式导航的数据是由飞机上的导航设备依靠外部的基准导航台（包括地面和卫星），包括各种无线电导航系统来取得导航。

广义上的导航设备包括罗盘系统、甚高频全向信标系统、仪表着陆系统、无线电高度表、测距机、气象雷达、惯性基准系统、卫星导航系统及应答机等。狭义上只包括在航路上使用的设备。

3. 飞机控制仪表系统

飞机控制仪表系统包括大气数据仪表（由气压高度表、飞机速度表、大气温度表、大气数据计算机等组成）、飞行姿态指引仪表（陀螺仪表）、惯性基准系统（飞机姿态数据，如位置、航向、倾斜速度和加速度）；其实现了飞机导航、控制及显示一体化。

波音客机原先采用大型彩色显像管显示仪表系统，后来进行改革如波音777目前采用彩色液晶显示器全面替代彩色显像管系统和机电仪表，标志着飞机显示仪表进入了液晶综合电子系统新时代。

4. 飞机电子综合仪表系统

飞机电子综合仪表系统包括：飞机管理计算机系统（飞机驾驶自动化、信号基准系统），飞机记录系统（驾驶舱话音记录器、数字飞行数据记录器即黑匣子），近地警告系统和空中警告及避撞系统，以及电能操纵系统。

民航空客首先在A320上采用了电能操纵，它是由计算机通过电指令操纵。

5. 飞行信息记录系统

飞行记录器，俗称黑匣子（flight recorder），是安装在航空器上，用于航空器事故的调查或维修和飞行试验。装设的位置在空难时最常被完整保留下来的机尾上。

很多的空难发生后只有飞行记录器能够向调查人员提供飞机出事故前各系统的运作情况，因为空难通常发生在一瞬间，飞行员和全部乘客都同时遇难，调查事故的原因会有很大困难，而飞行记录器则可以向人们提供飞机失事瞬间和失事前一段时间里，飞机的飞行状况、机上设备的工作情况等；驾驶舱话音记录器能帮助人们根据机上人员的各种对话分析事故原因，以便对事故作出正确的结论。

一架飞机上的飞行记录器包含两个不同的部分，分别是飞行数据记录器和驾驶舱话音记录器。

飞行数据记录器（flight data recorder，FDR）能记录飞机的系统工作状况和引擎工作参数等飞行参数，内容包括：空中飞行速度、高度、航向、发动机推力资料、俯仰与滚动资料、纵向加速度资料及许多参数资料，根据美国联邦航空局对飞行数据记录器的最低要求，必须包括压力高度、空速、磁航向、加速度及经过时间等5项，除了上述五项，美国联邦航空局另外再要求俯仰姿态、滚转姿态、发动机动力及襟翼的位置。记录器是由马达带动的8

条磁道，磁带全长约 140 米，可记录 60 多种资料 25 小时。

驾驶舱通话记录器（cockpit voice recorder，CVR），又称座舱通话记录器，仪器上的四条音轨分别记录飞行员与航空管制员的通话，正、副驾驶员之间的对话，驾驶员、空服员对乘客的广播，以及驾驶舱内各种声音（引擎声、警报声）。记录的时间约 2 小时，录完后，会自动倒带从头录起，若发生空难，之前的两个小时会被完整保留，并持续发出讯号，直到断电为止（记录器所提供的电力足够发出信号 30 日）。

飞行记录器虽名为"黑匣子"，但它实际的颜色为橘红色，以求显目便于寻找。

第三节
世界著名民用飞机制造商及代表机型

一、美国波音飞机制造公司

波音公司是世界上最大的民用和军用飞机制造商，是全球航空航天业的领袖公司，总部位于芝加哥，公司设计并制造旋翼飞机、民用和军用飞机、电子和防御系统、导弹、卫星、发射装置以及先进的信息和通信系统。

美国波音公司成立于 1916 年 7 月 1 日，由威廉·爱德华·波音创建，并于 1917 年改名波音公司。1929 年更名为联合飞机及空运公司。1934 年按美国政府法规要求拆分成三个独立的公司，即联合飞机公司（现为联合技术公司）、波音飞机公司、联合航空公司。1961 年原波音飞机公司改名为波音公司。波音公司建立初期以生产军用飞机为主，并涉及民用运输机，其中 P-26 驱逐机以及波音 247 型民用客机比较有名。1938 年研制开发的波音 307 型飞机是第一种带增压客舱的民用客机。

波音公司为全球 145 个国家的客户提供产品和服务，其历史映射出人类飞行第一个世纪的发展史。四十多年来，波音公司一直是全球最主要的民用飞机制造商，同时也是军用飞机、卫星、导弹防御、人类太空飞行和运载火箭发射领域的全球市场领先者。波音公司 2003 年营业额为 505 亿美元。为满足用户需求，波音公司始终致力于不断研发新产品、探索新技术，从民用飞机新产品，到航天飞机、运载火箭（运载量最多可达 14 吨）、全球通信卫星网络、国际空间站，波音公司以领导人类航空航天探索为己任，精益求精、孜孜不倦地研发新技术和新发明。

波音公司由四大业务集团组成：波音金融公司、波音民用飞机集团、波音联接公司和综合国防系统集团。此外，共用服务集团主要为波音公司的各业务集团提供公共服务和高效的基础性保障支持服务，以支持其集中精力保持利润增长。鬼怪工程部是波音的研发机构，它帮助各业务集团发现技术需求，进而提供创新的、成本适中的解决方案。

波音公司自成立以来，一直是全球最主要的民用飞机制造商。随着 1997 年波音与麦道的合并，波音公司在民用飞机领域的传统优势因麦道系列飞机的加入而进一步加强，也使合并后的波音公司在民用航空领域拥有了 70 年的领先历史。波音公司现有的主要民用飞机产品包括波音 717、波音 737、波音 747、波音 757、波音 767、波音 777、波音 787 系列飞机和波音公务机。2009 年 12 月 15 日，上午 10 时（北京时间 16 日凌晨 2 时）

波音787客机从埃弗雷特潘恩机场首次起飞。全球现役的波音民用飞机近13000架，约占全球机队总量的75％。波音民用航空服务部通过一流的全天候技术支持帮助用户保持飞机的最佳使用状态，同时为全球用户提供一整套具有国际水准的工程、改装、物流和信息服务，服务对象包括经营客、货运业务的航空公司，以及飞机维护、修理和大修厂商。波音翱腾航训公司是全球最大最全面的航空培训提供商，为100座（含）以上的飞机市场提供飞行及维护培训。

二、波音737系列飞机

波音737系列飞机（图2-41、图2-42）是美国波音公司生产的一种中短程双发喷气式客机。波音737自投产以来四十余年销路长久不衰，已成为民航历史上最成功的窄体民航客机系列，被称为世界航空史上最成功的民航客机。波音737飞机主要针对中短程航线的需要，具有可靠、简捷，且极具运营和维护成本经济性的特点，但是它并不适合进行长途飞行。

图2-41　波音737飞机（一）

图2-42　波音737飞机（二）

波音737飞机基本型为波音737-100型。传统型波音737飞机分100/200/300/400/500型五种，1998年12月5日，第3000架传统型波音737飞机出厂。目前，传统型波音737均已停止生产。

1993年11月，新一代波音737飞机项目正式启动。新一代波音737飞机分600/700/800/900型四种，它们以出色的技术赢得了市场青睐，被称为卖得最快的民航客机。截止2001年底，已交付超过1000架。

2000年1月，波音737飞机成为历史上第一种累计飞行超过1亿小时的飞机。

1. 波音737系列主要型号

（1）波音737-100型（图2-43）　为基本型，装有两台JT8D-7或JT8D-9涡扇发动机，仅生产了30架。1967年4月9日首飞，1968年2月交付德国汉莎航空公司使用。

（2）波音737-200型（图2-44）　为100型的加长型；在波音737-100型的机身上加长1.8米，在空气动力方面加以改进，同时还增加了反推装置以及修改了襟翼等，至1988年8月停产共生产1114架，根据使用重量可使用JT8D-9至JT8D-17多种型号发动机。

① 波音737-200基本型　最初生产型。

② 波音737-200先进型　在波音737-200型飞机生产线上生产第280架后，进一步改进机翼、制动系统和起落架后，形成先进型，可在机腹货舱加装油箱。1987年12月18日，

图 2-43　波音 737-100

图 2-44　波音 737-200

最后一架出厂的波音 737-200（先进型）飞机注册编号 B2524 正在我国厦门航空公司运营中。

③ 波音 737-200C/QC 客货两用型　对其机身和地板进行了加强。客舱加开了一个舱门。客型和货型可以快速转换，共生产 104 架。

④ 波音 737-200 远程型　总燃油量增加到 22598 升，下货舱后部还有一容积为 3066 升的备用油箱，其航程比标准型波音 737-200 增加 1200 千米。

（3）波音 737-300/400/500 型　改装 CFM56-3 发动机，它们的平均客座数从 120～170 座。与波音 737-200 型相比，还装有彩色气象雷达、数字飞行管理系统和自动油门。

① 波音 737-300 型（图 2-45）　为标准型，机身比波音 737-200 型加长 2.64 米（机翼前机身加长 1.12 米，机翼后机身加长 1.52 米，共加长 2.64 米）。该机型于 1981 年 3 月正式开始研制，1983 年中开始总装，1984 年 1 月第一架原型机出厂，同年 2 月 24 日首次试飞，11 月 28 日首次交付使用。

② 波音 737-400 型（图 2-46）　在波音 737-300 型的基础上再加长 3.05 米（机翼前机身加长 1.83 米，机翼后机身加长 1.22 米，两段机身共加长 3.05 米），安装了尾橇，可在起飞时保护后机身，同时由于最大起飞重量增加到 54.885 吨，对机翼和起落架进行了加强。

图 2-45　波音 737-300

图 2-46　波音 737-400

③ 波音 737-500 型　为波音 737-300 型的缩短型。波音公司为了更充分地占有 100～150 座中短程客机各个档次，于 1987 年 5 月 20 日宣布发展波音 737-500 型。将波音 737-300 的机身缩短 6.7 米，载客量 108 人，最大起飞重量 52.163 吨。首架波音 737-500 于 1989 年 6 月 30 日首飞，1990 年 2 月 12 日获得美国联邦航空局的型号合格证。1990 年 2 月 28 日首次交付美国西南航空公司使用。

目前波音 737-300/400/500 型飞机已停止生产。

2. 简要介绍

在波音 737-300/400/500 型飞机受用户青睐的可靠、简单以及运营成本低的基础上，对机翼进行改进，换装推力更大、性能更好的 CFM56-7 发动机，使航程加大，与竞争对手空中客车 A320 飞机同样具备了横跨美国大陆的飞行能力，采用了波音 777 飞机最先进的数字化设计和制造技术，其中波音 700 型为标准型，对应波音 300 型飞机、波音 800 型飞机为波音 700 型飞机的加长，波音 600 型飞机为波音 700 型飞机的缩短。

经过严格的气动力分析计等，波音公司重新设计了新一代波音 737 飞机的机翼，机翼的弦长增加了 50 厘米，翼展增加了 5 米，使得机翼总面积增加了 25%，燃油容量提高了 30%。先进的翼型设计使新一代波音 737 飞机的最大航程达到 6000 千米，可以进行横跨美国大陆的飞行。新一代波音 737 飞机的巡航速度提高到 0.785 马赫（848 千米/小时），最大速度可达 0.82 马赫（885 千米/小时），最大巡航高度 12400 米，超越了同级竞争机型。

发动机是飞机的心脏。新一代波音 737 飞机选择了 CFM56-7 发动机作为动力。这种新型的发动机采用了代表最先进技术的宽弦风扇和全权限数字式发动机控制系统（FADEC）。与传统型波音 737 飞机上配置的 CFM56-3 发动机相比，其推力增加了 11%，并且其噪声远远低于三级噪声标准，而且它还具有油耗低和维护费用低的特点。

新一代波音 737 系列飞机与传统型波音 737 飞机具有相同的零部件与地面支持设备以及完全相同的地面维护。另外，新一代波音 737 飞机的四种机型间具有 98% 的机械零部件通用性和 100% 的发动机通用性，从而为航空公司用户带来了满意的运营成本。

新一代波音 737 系列飞机的客舱内饰也应客户要求做了很大的改善：设计采用了波音 777 飞机客舱顶板的设计技术，飞机的灵活性大大地改进，航空公司可以在不到 1 分钟的时间里，将新一代波音 737 飞机的客舱布局从公务舱的每排 5 座改成经济舱的每排 6 座，也可以在不到 1 个小时的时间里，将新一代波音 737 飞机的客机改装成货机。

2000 年 2 月，波音公司开始提供一种先进的翼梢小翼技术，作为波音 737-800 机型飞机的选装项目。这种约 2.4 米高的融合型翼梢小翼将使新一代波音 737 飞机的航程更远、有效载荷增加约 2.7 吨、油耗降低，并且更加环保。2001 年 5 月，首架带有翼梢小翼的波音 737-800 型飞机在德国的哈帕克·劳埃德航空公司投入运营。

2000 年 7 月，以单一机型波音 737 飞机运营著称的美国西南航空公司订购 290 架新一代波音 737 飞机，这是迄今为止新一代波音 737 飞机收到的最大一笔订单。

新一代波音 737 系列飞机的尾翼是在中国制造的：上海飞机制造厂负责生产水平尾翼，西安飞机制造厂生产垂直尾翼，沈阳飞机制造厂生产机身尾部 48 段，这三种产品组合在一起，就是新一代波音 737 飞机的尾翼。

2000 年 9 月 11 日，波音 737-700 型飞机成功地飞抵拉萨机场和邦达机场，完成了各项高原地区的试飞技术动作。如今，在中国的国内干线、支线以及周边地区航线上，新一代波音 737 飞机正与传统型波音 737 飞机担当重任，续写波音 737 飞机家族的辉煌。

3. 波音 737 系列性能数据

表 2-1 为波音 737 系列性能数据。

4. BBJ 公务机（Boeing Business Jets，BBJ）（图 2-47）

1996 年 7 月，为满足市场需求，制造较大、更完善、航程超过 11112 千米的公务机，波音公司与 GE 公司建立合资企业波音公务喷气飞机公司，开始波音公务机的研制开发工作，1997 年 10 月正式启动 BBJ 计划。

以新一代波音 737 为原型机，设计上采用了融合型翼梢小翼、有 9 个辅助油箱，动力装

表 2-1 波音 737 系列性能数据

机 型	波音737-100	波音737-300	波音737-400	波音737-500	波音737-600	波音737-700	波音737-800	波音737-900
翼展/米	28.3	28.9	28.9	28.9	34.3	34.3	34.3	34.3
机长/米	28.6	33.04	36.09	31.0	33.6	33.6	39.5	42.1
高度/米	11.3	11.1	11.1	11.1	12.6	12.5	12.5	12.5
经济布局载客数/人	104	149	159	132	149	149	189	215
最大起飞重量/吨	49.19	61.234	68.05	60.55	65.09	60.33	70.553	85.13
最大着陆重量/吨	44.906	51.709	56.246	69.895	55.112	58.06	65.31	—
最大航程/千米	3440	4175	4005	5360	6230	6038	5665	5925
发动机型号	JT8D-7	CF56-3	CF56-3B-2	CF56-3B-1	CF56-7B	CF56-7B	CF56-7	CF56-7
发动机数量/台	2	2	2	2	2	2	2	2

图 2-47 BBJ 系列公务机

图 2-48 BBJ

置仍选用 GE 公司制造的 CFM56-7 系列发动机。BBJ 系列的内部空间为一般远程公务机的 3 倍,但价格却与其相近。

(1) BBJ (图 2-48) 基本型,以波音 737-700 型为原型机发展而来,在波音 737-700 型的基础上对机翼和起落架部分进行加强,加装融合型翼梢小翼,航程加大,可达 11480 千米,并于 1998 年 9 月 4 日首飞。已获得 180 分钟 ETOPS (双发延程飞行) 批准,可以飞更多直飞航线。

（2）BBJ2（图2-49）　以下一代波音737-800型飞机为原型，较之以波音737-700货机为原型的BBJ，长度增加5.85米，空间加大25%。1999年10月开始启动该计划，2001年3月已开始交付使用。

图2-49　BBJ2

图2-50　波音747

三、波音747系列飞机

波音747飞机（图2-50）又称为"珍宝客机"（Jumbo Jet），是一种双层客舱四发动机飞机，它的双层客舱及独特外形成为最易辨认的亚音速民航客机，亦是全世界首款生产的宽体民航客机，由美国波音民用飞机集团制造。波音747原型大小是1960年被广泛使用的波音707的2倍。1965年8月开始研制，自1970年投入服务后，一直是全球最大的民航机，垄断着民用大型运输机的市场，到A380投入服务之前，波音747保持全世界载客量最高飞机的纪录长达37年。1990年5月起，除波音747-400型外，其他型号均已停产。

1. 波音747系列主要型号

（1）波音747-100型（图2-51）　为基本型。1970年1月投入使用。

此外还有载重较大的波音747-100B型、波音747-100F全货机型、波音747-100C客货混装型。

（2）波音747-200型（图2-52）　有别称为747B型100型的改进型，提高了商务载重，增加了航程，1971年2月投入使用。共生产了384架。

图2-51　波音747-100

图2-52　波音747-200

波音747-200M/C型：波音747-200型的客货混合两用型；波音747-200SR型：主要为

日本国内短航程高客流量航线设计；波音 747-200F 型（图 2-53）：波音 747-200 型的货运型，可载货 90 吨，是目前最常见的大型货机。

（3）波音 747-300 型（图 2-54）　波音 747-200 型的改进型，上层客舱加长 7.11 米，1983 年 4 月交付使用。瑞士航空公司是首家用户，共生产 81 架。

图 2-53　波音 747-200F

图 2-54　波音 747-300

（4）波音 747-400 型（图 2-55）　是波音 747-300 型的改进型，翼尖加装翼梢小翼，减少阻力，可增大航程 3%，翼梢小翼也是其外形上与波音 747-300 型的一个明显区别。使用先进铝合金，使机翼和起落架共减重 3.5 吨，在水平安定面增设油箱。1988 年开始投入使用。属于第二代波音 747，为双人机组的波音 747。这是 1990 年 5 月后唯一生产的波音 747 型号。

波音 747-400（P）型：最常见的全载客型。

波音 747-400D 型（图 2-56）：波音 747-400 型的高客容量型，客舱可载客 568 名，此机型是特别为日本国内航线设计。该型机没有一般波音 747-400 型都有的翼梢小翼，上层客舱每侧各增加 5 个舷窗。1991 年 10 月获适航证书，共交付 19 架。

波音 747-400F 型：波音 747-400 型的全货机型。

波音 747-SP 型：波音 747-100 型的缩短型，SP 意为特殊性能，机身缩短 14.2 米，后机身被彻底压缩，加大了航程，用于低密度远航程航线，可载客 300～320 人。1976 年 3 月投入使用。至 1982 年停产共生产 45 架（1989 年曾为阿联酋特别制造一架豪华型波音 747SP）。

图 2-55　波音 747-400

图 2-56　波音 747-400D

E-4 型：由波音 747-200B 所改装的空中指挥所型，供美国空军使用，共改装 4 架。

空军一号：由波音 747-200B 改装而成，为美国总统专机，共生产两架。空军代号 VC-25。

2. 波音 747 系列性能数据

波音 747 系列性能数据见表 2-2。

表 2-2　波音 747 系列性能数据

机　　型	波音 747-100	波音 747-200	波音 747-300	波音 747-400	波音 747-400ER	波音 747-800
翼展/米	59.6	59.6	59.6	64.4	64.4	68.5
机长/米	70.6	70.6	70.6	70.6	70.6	76.4
高度/米	19.3	19.3	19.3	19.4	19.4	19.3
三级布局载客数/人	366	366	366	416	416	467
最大起飞重量/吨	333.39	377.842	377.842	396.89	412.775	439.985
最大着陆重量/吨	—	265.351	—	285.762	—	—
最大航程/千米	9800	12700	12400	13450	14205	15000
发动机型号	PW JT9D-7A GE CF6-45A2 RR RB211-524B2	PW JT9D-7R4G2 GE CF6-50E2 RR RB211-525D4	PW JT9D-7R4G2 GE CF6-80C2B1 RR RB211-524D4	PW 4056 GE CF6-80C2B5F RR RB211-524H	PW 4062 GE CF6-80C2B5F	GEnx-2B67
发动机数量/台	4	4	4	4	4	4

四、波音 747‑8 系列飞机

如图 2-57 和图 2-58 所示。

图 2-57　波音 747-8 （一）

图 2-58　波音 747-8 （二）

波音 747-8 洲际客机和波音 747-8F 货机是波音 747 系列的新机型。随着空中客车 A380 的首飞成功和交付投入运营，波音 747 垄断大型远程民航客机市场的格局被打破。波音公司一方面研发新一代机型波音 787，另一方面着手改进波音 747，研制其加长型——波音 747-8。波音 747-8 单位造价约为 2855 万～3000 万美元（2007 年价）。首架波音 747-8 洲际客机于美国西部时间 2011 年 2 月 13 日上午 11 时在波音埃弗雷特工厂正式下线。

1996 年，波音公司的竞争对手空中客车公司决定开发 "A3XX"。空中客车公司想通过 "A3XX" 挑战波音公司在全球民用客机市场的领导地位。2000 年 12 月，空客宣布将 "A3XX" 正式命名为 A380，并正式启动该项目。为了巩固市场领导者地位，波音公司决定在波音 747 及 A3XX 之间加入 747 的升级机型——波音 747-X，从而削弱 A3XX 的竞争力。波音 747-X 并未引起航空公司的兴趣，波音公司在 2001 年终止了波音 747-X 项目。

波音公司一直都在进行新型波音 747 的市场可行性研究，与运营商合作确定他们需要更大的波音 747 以保持波音 747 现役机队的赢利能力。在 2005 年 11 月 14 日，波音公司宣布研发波音 747-8，波音公司宣称新型波音 747 飞机的设计将会比以前更宁静、更环保和更具燃油效益。通过与客户的携手合作并应用波音 787 飞机创新性的新技术，推出波音 747-8。驾驶舱和发动机技术亦采用波音 787 的技术。波音 747-8 装备的发动机是波音 787 所使用的通用电气 GEnx 发动机。事实上，波音 747-8 的命名体现了新型波音 747 与波音 787 在技术上的联系。

波音 747-8 是波音 747-400 的衍生型号，波音 747-8 的机身延长，长度由 70.7 米（波音 747-400）增加至 76.4 米，意味着载客量将会随之增加，并超过空中客车 A340-600 成为世界上机身最长的飞机。波音 747-8 能满足航空公司需求并为 400～500 座级市场服务，是介于 555 座的空中客车 A380 和 365 座的波音 777-300ER（延程型）飞机之间的座级；还能为航空公司提供一款能保持波音 747 货机家族在全球货运市场中的领导地位的货机。波音 748-8 洲际客机和波音 747-8 货机与其他任何大型客机和货机相比，改进了运营经济性，能为航空公司提供较低的运营成本和最佳的经济性。波音 747-8 是波音 747-400 的衍生型号，使用相同的飞行员机型执照和服务，因此飞行员进行机种转换所需时间减少，飞机某些零件更可以通用。波音 747-8 是能融入机场目前的基础设施的大型飞机，大多数地面支持设备也相同，使航空公司能灵活地运营，可飞往更多的目的地。波音 747-8 可以在全球 210 个能起降目前波音 747 系列飞机的机场运营。

波音 747-8 客机型号是波音 747-8 洲际型（intercontinental），在典型三级舱布置下载客量达 467 人，采用波音全新的标志性内饰。波音 747-8 客机比波音 747-400 多出了 51 个座位，同时货舱空间增加 21%。与波音 747-400 相比，波音 747-8 洲际客机的燃油效率提高了 16%，每座英里成本比波音 747-400 低 9%，航段成本低 2%，并且能达到 QC2 离场噪声要求。波音 747-8 洲际飞机的航程可达 14815 千米（8000 海里），几乎能连接世界上所有的城市。波音 747-8 洲际客机上舱内的"空中楼阁"（SkyLoft）区域使运营商可选择是安装更多的主舱座位还是通过个人套间、休息室或商务中心来营造独特的乘客体验。波音 747-8 洲际型已于 2011 年投入运营。

波音 747-8 货机型号是波音 747-8F，是波音 747-400ERF 的衍生型号。波音 747-8 货机的总业载能力可达 140 公吨（154 吨）。波音 747-8 货机的载负量比波音 747-400F 高出 16%。与波音 747-400 货机相比，收益货运空间增加了 16%，航程也更远。在同样具备前鼻门装货能力的情况下，容纳业界标准的 3 米（10 英尺）高的货盘，117 米^3 的额外空间可多装载 4 个主舱货盘和 3 个下货舱货盘，可多装载 7 个货盘，标准货柜数量亦多出 7 个。

波音 747-8 货机的航程可达 8275 千米。波音 747-8 货机能选择是搭载更多的业载——可额外搭载 23 吨；或者是在飞行过程中对货物密度要求较小时，航程可增加 2592.8 千米。事实上，波音 747-8 货机将比其他任何货机的吨英里成本更低。对波音 747-8 货机而言，波音 747-8 货机的空重比 A380 货机轻 95 吨（86 公吨）。首架波音 747-8 货机已于 2011 年度投入运营。

在客户确认订购 18 架波音 747-8 货机之后，波音公司于 2005 年 11 月 14 日启动了波音 747-8 项目，卢森堡 Cargolux 货运鸿空公司和全日空货运公司（NCA）分别订购了 10 架和 8 架波音 747-8 货机。按照目录价格计算，两笔订单总价值大约为 50 亿美元。至 2007 年 12 月，波音公司收到 78 架波音 747-8F 确认订单，其中包括：10 架为国泰航空、14 架为全日空、13 架为卢森堡货运、12 架为亚特拉斯航空、10 架为阿联酋天空货运；至于波音 747-8 洲际客机收到 25 架确认订单，其中 5 架为波音商务机、20 架为德国汉莎航空公司所订购。

波音 747-8（图 2-59、图 2-60）于 2010 年 2 月 8 日在美国华盛顿州埃弗雷特成功试飞，首次试飞时间比原计划推迟了 1 年。执行首飞任务的波音 747-8 型货机当天中午于华盛顿州的帕伊内菲尔德机场起飞，飞行持续了将近 4 个小时，并降落于西雅图。

波音 747-8 型飞机长 76.4 米，与波音 747-400 型飞机相比，它的飞行噪声更低，燃油经济性更强，废气排放也更少。目前，波音公司已收到 76 份波音 747-8 型货运飞机订单，单价在 3.02 亿至 3.05 亿美元之间，于 2011 年第四季度向卢森堡国际空运公司交付第一架飞机。此外，波音 747-8 型客运飞机也于 2011 年底开始交付，波音公司共收到的客机订单为 32 份，单价在 2.93 亿至 3.08 亿美元。

图 2-59　波音 747-8（一）

图 2-60　波音 747-8（二）

该款飞机原计划应于 2009 年交付，但由于设计图纸更改、生产环节出现问题以及机师罢工等影响而延期交付。

波音 747-8 型是空客 A380 的竞争机型，最大载客量为 467 人，它比 A380 小很多。波音公司把体积相对小巧看做是竞争优势之一，认为波音 747-8 型飞机的运营成本更低，可以满足更多的客户需求。

美国时间 2011 年 2 月 13 日上午 11 时，在距华盛顿州西雅图市 64.37 千米的波音公司埃弗雷特工厂，来自全球媒体的记者、客户、波音现职以及退休员工、供应商和当地政府官员近万余人，共同见证了波音历史上又一个里程碑性的时刻：首架波音 747-8 洲际飞机正式下线。据波音公司介绍，波音 747 系列的这一最新成员将树立经济性与环保性能的新标杆，同时提供世界一流的乘机体验。

波音足以容纳 72 个美式橄榄球场的巨型组装工厂一隅，被改装成了主题为"世界挚爱、再领未来"的庆典舞台。随着大幕徐徐开启，全场情绪沸腾。波音 747-8 洲际飞机带给观众的，首先是强烈的视觉冲击。

首架波音 747-8 洲际飞机完全颠覆了波音经典的蓝色调，披着由红色与橘色组合而成的橙红色"日出"涂装亮相，令人耳目一新。波音民用飞机集团副总裁特别强调，色彩的变化，是波音追求活力与动感的声明，代表着波音对世界航空业未来的看法。同时，这一色彩的选择也是波音对其主要客户的尊重，在这些国家文化中，红色与橘色的组合，代表着繁荣、好运和对成功的祝福。许多媒体记者将这一色彩解读为波音对亚太市场的看重。

这一寓意美好未来的全新涂装是波音为 747-8 洲际飞机的启动客户德国汉莎公司量身定制。未来，波音 747-8 洲际飞机的色彩将根据客户要求而定，更加富有变化。

波音 747-8 洲际飞机引人关注，色彩的变化当然不是主因。这一波音历时 6 年打造的产品，与上年二月进行首飞的波音 747-8 货机一道，承载了波音在民用航空市场谋求继续保持全球竞争力的梦想。

二月，对波音具有特殊意义。1969 年二月，波音 747 系列第一款飞机首飞，开创了民航历史上宽体飞机的新时代，并一举成为波音最具盈利性的项目之一。面对全球民用航空市场的激烈竞争，波音决定推出波音 747-8 系列，融合波音 747 系列的经典优势与波音 787 创新技术于一体，波音 747-8 的命名就突显了波音 787 和波音 747 之间的内在联系。

在下线仪式现场，已经 89 岁高龄、在 40 多年前担任 747 项目首席工程师、被誉为"747 之父"的乔·萨特最为引人注目。他在接受记者采访时表示，无论对波音还是他本人，今天都是一个历史时刻。他对 747 项目的生命力十分乐观，认为成功的机型总会不断地让人提出新要求，预言 20 年后，747 家族还会推出新机型。

波音 747-8 洲际飞机在 2011 年 3 月进入试飞阶段，已于 2011 年底交付使用。同时，现有波音 747 系列的所有机型停止生产。

波音 747-8 项目是波音与中国航空业成为合作伙伴关系的一个里程碑。中航工业西安飞机工业（集团）有限责任公司（简称西飞）、成都飞机工业（集团）有限责任公司〔简称成飞（集团）公司〕和中航工业江西洪都航空工业集团有限责任公司（简称中航工业洪都）均为 747-8 项目的成功做出了巨大贡献，他们分别负责波音 747-8 的内侧襟翼固定后缘翼肋、垂直尾翼、副翼、扰流板、水平尾翼零部件和次组件、水平安定面、48 段部件等的制造工作。据介绍，中国航空制造业参与了所有波音机型的制造，包括波音 737、波音 747、波音 767、波音 777 和最具创新意义的波音 787 梦想飞机。迄今为止，近 6000 架飞行在世界各地的波音飞机上使用了中国制造的零部件和组件。

为了继续履行制造更加环保的民用飞机的承诺，波音将 787 梦想飞机的技术应用于新的波音 747-8 系列飞机。

新的发动机、更高效的结构以及先进的气动性能，这三大特点使波音 747-8 比波音 747-400 的油耗（每座油耗）降低 16%。

新的 GEnx-2B67 发动机融合了多项最新技术，如复合材料风扇匣和叶片以及革新性的涡轮，与将要替换的发动机相比其效率取得了两位数的增长。波音 747-8 的超高效结构使这款飞机比其他所有大型飞机的每座使用空重都更低。不仅如此，新设计的机翼采用最新先进的翼型、斜削型翼梢小翼和简化后的轻型襟翼设计，进一步提高了波音 747-8 的燃油效率。基于这些性能特点，波音 747-8 与 A380 相比，起飞重量更小、所需发动机推力更小并且每次飞行的油耗更少。

二氧化碳是燃油消耗的产物，因而油耗减少意味着二氧化碳排放的相应减少。民用飞机另一项重要的排放标准是氮氧化物排放量。主管部门已经基于发动机推力额定值制定了未来的飞机排放的具体规定。

波音 747-8 的设计确保其性能将远远超越当今的标准，而且将优于国际民航组织航空环境保护委员会（CAEP）正在制订的未来更严格的标准。影响氮氧化物排放的一项非常关键的设计是 GEnx 发动机采用的双环枪预混合旋涡燃烧室。

波音在设计中考虑到减小噪声的需要，将波音 747-8 飞机在机场周围的噪声足印在现有波音 747-400 的基础上缩小 30%，并在起飞和降落时达到了 QC2 噪声标准。

这些成就归功于最先进的机翼和推进系统技术的应用。波音 747-8 装备的 GEnx 发动机、双锯齿形喷管以及一体式短舱衬套由波音静音技术验证二号机进行了测试，可减小最新的波音 747 飞机在起飞、降落和正常飞行中的噪声。重新设计过的襟翼系统降低了机身噪声并进一步减小了飞机着陆时的噪声。总之，以上诸多功能决定了波音 747-8 家族将在世界各地成为安静社区的好邻居。

五、波音 757 系列

如图 2-61 所示。

图 2-61　波音 757-200/300

1. 波音 757 系列主要型号

波音 757 飞机是波音公司生产的双发（动机）窄体中远程运输机。在 20 世纪 70 年代中期，波音决定研制 200 座级新机型以取代波音 727，最初定名为 7N7（N：窄体），在获得英国航空和美国东方航空的 40 架启动订单后，波音公司在 1979 年 3 月正式启动了 7N7 研制计划，在波音 727 的基础上采用了新机翼和先进发动机，通过降低油耗、减轻机体重量来降低使用成本。1979 年末，7N7 正式更名为波音 757，在研制初期，波音公司发现与同期研制的波音 767 相似，波音决定修改部分设计，使波音 757、波音 767 这两种新机型在设计、制造和操作方面具有互换性。

1982 年 2 月 19 日波音 757 首飞，同年 12 月取得适航证，1983 年 1 月投入航线运营。1986 年 12 月获准双发延程飞行，波音公司于 1996 年 9 月启动了波音 757-300 的新项目，在波音 757-200 型的基础上加长机身，1998 年 9 月 2 日首飞。首家用户是德国专营包机业务的康多尔（Condor）航空公司。

由于市场需求日益减少，同时面临来自空客的竞争，2003 年 10 月 16 日，波音公司正式宣布，将于 2004 年停止生产波音 757 飞机。波音也表示，新一代波音 737 系列、未来的波音 7E7（现更名为波音 787）可以涵盖到波音 757 这款 200 座级客机的市场。生产线上最后 7 架波音 757 于 2004 年到 2005 年初交付中国的上海航空公司和厦门航空公司。2004 年10 月 28 日最后一架波音 757 出厂，波音 757 正式停产，波音总共生产 1050 架波音 757。

2. 波音 757 系列性能数据

波音 757 系列性能数据见表 2-3。

3. 波音 757 在中国

中国内地民航从 1987 年开始引进波音 757-200 型客机，截止 2006 年 3 月底，共有四家

表 2-3   波音 757 系列性能数据

机 型	波音 757-200	波音 757-300
翼展/米	38.05	38.05
机长/米	47.32	54.5
高度/米	13.6	13.6
经济布局最大载客量/人	239	280
最大起飞重量/吨	115.6	123.6
最大航程/千米	6320	6426
发动机型号	RB211-535E4	RB211-535E4B
发动机数量/台	2	2

航空公司运营着 63 架波音 757-200 飞机，其中中国南方航空公司 28 架、中国国际航空公司 13 架、上海航空公司 13 架（含 1 架波音 757-200 货机）、厦门航空公司 9 架；中国香港和澳门地区航空公司没有波音 757；中国台湾地区民航方面目前仅远东航空公司正运营着 7 架波音 757-200 型客机、1 架波音 757-200PF 货机。

六、波音 767 系列

如图 2-62 所示。

图 2-62　波音 767 家族

1. 波音 767 简介

波音 767 飞机是波音公司生产的双发（动机）半宽体中远程运输机。主要用来争夺 20 世纪 80 年代波音 707、DC-8、波音 727 等 200 座机中远程客机由于退役而形成的市场。1972 年提出计划，1978 年 7 月开始全面研制，1981 年 9 月 26 日第一架波音 767 飞机首飞，1982 年 7 月取得型号合格证，同年 8 月投入航线运营。

波音 767 采用了全新的机体，机身宽 5.03 米，这个宽度既适合采用舒适的双过道客舱布局，又能适应当时已有的标准集装箱和货盘，同时也是首次采用两人驾驶制的宽体飞机。

波音 767 设计上力求保持与波音 757 有更多的共同性，飞机研制采用了国际合作方式，波音公司主要承担飞机的最后总装，日本三菱、川崎和富士重工及意大利阿莱尼亚公司也参与了研制并各承担研制费和制作工作量的 15%。

2. 波音 767 系列主要型号

（1）波音 767-100 型　早期型，准备直接与空客 310 竞争，由于无订货，未投产。

（2）波音 767-200 型　基本型，最初生产的型号，1981 年 9 月首飞，1982 年 8 月交由美国联合航空公司投入运营。

（3）波音 767-200ER 型（图 2-63）　波音 767-200 型的加大航程型，在波音 767-200 型的基础上增加了载油量和最大起飞重量，1984 年 5 月 30 日首飞。

图 2-63　波音 767-200ER

（4）波音 767-300 型（图 2-64）　为波音 767-200 型的加长型，日本航空公司是启动用户，于 1983 年 9 月开始研制生产。这种机型比波音 767-200 加长了 6.43 米，载客能力增加了 20%，货舱容积也增加了 31%。加强了机身中段和起落架，1986 年 1 月 30 日首飞，1986 年 9 月开始交付使用。

图 2-64　波音 767-300

（5）波音 767-300ER 型（图 2-65）　波音 767-300 型的加大航程型，美利坚航空公司订

图 2-65　波音 767-300ER

购 15 架成为该型号启动用户，在 200 型基础上增加了中央翼油箱，提高了最大起飞重量，增加了航程，1988 年开始投入使用。

（6）波音 767-300F 型　货机型，1993 年美国联合包裹公司（UPS）订购 60 架启动了该型号的研制生产，该型号主舱货柜容量为 336.5 米^3，底层货舱为 117.5 米^3。在满载 50 吨货物的时候可飞行 6000 千米。1995 年 6 月首飞，同年 10 月交付美国联合包裹公司投入运营。

（7）波音 767-400ER 型 （图 2-66、图 2-67）　在波音 767-300 型基础上机身加长 6.4 米，气动方面作了改进，增大了翼展和最大起飞重量，并采用了全新的主起落架。首架于 1999 年 8 月 26 日出厂，2000 年 5 月投入使用。

图 2-66　波音 767-400ER（一）

图 2-67　波音 767-400ER（二）

3. 波音 767 系列性能数据

波音 767 系列性能数据见表 2-4。

表 2-4　波音 767 系列性能数据

机　　型	波音 767-200	波音 767-200ER	波音 767-300	波音 767-300ER	波音 767-300F	波音 767-400
翼展/米	47.57	47.57	47.57	47.57	47.57	51.82
机长/米	48.51	48.51	54.94	54.94	54.94	61.34
高度/米	15.8	15.8	15.8	15.8	15.8	—
经济布局载客数/人	181～255	181～255	218～351	218～351	218～351	245～375
最大起飞重量/吨	142.88	179.17	158.76	186.88	186.88	204.12
最大着陆重量/吨	123.30	136.08	136.08	145.15	147.87	—
最大航程/千米	9400	12200	7300	11305	6050	10450
发动机数量/台	2	2	2	2	2	2

七、波音 777 系列

1. 波音 777 系列飞机简介

波音 777 飞机如图 2-68 所示。

波音 777 是美国波音公司研制的双发宽体客机。1990 年 10 月 29 日正式启动，1994 年 6 月 12 日第一架波音 777 首次试飞，1995 年 4 月 19 日获得欧洲联合适航证和美国联邦航空局型号合格证，1995 年 5 月 30 日获准 180 分钟双发延程飞行，1995 年 5 月 17 日首架交付用户美国联合航空公司。波音公司与日本三菱、川崎和富士重工业株式会社签订了风险分担

图 2-68　波音 777

伙伴协议，日本方面承担波音 777 结构工作的 20％。

波音 777 在大小和航程上介于波音 767-300 和波音 747-400 之间，具有座舱布局灵活、航程范围大和不同型号能满足不断变化的市场需求的特点。在设计初期，波音公司和一些航空公司进行了广泛深入的讨论以确定和开发新飞机的结构布局，这些航空公司包括：美国联合航空公司、全日空航空公司、英国航空公司、日本航空公司和中国香港国泰航空公司，它们在航线结构、客流量和服务频率方面全方位地代表了各航空公司现有的营运水平。这些航空公司的参与保证了产品能最大限度地满足全世界航空公司的需要。

波音 777 停在跑道上，其最明显的识别标志之一就是它的三轴六轮主起落架系统和两个前轮，这种结构既有效地分散了路面载荷，又可使飞机使用不超过三个起落架支柱。

波音 777 驾驶舱采用了最新技术的平面液晶显示系统、数字驾驶舱技术，保留了驾驶盘而没有采用侧向操纵杆。波音 777 的数字驾驶舱技术已经在波音 757、波音 767 和波音 747-400 飞机上得以验证，许多过去由驾驶员手动的操纵现在都可自动完成，减少了驾驶员的工作负荷。灵活的电传操纵系统具有驾驶员友好界面，既降低了重量，又比传统的机械操纵减少了维护工作量。另外，驾驶舱无论从外部还是从内部来看，飞控系统都是标准的，不同点在于飞行控制都是电子操纵的，这在波音商用飞机上还是首次。

波音 777 完成了航空史上最复杂的飞行试验项目，一共有 10 架波音 777 参加了其中的飞行试验。

2. 波音 777 系列主要机型

（1）波音 777-200 型（图 2-69）　基本型。

图 2-69　波音 777

（2）波音 777-200ER 型　波音 777-200ER（IGW）型（图 2-70）为 200 型的加大航程型，通过改变内部结构增加了起飞总重和载油量，使其最大燃油航程可达 14000 千米。

图 2-70　波音 777-200ER

图 2-71　波音 777-200LR

（3）波音 777-200LR　如图 2-71 所示。

图 2-72　波音 777-300

（4）波音 777-300 型（图 2-72）　200 型的加长型，是世界上最长的双发喷气客机，比 200 型加长 10 米，比波音 747-400 型还长 3.2 米。与波音 777-200IGW 型具有同等载油量，航程可以达到 11000 千米。波音 777-300 型的载客量与波音 747-100 型、波音 747-200 型相同。耗油量减少三分之一，维护费用降低 40%。这可以满足要更换波音 747 早期型号的客户的需求。

波音 777-300 型还是第一架把摄像机作为标准设备的飞机。波音 777-300 型在商用飞机中有最大的轮距，摄像机可以让飞机的驾驶员看到机轮滑行情况，以提高机动性。

1997 年 10 月 16 日，波音 777-300 从佩恩机场起飞，经过 4 个小时的成功飞行降落在西雅图的波音公司机场，这是波音 777-300 的第一次飞行。1998 年 5 月 4 日波音同时得到了波音 777-300 的 FAA（美国联邦适航局）、JAA（欧洲联合适航局）、适航证和 18 分钟的双发延程飞行许可证，在同一天得到这三个许可证也是商用客机取证史上的第一次。

购买波音 777-300 型的客户包括中国香港国泰航空公司、全日空公司、日本航空公司、大韩航空公司、马来西亚航空公司、新加坡航空公司和泰国国际航空公司。

（5）波音 777-300ER 型　如图 2-73 所示。

3. 波音 777 系列性能数据

波音 777 系列性能数据见表 2-5。

图 2-73　波音 777-300ER

表 2-5　波音 777 系列性能数据

机　　型	波音 777-200	波音 777-200ER	波音 777-200LR	波音 777-300	波音 777-300ER
翼展/米	60.93	60.93	64.8	60.9	64.8
机长/米	63.73	63.73	63.73	73.9	73.9
高度/米	18.5	18.5	18.6	18.5	18.6
两级布局载客量/人	440	440	440	451	450
最大起飞重量/吨	247.21	297.56	347.45	299.37	351.534
最大航程/千米	6020	10740	13890	7035	10190
发动机数量/台	2	2	2	2	2

4. 波音 777（图 2-74）在中国

1996 年 1 月 11 日，中国南方航空接收的首架波音 777 投入使用。

截止到 2011 年 7 月，中国共有 62 架波音 777 系列飞机在运营中。

图 2-74　波音 777-200 型

八、波音 787 系列

波音 787（图 2-75），又称为"梦想客机"（Dreamliner），是中型双发（动机）宽体中远程运输机。波音 787 系列属于 200 座至 300 座级客机，航程随具体型号不同可覆盖 6500～16000 千米。波音 787 的特点是大量采用复合材料，低燃料消耗、较低的污染排放、高效益

图 2-75 波音 787

及舒适的客舱环境,可实现更多的点对点不经停直飞航线,还具有较低噪声、较高可靠度、较低维修成本的特点。波音 787 梦想飞机是航空史上首架超长程中型客机,打破了以往一般大型客机与长程客机挂钩的定律。波音 787 是波音公司 1990 年启动波音 777 计划后 14 年来推出的首款全新机型,在 2004 年 4 月正式启动。经多次延期后,于美国时间 2009 年 12 月 15 日成功试飞,标志着 787 飞机的制造项目进入交付使用前最后一个阶段,2010 年交付使用。2011 年 9 月 27 日零时 20 分,波音 787“梦想飞机”交付全日空。

波音 787 系列性能数据见表 2-6。

表 2-6　波音 787 系列性能数据

机　型	波音 787-800	波音 787-900
翼展/米	60	60
机长/米	57	63
高度/米	16.92	16.92
载客量/人	210~250	250~290
最大起飞重量/吨	228.00	247.00
最大航程/千米	14200~15200	14800~15750
发动机数量/台	2	2
发动机	通用电气(通用电氣/General Electric)GEnx 或劳斯莱斯(Rolls-Royce Trent)Trent 1000	

九、空中客车机型

空中客车公司作为一个欧洲航空公司的联合企业,其创建的初衷是为了同波音和麦道那样的美国公司竞争。在 20 世纪 60 年代欧洲飞机制造商之间的竞争和美国一样的激烈,于是在 60 年代中期关于欧洲合作方法的试验性谈判便开始了。

1967 年 9 月,英国、法国和德国政府签署了一个谅解备忘录,开始进行空中客车 A300 的研制工作。这是继协和飞机之后欧洲的第 2 个主要的联合研制飞机计划。空中客车公司虽然在其他机型上都有与波音公司竞争的机型,但只有在大型远程民用运输机这个市场上一直是一个空白,虽然曾推出空中客车 A340,但仍然不能撼动波音 747 的绝对优势地位。空中客车公司开发 500～800 座级大型民航运输机，意在抢夺由波音 747 把持的大型客机市场，空中客车公司提出了对未来民用航空发展的推断：未来世界民航运输机发展将继续向大型化发展，并以此提出了"枢纽/辐射"的理念，即旅客通过支线航班汇聚到枢纽机场，再由大型运输机运送到另一枢纽机场，最后再乘坐支线客机到达目的地。空中客车公司认为，改善 21 世纪空中交通拥挤的最好办法是增加运力；空中客车公司推出超大型运输机计划项目曾引起不少人担忧，空中客车公司则认为大型客机市场前景十分乐观，同时为了完善空中客车的客机系列，占据更有利的地位与波音公司竞争，值得承担巨大的商业风险。

空中客车公司于 20 世纪 90 年代早期开始了超大型客机的研发计划，除为了完善机种，填补超大型客机的空白外，还希望藉以打破波音 747 在超大型客机市场的垄断。过去道格拉斯 DC-10 和洛克希德 L-1011 三星客机已证明了瓜分这一市场的风险。麦道公司亦有相似策略，推出 MD-12 计划，但最终终止。1993 年 1 月波音与数家空中客车的合伙飞机制造商开始共同研究超大型商用飞机（very large commercial transport，VLCT）的可行性，并以合作建造的形式为目标。

1994 年 6 月，空中客车公司宣布了其超大型运输机计划，最初该计划被称为"空中客车 A3XX"。空中客车 A3XX 将与 VLCT 计划和波音 747 的后继者—747-X 竞争，747-X 计划将波音 747 上层客舱加长以容纳更多乘客。VLCT 计划于 1996 年 7 月终止，波音公司亦于 1997 年终止波音 747-X 计划。

2000 年 12 月，欧洲空中客车集团的主要持股者——欧洲航天国防集团与英国航天集团共同宣布，通过了投资 88 亿欧元的空中客车 A3XX 计划，并将名称改为"空中客车 A380"。当时已经有 6 家航空公司预定共 55 架 A380。A380 于 2001 年初正式定型，第一架空中客车 A380 出厂时计划的开发成本已升至 110 亿欧元。

1. 空中客车 A300 简介

空中客车 A300 是欧洲空中客车工业公司在法国、德国、英国、荷兰和西班牙等国政府支持下研制的双发宽体客机。1969 年 9 月开始研制，1972 年 10 月空中客车 300B1 原型机首飞，1974 年 5 月交付使用。目前已交付数量超过 500 架。

空中客车 A300 成为第一架只需两位飞行员驾驶的宽体飞机，空中客车 A300 与空中客车 A310 的数位式驾驶舱，已成为业界的参考典范。

空中客车 A310 是第一架采用电子飞行仪表与驾驶舱中央电子飞行监视器的客机，另一个创新在于使用电子信号取代了以往操作的控制面。

（1）主要型号

A300B1：原型机。仅生产 2 架，机长 50.97 米，装两台 CF6-50A 涡扇发动机。

A300B2：第一种量产型号。根据航空公司的要求机身加长 2.6 米，可增加 3 排座位，载客量 270 人，采用 CF6 或者普拉特·惠特尼公司的 JT9D 发动机，推力在 227～236 千牛之间。航程 2500 千米。翼根前缘加装克鲁格襟翼。

A300B2-100：最初生产型。在 B1 型的基础上机身加长 3 段，共 2.65 米，增加 3 排座位，载客量增加到 331 人，装两台 CF6-50C 涡扇发动机。第一架原型机于 1973 年 6 月试飞，1974 年 3 月获法国和德国适航局型号合格证，1974 年 5 月获美国联邦航空局型号合格证，1974 年 5 月 30 日开始交付使用。

A300B2-200：类似于 A300B2-100，只是在翼根前缘装克鲁格襟翼。1976 年 7 月首次试飞，1977 年 1 月投入航线飞行。

A300B4-100：远程型。外形尺寸和商载与 A300B2-100 相同。为了加大航程，增加了燃油量和起飞总重，航程从 4261 千米增加到 5930 千米，为了改善起飞性能，翼根前缘加装 3 段克鲁格襟翼。1974 年 12 月 26 日首次试飞，1975 年 6 月交付航线使用。

A300B4-200：在 A300B4-100 的基础上增加了起飞总重，加强了机翼、机身和起落架，在后机身货舱中增加了 LD3 集装箱的容积。满载乘客和货物时的航程也可达到 5930 千米。

A300C4：B4 的货运型，主要变化是货舱门加大，尺寸为 3.58 米×2.95 米。加强了主舱地板。主舱内有烟雾报警系统。主货舱可装载 12 个 2.5 米×3.5 米集装货盘或 13 个 2.2 米×3.5 米的集装货盘，上层货舱容积 178 米³。全机总载货量 42 吨。1979 年 11 月出厂，1980 年交付使用。

A300-600：B4-200 的改进型。主要变化包括：采用了新设计的 A310 后机身，比 B4 型多安排 2 排座椅，混合级客舱可载 267 名乘客，还可载货 35 吨。飞行距离增加到 6500 千米，其航程比 B2-100 增加 20%，商载增加 38%；减轻了发动机短舱重量，每个翼尖加装一个翼梢帆片。装有更先进的辅助动力装置（加雷特公司的 GTCP331）；采用数字化航空电子自检测系统，改进了飞行操纵系统和机轮及其防滑系统；数字化油量指示器，各种仪表为数字化显示器所代替，并改为双人制驾驶舱；选用功率更大的 JT9D-7R4H1、CF6-80C2 或 PW4156 涡扇发动机。该方案于 1980 年 1 月提出，1983 年 7 月首次试飞，1984 年 3 月获法国和德国适航当局型号合格证，而后交付使用。

A300-600R（图 2-76）：A300-600 型的加大航程型。更多地使用复合材料，减轻机身重量，在机尾增加一油箱，航程增大到 7802 千米。1987 年首次试飞，1988 年交付使用。截至 1992 年底，A300-600/A300-600R 共获订货 227 架，已交付 140 架。

图 2-76　A300-600R

A300C：客货两用型。在客舱前部增加一高 2.57 米、宽 3.58 米的大货舱门，上层客舱地板加强。可用于全客型和客货混合运输。全客型布局每排 8 座，可载 297 名乘客；或载 145 名乘客和 6 个 2.44 米×3.17 米集装货盘；或载 83 名乘客和 9 个集装货盘或全部装货，可装载 20 个集装货盘。总载重量 47.395 吨。

A300F：A300C 的全货型。原舱内的载客用设施全部拆除，机舱的舷窗全部用金属板遮盖。上层货舱标准载货方案为 15 个 2.24 米×3.17 米集装货盘，下层舱总载货量 50.695 吨。主货舱地板上加装滚棒和导轨系统。

A300-600ST：空中客车工业公司是由英国、法国、德国、荷兰、西班牙联合组建的一家研制生产大型民用飞机的公司，为解决把各生产厂生产的飞机大型部件运送到总装厂进行组装的运输问题，长期以来，一直采用 4 架"超古比"飞机来执行这一任务。

"超古比"飞机（图 2-77）是美国航空航天公司（Aero Spacelines Inc.）在其研制的古

图 2-77　超古比与白鲸

比-101（Guppy-101）飞机的基础上改进改型而成，也叫古比-201。古比-101 于 1993 年 3 月 13 日首次试飞，古比-201 仍采用常规布局形式，装 4 台涡轮螺旋桨发动机，最大起飞重量 87.5 吨；机身货舱最大直径 7.62 米，货舱容积 1409 米^3。随着空中客车工业公司研制生产的客机种类的增加、飞机尺寸的加大，该机在使用中日益暴露出载荷小、机舱容积小、速度慢、所需人力较多和维护费用高等缺点，在这种情况下，A300-600ST "白鲸"便登场了（图 2-78、图 2-79）。

图 2-78　A300-600ST 型（一）

图 2-79　A300-600ST 型（二）

　　为研制生产"白鲸"飞机，法国和德国的航宇公司共同出资于 1991 年成立了特种飞机运输国际公司（SATIC）并由空中客车公司的法国、德国和西班牙的承包商分别承担飞机结构的研制生产任务。与 A300-600R 相比，"白鲸"在外形上的最大变化是：加大了机身，以适应装运飞机大件的需要，还根据载货需要重新设计货舱；安装巨大的抓斗式前货舱门，便于装卸货物；为保证飞机的航向和横向稳定性，除加大了垂直尾翼外，还在平尾两端加装了两块垂直安定面。

飞机采用了 A300-600R 的驾驶舱和系统，并保留了该机的机翼和 CF6-80C2 发动机。虽然"白鲸"是在 A300-600R 的基础上改型而来，但由于它的机头部分沿用了"超古比"飞机的外形布局，所以看上去它与 A300 似乎已相去甚远，却与"超古比"更为相似。"白鲸"飞机基本上采用了已有飞机的成熟技术，重新设计的部件很少，这样做研制周期快且成本低。

"白鲸"机身直径 7.7 米，货舱长为 37.7 米，货舱容积高达 1520 米^3，是目前世界上最大的。美国最大的军用运输机 C-5A 其上下货舱容积之和为 1212 米^3；俄罗斯的巨型运输机安-225，其最大起飞重量是目前世界上最大的，高达 600 吨，但其货舱容积也只有 1210 米^3。"白鲸"具有首屈一指的装卸和运飞机大件的能力。其有效载重达 47 吨。"大白鲸"的总重达 150 吨，航程达 1660 千米。

为空中客车公司服务时，它能分别载运以下大件：该公司最重的部件空中客车 A330 或空中客车 A340 飞机的机翼一副，最长的部件空中客车 A310 飞机的前、后机身，尺寸最大的部件空中客车 A330 或空中客车 A340 飞机的中机身，或同时载运空中客车 A320 或空中客车 A321 飞机的机翼两副。

1994 年 9 月 13 日"白鲸"进行首次试飞，1996 年开始交付使用，目前空中客车公司下属的国际运输公司拥有 5 架。

（2）白鲸主要数据

机长：56.15 米　　　　　　　　货舱容积：1520 立方米

最大商载：45.5 吨　　　　　　　最大起飞总重：150 吨

最大燃油量：42680 升　　　　　航程：1700 千米

最大油量航程：2400 千米

主舱长 37.7 米，机身中段最大直径 7.7 米

动力装置：两台通用电气公司的 CF6-80C2 涡轮风扇发动机

（3）常见的空中客车 A300-600 的基本数据

翼展：44.84 米　　　　　　　　机长：54.1 米

全经济布局载客：298 人　　　　典型两级座舱布局：266 人

空机重：90.1 吨　　　　　　　　最大商载：39.9 吨

最大起飞总重：165 吨　　　　　最大燃油量：62000 升

最大可用燃油（标准）：49.8 吨　最大载重航程：7500 千米

动力装置：两台涡扇发动机

可选发动机型号：通用电气公司 CF6-80 系列 CF6-80C2A1；普拉特·惠特尼公司 4000 系列 PW4156

2. 空中客车 A310 简介

空中客车 A310（图 2-80）是 Airbus 欧洲空中客车工业公司在 A300B 基础上研制的 200 座级中短程客机，机身较短，拥有新的机翼。1978 年 7 月开始研制，1982 年 4 月 3 日首架原型机首飞。1983 年 3 月 11 日获得法国和德国两国型号合格证，1983 年 3 月 29 日开始交

付使用。1983 年底开始试验在翼尖加装翼梢帆片以减少机翼阻力，从 1986 年 5 月开始交付的空中客车 A310-200 都装有翼梢帆片。

图 2-80　空中客车 A310

（1）空中客车 A310 主要型号

① 空中客车 A310-200 型（图 2-81）：基本型，1983 年底开始试验在翼尖加装翼梢帆片，试验证明这可减少机翼阻力 1%，从 1986 年 5 月开始交付的 A310-200 都装有翼梢帆片。1989 年 2 月后停产，共交付 85 架。

图 2-81　空中客车 A310-200

② 空中客车 A310-200C 型（图 2-82）：200 型的客货转换型，仅生产一架，侧面有改装货舱门，1984 年交付荷兰马丁航空公司，目前由联邦快递（FedEx）运营。

图 2-82　空中客车 A310-200C

③ 空中客车 A310-200F 型（图 2-83）：200 型的货运型，由空客德国公司为联邦快递（FedEx）改装 A310-200 型而来。首架于 1994 年 7 月交付。

④ 空中客车 A310-300 型（图 2-84）：为 200 型的加大航程型，外形上与 200 型几乎相

图 2-83 空中客车 A310-200F

同，为目前的生产型号。

图 2-84 空中客车 A310-300

⑤ 空中客车 A310-300F 型：300 型的货运型。

（2）空中客车 A310 基本数据　常见的空中客车 A310-300 型的基本数据如下述。

翼展：43.89 米 机长：46.66 米

典型两级座舱布局：220 人 空机重：80.8 吨

最大商载：26.7 吨 最大起飞总重：150 吨

最大燃油量：61070 升 最大可用燃油（标准）：49.8 吨

动力装置：两台涡扇发动机

可选发动机型号：通用电气公司 CF6-80 系列 CF6-80C2A2，普拉特·惠特尼公司 4000 系列 PW4152 或 PW4156A

3. 空中客车 A320 系列简介（图 2-85）

空中客车 A320 系列是 Airbus 欧洲空中客车工业公司研制的双发中短程 150 座级客机，包括空中客车 A318、空中客车 A319、空中客车 A320 及空中客车 A321 四种客机（表 2-7），这四种客机拥有相同的基本座舱配置，飞行员只要接受相同的飞行训练，就可驾驶以上四种不同的客机。这种共通性设计也降低了维修的成本及备用航材的库存。空中客车 A320 是一种真正的创新的飞机，为单过道飞机建立了一个新的标准，空中客车 A320 由于较宽的客舱给乘客提供了更大的舒适性，因而可采用更宽的座椅和更宽敞的客舱空间，它比其竞争者飞得更远、更快，因而具有更好的使用经济性。接着在此基础上又发展了较大型和较小型，即 186 座的空中客车 A321 和 124 座的空中客车 A319、107 座的空中客车 A318。

图 2-85　空中客车 A320 系列

表 2-7　空中客车 A320 系列数据

机型	空中客车 A318-100	空中客车 A319-100	空中客车 A320-100	空中客车 A321-100
座位数/座	107~117	124~142	150~180	185~220
机长/米	31.45	33.84	37.57	44.51
翼展/米	34.10	34.10	34.10	34.10
高度/米	12.56	11.76	11.76	11.76
客舱宽度/米	3.70	3.70	3.70	3.70
机身宽度/米	3.95	3.95	3.95	3.95
空重/吨	39.30	40.60	42.40	48.20
最大起飞重量/吨	68.00	75.50	77.00	93.50
满载航距/千米	5950	6800	5700	5600
最大燃油容量/升	23860	29840	29680	29680

　　空中客车 A320 系列客机在设计中采用"以新制胜"的方针,采用先进的设计和生产技术以及新的结构材料和先进的数字式机载电子设备,是世界上第一种采用电传操纵飞行控制系统的民航客机,第一款放宽静稳定度设计的民航客机。其机翼在空中客车 A310 机翼的基础上又进行了改进,双水泡形机身截面大大提高了货舱中装运行李和集装箱的能力。其客舱舒适而宽敞是当前最受欢迎的 150 座级的中短程客机。

　　1994 年 5 月,波音公司购买一架二手空中客车 A320 飞机陈列在西雅图以此来激发波音员工,这可能也是空客公司的最大荣幸。

　　其主要型号有:

　　① 空中客车 A320:欧洲空中客车工业公司于 1979 年 7 月宣布 A320 客机方案,1983 年 12 月空中客车 A320 计划正式上马,1987 年 2 月 22 日第一架飞机首次试飞,1988 年 2 月获适航证并交付使用。主要型号如下所述。

　　空中客车 A320-100 型(图 2-86):为基本型,共生产 21 架。1988 年 3 月首次交付于法国航空公司。

　　空中客车 A320-200 型:远程型,为生产线上第 22 架之后的产品,与 100 型的区别是采用了中央翼油箱、增加了有效载重和航程。第一架于 1988 年 7 月交付安塞特航空公司使用。

　　② 空中客车 A321:它是欧洲空中客车工业公司第一个完全通过商业筹资完成的项目,是从空中客车 A320 直接派生的加长型,与空中客车 A320 相比,增加 24% 的座位和 40% 的

图 2-86　空中客车 A320-100 型

空间，在机翼前后各增加两个应急出口，对机翼进行局部加长，于 1989 年 5 月启动该项目，1993 年 3 月 11 日首航，同年 12 月 17 日获欧洲适航证，1994 年 1 月交付使用。主要型号如下所述。

空中客车 A321-100 型（图 2-87）：基本型。

空中客车 A321-200 型：加大航程型，1995 年 4 月启动该项目。

图 2-87　空中客车 A321

③ 空中客车 A319：是从空中客车 A320 直接派生的缩短型，与空中客车 A320 相比，机身短 3.73 米，机翼上应急出口减少一个，机身后部散货舱取消。该项目发起于 1993 年 6 月，1995 年 8 月首飞，1996 年 4 月获型号合格证，5 月交付使用。主要型号有空中客车 A319 基本型（图 2-88）与空中客车 A319CJ 型——公务机型。

图 2-88　空中客车 A319 基本型

④ 空中客车 A318（图 2-89）：1994 年 4 月 26 日，正式推出空中客车 A319 缩短型的百人座客机空中客车 A318。空中客车 A318 继续保持与空中客车 A320 系列的通用性，为客户提供全新的百座级客机的选择。2002 年 1 月 15 日首飞，2003 年 7 月开始交付使用。

图 2-89　空中客车 A318

4. 空中客车 A330 系列

空中客车 A330（图 2-90）是 Airbus 欧洲空中客车工业公司在分析世界主要航空公司90 年代需求后，于 1986 年 1 月宣布研制的两种先进双轨道宽机身客机之一。除了发动机的数量和与发动机相关的系统外，与空中客车 A300 机型有很大的共同性，它们有 85％的零部件可以互相通用，采用同样的机身，只是长度不同，驾驶舱、机翼、尾翼、起落架及各种系统都相同，这样可以降低研制费用。

图 2-90　空中客车 A330

这两种机型在机体方面，其设计取自空中客车 A300，但其机翼、驾驶室及电传操纵则是取自空中客车 A320。空中客车 A330 采用了许多现代化技术，如电传操纵和多功能座舱显示装置，由于采用先进机翼、高效率发动机及大量的复合材料，减轻了飞机的重量，飞机每座千米油耗和每座直接使用成本都有较大下降。

空中客车 A330：空客公司从 20 世纪 70 年代初即开始远程客机的研制，初定名空中客车 A300B9，80 年代重新开始该计划，新机定名为 TA9，TA 即双通道的英文缩写，1986年，改名为空中客车 A330，1987 年开始制造。

空中客车 A330-200 型（图 2-91）：空中客车 A330 的远程、短机身型，这种机型的推出使空客公司的大型双发客机销售情况大为改观。空中客车 A330-200 型较 300 型机身短 4.6米，加大尾翼，加强了机翼结构。

1997 年 8 月首飞，1998 年 5 月开始交付加拿大航空公司投入使用。

图 2-91 空中客车 A330-200 型

空中客车 A330-300 型（图 2-92）：空中客车 A330/A340 家族中载客量最大的一种型号，与空中客车 A340-300 型相比，机身相同，只是发动机只有两台，与发动机相关的系统也有所不同，航程较短。1987 年 11 月 2 日首飞，1994 年 6 月 2 日获欧、美适航证书。

图 2-92 空中客车 A330-300 型

空中客车 A330 系列主要数据见表 2-8。

表 2-8 空中客车 A330 系列数据

机 型	空中客车 A330-200 型	空中客车 A330-300 型
标准两级座位数/座	293	335
机长/米	59	63.6
翼展/米	60.30	60.30
高度/米	17.9	16.7
客舱宽度/米	3.70	3.70
机身宽度/米	5.28	5.28
空重/吨	120.50	124.50
最大起飞重量/吨	230.00	230.00
满载航距/千米	11950	10400
最大燃油容量/升	139090	97530

5. 空中客车 A340 简介

空中客车 A340 是 Airbus 欧洲空中客车工业公司在分析世界主要航空公司 90 年代需求

后，于 1986 年 1 月宣布研制的两种先进双过道宽机身客机之一。除了发动机的数量和与发动机相关的系统外，与空中客车 A330 机型有很大的共同性，它们有 85％的零部件可以互相通用，采用同样的机身，只是长度不同，驾驶舱、机翼、尾翼、起落架及各种系统都相同，这样可以降低研制费用。

这两种机型也保留了空中客车 A300 和空中客车 A310 机型的高效率机身截面设计。

1987 年 4 月欧洲客车工业公司决定将空中客车 A330 和空中客车 A340 两个型号作为一个计划同时上马。空中客车 A330 和空中客车 A340 两个型号的研制费用共计 25 亿美元（1986 年币值）。

如上文所述，空中客车 A340 也如空中客车 A330 一样采用了许多现代化技术。

空中客车 A340 主要型号介绍如下。

空中客车 A340：空中客车公司在空中客车 A330 基础上设计的，最初定名为 A300B11，后定名为 TA11，TA 即双通道的英文缩写，1986 年，改名为空中客车 A340。1987 年正式开始研究，在研制过程中曾希望使用一种 CFM56 或 V2500 基础上改进设计的特高涵道比的"超级风扇"发动机。计划失败后，只能依靠现有发动机改进型来达到最初设计目标，同时，为此也对机翼进行改进。

空中客车 A340-200 型（图 2-93）：空中客车 A340 的远程型，机身较 A340-300 型短，航程可达 15000 千米，是目前航程最远的民航客机。1992 年 4 月 1 日首飞。1993 年 2 月 2 日开始交付德国汉莎航空公司投入运营。

图 2-93　空中客车 A340-200

空中客车 A340-300 型（图 2-94）：空中客车 A340 的高载客量型，标准载客 295 人。1991 年 10 月 25 日首飞，1993 年 2 月 26 日开始交付法国航空公司投入运营。

图 2-94　空中客车 A340-300

空中客车 A340-300E（X）型：300 型的远程型，最大航程 13520 千米，1996 年开始交付新加坡航空公司。

空中客车 A340-400 型：延长航程型，研制不久后即放弃。

1997 年 12 月，空客发起了空中客车 A340-500 和空中客车 A340-600 项目，采用新型发动机，加长机身，增加载客量。空客公司希望通过这两个型号真正进入远程宽体客机市场，与波音 747 展开竞争。

空中客车 A340-500 型（图 2-95）：侧重于航程，声称将是世界上航程最远的民航飞机，将超越现有的空中客车 A340-200。能不经停飞行 16000 千米，2002 年 2 月 11 日首飞，2002 年 12 月 3 日交付阿联酋航空。

图 2-95　空中客车 A340-500

空中客车 A340-600 型（图 2-96）：采用遄达 500 发动机，航程达 13900 千米，可载客 380 人，比空中客车 A340-300 的载运能力提高了 31％；2001 年 3 月 23 日，空中客车 A340-600 在图鲁兹的"梦幻工厂"首次亮相。2002 年中开始交付使用。

图 2-96　空中客车 A340-600 型

空中客车 A340 系列数据见表 2-9。

6. 空中客车 A380 简介（图 2-97）

555 座的空中客车 A380 是迄今为止建造的最先进、最宽敞和最高效的飞机，已于 2006 年投入运营。2000 年推出的这款飞机被空中客车公司视为 21 世纪的"旗舰"产品。空中客车公司从飞机设计之初就与主要的航空公司、机场和适航机构进行了密切的协作。空中客车 A380 飞机融合了最新的技术和材料，采用了先进系统和行业工艺，达到了最严格的国际适航审定要求。与最接近的竞争机型相比,空中客车 A380 的载客量多 35%,乘客的个人空间也更大,使航空公司在各个级别提供了无与伦比的舒适度,并为乘客提供了更加宽敞的空间,可以让他们把腿伸直。2013 年,将推出载客 600 人的最新型 A380 客机。

表 2-9　空中客车 A340 系列数据

机　型	空中客车 A340-200	空中客车 A340-300	空中客车 A340-500	空中客车 A340-600
标准三级座位数/座	261	295	313	380
机长/米	59.4	63.6	67.9	75.3
翼展/米	60.3	60.3	63.5	63.5
高度/米	16.7	16.7	17.1	17.3
客舱宽度/米	3.70	3.70	3.70	3.70
空重/吨	129.00	129.00	170.00	177.00
最大起飞重量/吨	275.00	275.00	365.00	365.00
满载航距/千米	14800	13500	16050	13900
最大燃油容量/升	155040	141500	214810	194880

图 2-97　空中客车 A380

空中客车 A380 的效率和先进技术使座英里成本降低 15%～20%。其航程也比其他大型飞机远了 10%。毫无疑问,对于搭乘伦敦至新加坡以及洛杉矶至悉尼这类远程航线的乘客而言,空中客车 A380 将为他们提供一种全新的飞行方式。

鉴于航空旅行预计将持续增长,空中客车 A380 具有的运送较多乘客的能力,可以在不增加航班次数的情况下缓解交通堵塞。该型飞机极大地削减了噪声和排放水平,有助于将对环境的影响降至最低。

空中客车 A380 的系列化从基本型的客机开始,采用三级客舱布局时载客量为 555 人,航程:14815 千米(8000 海里)。其货运机型 A380F 全货运型,商载为 150 吨情况下航程 10400 千米。联邦快递(Federal Express)是发起用户(联邦快递因为交机延误而取消订单)。在基本型的基础上衍生出来的延长型(Stretched)、短程型和延程型空中客车 A380 将待市场需要时提供。空中客车 A380 可选装罗尔斯·罗伊斯公司的遄达 900 发动机或联合发动机公司(Engine Alliance)(通用电气和普惠的合资公司)的 GP7200 发动机。

中国南方航空公司订购的第一架空中客车 A380 飞机是由法国图卢兹空中客车公司总部完成,空中客车 A380 飞机分上、下两层,客舱面积相当于 3 个网球场或 1.25 个篮球场大小，长度 73 米中，除去驾驶舱（图 2-98）和尾部餐厅（图 2-99）等区域，往返一次就是 140 多米。

图 2-98 空中客车 A380 驾驶舱

图 2-99 空中客车 A380 餐厅

空中客车 A380 豪华头等舱放平后可形成一张 2.02 米长的床，也可在座位上戴着耳机尽情欣赏面前 23 寸屏幕放映的节目。座位之间可按座位号打"空中电话"，头等舱和经济舱之间离得较远，完全可以打电话联系。空中客车 A380 经济舱每排是按 3-4-3 座位配置，脚部和前面还有约 30 厘米的空间。

经济舱共配备 428 个座位，上层的平躺式公务舱共有 70 个座位，A380 至少有 506 个座位，共配备 24 位乘务员。

空中客车 A380 飞行时产生尾气气流比波音 747 还大，在其前后起降的飞机，受到尾气气流干扰的影响也大大增加，空中客车 A380 起飞后，空中客车 A320 等中小型客机要间隔 3 分钟以上才能使用跑道，即便是大型飞机也要等候 2 分钟。空中客车 A380 基本数据如下所述。

尺寸：

长度 73 米

翼展 79.8 米

高度 24.1 米

机舱内宽度（中层）6.58 米

机舱内宽度（上层）5.92 米

机翼面积 845 平方米

重量：

空机 280 吨

最大起飞重量 560 吨

客运能力：

载客最多 555 人（三级客舱布局）

载客最多 644 人（二级客舱布局）

载客最多 840 人（一级客舱布局）

动力：

发动机 4 台劳斯莱斯特伦特 900 或发动机联盟 GP7200 涡轮扇引擎

推力 1208 千牛顿（271560 磅力）

性能：

巡航速度 0.85 马赫（约 902 千米/小时，约 561 英里/小时）

最高速度 0.89 马赫（约 945 千米/小时，约 587 英里/小时）

飞行距离 15100 千米（9383 英里）

飞行高度 13100 米（43000 英尺）

第四节
国产主要机型

一、新舟 60（MA60）

如图 2-100、图 2-101 所示。

新舟 60 飞机（英文名称 Modern Ark 60，英文缩写为"MA60"）是中国航空工业第一集团公司下属西安飞机工业（集团）公司在运-7 短/中程运输机的基础上研制、生产的 50～60 座级双涡轮螺旋桨发动机支线飞机。

1. 新舟 60 飞机简介

最初原型机称为运 7-200A 型。新舟 60 飞机大量采用集成国外技术成熟的部件，换装普拉特·惠特尼公司 PW-127J 型涡桨发动机，按照新机设计要求，对驾驶舱内操纵系统、电子设备、警告系统、仪表板和操作台等进行了全新配套设计。

新舟 60 飞机是中国首次按照与国际标准接轨的中国民航适航条例 CCAR-25 进行设计、生产和试飞验证的。在飞机的研制过程中，西安飞机工业（集团）有限责任公司采取多种国际合作方式，包括向波音公司技术咨询、引进成品的技术培训、聘请乌克兰飞机设计专家咨

图 2-100　空中客车 MA60（一）　　　　　　图 2-101　空中客车 MA60（二）

询、特邀加拿大试飞员协助试飞等。西飞公司按照 CCAR-142 部标建立了新舟 60 飞机飞行训练中心。

新舟 60 飞机在安全性、舒适性、维护性等方面达到或接近世界同类飞机的水平。其使用性能良好、油耗低、维修方便，简单实用，可承载 52～60 名旅客，航程 2450 千米；适宜支线航线的运营。新舟 60 飞机可在高温、高原状态下起飞，适应不同航路、跑道的特性。新舟 60 飞机可进行多用途改装，如货物运输机、海洋监测机、航测、探测机等。新舟 60 飞机价格为国外同类飞机的 2/3，直接使用成本比国外同类飞机低 10%～20%。年生产能力为 15～20 架。新舟 60 的改进型新舟 600 于 2008 年首飞。新舟 600 飞机在机载设备、机舱内装饰等方面进行了全新改进。

截止 2008 年新舟 60 飞机累积确认订单及意向订单已经超过 100 架。新舟 60 的第一个国内正式用户是奥凯航空，通过租赁融资租赁了 10 架新舟 60。津巴布韦采购了 3 架新舟 60，成为该飞机的第一个国际用户（2005 年 4 月 30 日首批交付），这是中国拥有自主知识产权按国际适航标准制造的民航飞机首次出口国外。相继有刚果（布）、赞比亚、老挝、印度尼西亚、菲律宾、玻利维亚等国的航空公司签订了购机合同。

2. 研制过程

新舟 60 飞机是中国西安飞机工业公司研制生产的运-7 飞机的衍生机型。运-7 飞机是在安-24 飞机的基础上设计而衍生的（第一架原型机于 1984 年进行试飞，1986 年投入服务）。

新舟 60 飞机研制始于 1988 年立项，原型机曾被称为运 7-200A 型。1991 年完成图纸设计。01 架适航试验机于 1993 年 12 月 26 日首飞，1995 年开始适航试飞，共飞行了 910 多个起落，850 多个飞行小时，1998 年 5 月适航试验型飞机取得了中国适航当局颁发的型号合格证。1999 年 1 月，西飞公司根据用户意见与建议，对试验机型提出了 64 项重要改进。通过设计改进、疲劳定寿以及新工艺、新技术应用，其在安全性、经济性、舒适性、可靠性、维护性等方面达到或接近世界同类飞机的水平。1999 年 3 月开始发出设计图，并着手工艺准备工作，11 月 29 日开始总装，1999 年被正式命名为"新舟 60"（MA60）。2000 年 2 月中旬总装完毕。2000 年 2 月 14 日，民航西安审定中心对飞机进行了全面的检查验收，2 月 16 日飞机进入试飞站准备试飞。新舟 60 于 2000 年 3 月首飞，并于 3 月 9 日飞抵北京进行了飞行表演。2000 年 6 月中国民航适航部门批准新舟 60 飞机型号合格证，正式批准将改进后的运 7-200A 飞机定名为"新舟 60"（MA60）。

3. 设计特点

新舟 60 飞机的旅客座位为 52～60 座，航程 2450 千米，采用两人驾驶体制。该机在运-

7 的基础上，大量采用国外技术成熟的产品，并对一些结构进行全新设计，比运 7-100 型飞机降低油耗百分之三十，油耗的降低使得新舟 60 的每座耗油成本接近国际先进水平，噪声水平也显著降低，大大提高了飞机的经济性和舒适性。

（1）新舟 60 飞机动力装置采用加拿大普惠公司 PW127J 涡轮螺桨发动机，首次翻修寿命为 6000 小时；在一台发动机失效的情况下，另一台发动机功率可自动增加至最大起飞功率。

（2）选用美国汉密尔顿公司 247F-3 全复合材料、低噪声四桨叶螺旋桨；螺旋桨为右旋、拉进式、可控桨距（反桨）、低转速，同时装有同步定相器。

（3）安装美国联信公司 KHF950 短波/单边带电台和垂尾前缘保形天线。

（4）安装了美国盖瑞特公司的 APU 辅助动力装置，使飞机具备地面空调和地面自行启动发动机的机场适应能力，在空中单发应急情况下，APU 空中使用为飞机空调系统提供引气。有气囊式除冰系统。电气系统有 50% 以上的供电裕度。

（5）重新设计驾驶舱，驾驶体制改为 2 人驾驶体制，采用新型电子机载设备，装有美国柯林斯公司 APS-85 自动驾驶仪系统。有飞行指引和自动驾驶能力，能够满足 II 类盲降。

（6）飞机机头部分进行了重新设计，机身长度较运 7-100 型加长 1 米。垂尾加高，平尾沿翼展方向加长，提高了飞机纵向和航向稳定性。

（7）提高舒适性，整个客舱内装饰（包括侧壁板、行李箱、服务板、天花板、遮光板、座舱隔板等）与国外飞机普遍采用的构型类似，在整个座舱的各个部位上选用 6 种不同颜色图案的装饰层，对座椅、地毯、门帘布、服务员座椅按照颜色统一要求选用材料装饰，提高了内装饰效果与水平，并满足所有相关适航条款要求；配餐间和卫生间为全新设计。

（8）进行了减阻、减重和优化设计，机身外表面的凸头铆钉改为小气密埋头铆钉；采用先进技术和原材料使结构减重达 1 吨，有效地增加了商载。起落架采用电子防滑刹车系统，缩短了滑跑距离。

（9）应急窗口、通风窗、雷达罩悬挂接头、尾撑杆后移并进行改进；钢索天线改为隐蔽式天线，同时对尾翼前缘和翼盒做相应改进等。

4. 外形及内部尺寸

翼展：29.2 米

机翼面积：74.98 平方米

机长：24.71 米

机高：8.85 米

客舱长度：10.79 米

客舱高度：1.907 米

客舱宽度：2.686 米

标准客座数：52～60 座

5. 重量与载重

最大起飞重量：21.8 吨

使用空重：13.7 吨

最大商载：5.5 吨

最大燃油量：4.03 吨

6. 性能数据

动力装置：2 台涡桨发动机

最大巡航速度：514 千米/小时

经济巡航速度：430 千米/小时

7. 航程

最大商载航程：1100 千米

满载旅客航程：1600 千米

最大燃油航程：2450 千米

8. 记录

2005 年 4 月 23 日，首批两架新舟 60 飞机交付给津巴布韦，2005 年 5 月 4 日抵达哈拉雷国际机场。

老挝航空公司分别于 2005 年 12 月 29 日和 2007 年 7 月 2 日签订 4 架新舟 60 飞机的订单。

2006 年 6 月 7 日，印度尼西亚鸽子航空公司签订 15 架新舟 60 飞机的订单，2007 年 8 月 28 日，交付了首批两架新舟 60 飞机。

2007 年 4 月 3 日，南美玻利维亚空军签订了 2 架新舟 60 飞机的订单，2008 年 2 月 2 日交付。

2008 年 9 月 5 日 11 时，奥凯航空公司引进的第一架新舟 60 支线飞机，从西安顺利转场飞抵天津滨海国际机场。

2010 年 12 月，每隔两天，就有新舟 60 飞机从中国飞机城——西安阎良腾空而起，经昆明转场至印度尼西亚。2010 年 12 月 15 日前，首批 7 架飞机全部转场印度尼西亚，第二批 6 架飞机也于 2011 年 3 月份全部交付印度尼西亚鸽子航空公司。

2011 年 5 月 20 日继成功运营亚洲、非洲、南美洲 14 个国家上百条航线后，秘鲁 CDS 支线快运公司 20 日与西飞国际在西安签订 4 架新舟 60 飞机购销合同。2011 年，MA60 现有客户 20 余家，交付飞机 70 架，订单及意向 187 架，拥有 200 多条航线。乌克兰 MARS 航空公司与西飞国际（西安飞机国际航空制造股份有限公司）签订三架 MA60 飞机购机协议。协议的签订，标志着中国与欧洲在航空领域的合作取得突破，为 MA60 飞机进入欧洲市场迈出重要的第一步。同时也表明，MA60 飞机的良好性能得到了更广泛的认可。

二、运-10

如图 2-102、图 2-103 所示。

运-10 是由上海飞机制造厂研制的四发动机喷气式运输机，是中国首次自行研制、自行制造的大型喷气式客机。运-10 采用涡扇-8 发动机。运-10 只制成两架。运-10 由于各种原因最终没有投产。

1. 运-10 飞机简介

运-10 飞机研制工作自 1970 年 8 月下达任务后开始，1972 年审查通过飞机总体设计方案，1975 年 6 月完成全部设计图纸。由于当时的历史条件，提出运-10 设计任务时，主要是考虑作为首长专机，要求能"跨洋过海"，航程 7000 千米，致使飞机结构及载油重量增加，商载减少。

1976 年 7 月制造出第一架运-10 用于静力试验。第二架使用的 JT3D 发动机（涡扇-8 研制不顺利）及部分飞行电子设备来自中国民航机队中波音 707 的备件。1980 年 9 月 26 日运-10 飞机首次试飞成功，在国内外引起强烈反响。运-10 飞机首次试飞成功后，之后进行研制

图 2-102 运-10（一）

图 2-103 运-10（二）

试飞和转场试飞。先后飞抵北京、哈尔滨、乌鲁木齐、郑州、合肥、广州、昆明、成都等国内主要城市，并七次飞抵拉萨。试飞证明运-10 飞机性能符合设计要求。但是运-10 飞机基本设计在当时已经过时，而且离投入航班运行仍有较大差距。由于经费原因，研制工作难以继续进行，1982 年起运-10 研制基本停顿。

从 1970 年 8 月下达研制任务到 1985 年 2 月停飞，运-10 的研制前后历时 14 年，国家总投资 5.38 亿元，其中研制费 3.34 亿元，基本建设费 1.75 亿元，上海市提供流动资金 0.29 亿元。

2. 参数

最大起飞重量：110 吨

最大商载：25 吨

最大载油量：51 吨

最大商载航程 3150 千米，15 吨商载航程可达 6400 千米；5 吨商载航程可达 8300 千米

发动机：四台涡扇 8 发动机；单台起飞推力：80.07 千牛

最大巡航速度：974 千米/小时

巡航高度：11000 米

实用升限：12000 米

客舱：按混合级布置 124 座，头等舱 16 座，排距 1.05 米，经济舱 108 座，排距 0.88 米。按全经济级布置 149 座，排距 0.88 米；按高密度布置（排距 0.7366 米）可达 179 座

3. 设计

运-10 飞机的设计主要分三个阶段进行。1971 年 4 月至 1972 年底为总体方案设计，主要是制订飞机设计方案和技术、经济指标，确定飞机的气动布局和各系统的原理方案，提出成品目录，制定强度计算原则，进行首轮强度外载荷计算，提出材料标准选用目录，并提出飞机总体设计方案报告等。1973 年为草图设计，主要是开展结构打样，进行必要的设计试验，完善系统原理设计，进行结构、系统的大量技术协调，估算飞机重量、重心等工作。1973 年 6 月至 1974 年底为工作图设计，全机结构图纸于 1974 年底完成，各系统图纸于 1975 年完成。

运-10 飞机选定美国的 FAR-25 作为设计标准。在运-10 飞机的设计过程中，还全面考察、学习和分析了参考机（波音 707）的设计经验；对于国内尚未成熟的成品和设备，包括

动力装置，一律装用国外产品。

运-10 飞机设计中共提出试验项目 179 项，其中总体气动 63 项、结构强度 61 项、系统 30 项、特设 25 项。运-10 飞机的设计试验共有 163 项，在风洞吹风试验方面，共设计、制造了 40 套模型，分别在高低速风洞吹风 1400 小时。同时，设计和制造了 3 架自由飞模型，进行了 11 架次的试验。运-10 飞机 01 架的全机静力试验共有 42 项 163 个情况，都满足试验大纲要求，全机静力试验的破坏载荷为理论值的 100.2%，试验破坏部位与理论预计的部位一致。运-10 机身破坏试验，当加载到 105% 设计载荷时，机身在预计部位破坏，试验结果符合设计要求。起落架落震试验 1200 次，起落架动力特性符合设计要求。此外，在飞机的操纵、液压、燃油、电气等各系统也进行了地面模拟试验，并且还在有关单位支持下进行了各个系统和成品的联试。新成品在装机之前，先进行了飞行试验。

从 1972 年到 1979 年，先后进行了 7 次规模较大的设计质量复查，就运-10 的结构疲劳、四大系统模拟试验、风洞试验数据修正和使用、LC-4 材料、气动外载荷等问题举办了 7 项专题讨论会，这些措施对设计质量和安全起到了重大作用。

运-10 试飞分四个阶段。1974~1979 年为试飞准备阶段，主要任务是确定试飞科目，提出测试参数和设备，研究试飞方法和驾驶技术。1979~1980 年 10 月 16 日为确保首次飞行阶段，主要任务是确定首飞的技术程序和模拟首飞。1980 年 10 月 16 日至 1981 年 12 月 8 日为调整试飞阶段，驾驶员凭感觉评定飞行品质和系统功能，逐步扩大运-10 速度、高度包线。1981 年 12 月至 1985 年 2 月 11 日为研制试飞阶段，主要任务是实施预定的试飞科目，并进行定量测试。在试飞中，运用同类机种的飞行模拟器 B707-3J6C 和民航第 2402 号波音 707，对试飞方法、驾驶技术作了探索研究，并移植到运-10 的试飞中，保证运-10 稳妥、可靠、有效地试飞。

从 1980 年 9 月 26 日运-10 首飞成功到 1984 年共飞行了 130 多个起落、170 多个飞行小时。

运-10 飞机在技术成就方面可总结为以下 10 项：

① 国内首次采用 FAR-25 为设计标准，突破了过去一直沿用前苏联规范的局面。

② 国内首次采用"尖峰"型高亚音速翼型。

③ 国内首次全面采用"破损安全"、"安全寿命"概念设计和分析飞机结构。

④ 国内首次采用全翼展整体油箱（最大载油量达 51 吨），首次研制出大容量气密客舱（最大容积达 318 米³）。

⑤ 国内首次成功地采用机翼下吊挂 4 台发动机的总体气动布局。

⑥ 国内首次采用由调整片带动操纵面的气动助力操纵形式，省去液压助力装置。

⑦ 国内首次进行规模较大的全机各系统地面模拟试验。

⑧ 全机选用新材料 76 项，占 18%，选用新标准 164 项，占 17%；选用新成品 305 项，占 70%。这些新材料、新标准和新成品为民用飞机的发展打下了基础。

⑨ 国内首次全面地用电子计算机进行型号设计，编写了计算程序 138 项。

⑩ 国内首次按 FAR-25 要求组织了大型客机的研制试飞（共飞行 130 架次，170 小时）。

运-10 飞机采用尖峰翼型。其阻力发散马赫数为 0.85，优于波音 707 的 0.84；最大巡航速度为 974 千米/小时，高于伊尔-62 和波音 707。运-10 远航程气动效率最高的马赫数为 0.79~0.8，也较波音 707 高。

运-10 飞机的座千米油耗均较伊尔-62 和三叉戟客机低，而与波音 707 的相当，运-10 飞机的上座率只要达到 60%，即可回收燃油费和飞机折旧费。

运-10 飞机在国内航线使用时有较好的机场适应性，飞机的载荷等级数（LCN）为 48～56，较三叉载客机的 62～64.5 为低。据不完全统计，在当时的机场条件下，运-10 飞机可以使用的国内机场有 35 个，而波音 707 和三叉载客机仅为 10 个，运-10 飞机的推重比大，单发升限可达 9500 米，很适合飞西藏地区。

运-10 飞机研制的主要经验有：

① 坚持自力更生的道路，运-10 飞机研制的重大成果是在 20 世纪 70 年代的历史条件下取得的。

② 在运-10 飞机研制过程中尽量采用国外先进技术，全面地引进和应用了美国、英国设计规范，并且对参考机的设计经验进行了全面借鉴。

③ 坚持质量第一、安全第一，质量是产品的生命，对于民航飞机来说，尤为重要。

4. 研制

1972 年，三机部提出了运-10 飞机的设计方案。1972 年 6 月确定主要设计原则：运-10 飞机采用机翼下吊装 4 台国产涡扇-8 发动机的布局。飞机技术性能指标是：实用航程不小于 7000 千米，巡航速度 850～900 千米/小时，起飞滑跑距离不大于 1300 米，飞行升限 1.2 万米，载人 100～120 名，最大起飞重量为 110 吨，最大商载为 17 吨，远航程商载为 5 吨；开始研制时，按国际航线班机的要求进行设计，待飞机研制出来后，再根据要求，改为其他型别飞机。1972 年 8 月，三机部和上海市联合召开"大型客机总体设计方案会审会议"，审查通过了修改后的运-10 总体设计方案。1973 年初，运-10 飞机设计和试验工作开始全面铺开。

运-10 飞机的研制也打上了鲜明的时代烙印，在具体工作中，突出了那个时代极为流行的三个"三结合"，即"设计、制造、使用三结合"、"领导干部、工程技术人员、工人三结合"、"产、学、研三结合"，实施研制、生产并行工程。在运-10 项目上，确定了"自力更生、自主创新、'洋'为中用，发展国防科学技术"的路线。

运-10 飞机的气动设计吸收了来自英国的技术，结构设计和系统综合则参考了来自美国波音 707 的技术。至 1975 年 6 月，运-10 的设计图纸全部完成，共发图 143000 标准页，同年 6 月，仿制自美国普惠 JT3D-7 涡扇发动机的国产涡扇-8 发动机在上海完成。1976 年 9 月，运-10 静力试验机制造完成。至 1978 年 11 月 30 日完成了全机静力破坏试验。1980 年 6 月，运-10 飞行试验机（装 JT3D 发动机）制造完成。1980 年 8 月，运-10 飞机的操纵、液压、燃油、电网络四大系统的模拟试验全部完成。

1980 年 9 月 26 日，运-10 飞机在上海大场机场进行首次试飞。飞行时间为上午 9 时 37 分至 10 时 05 分，起飞重量 80 吨，不收起落架和襟翼，飞行高度 1350 米，速度 310～330 千米/小时，绕场两周后着陆，运-10 首飞成功。与运-10 同步研制的涡扇-8 型发动机装在波音 707 上进行了飞行试验，实现了中国在大型商用涡扇发动机上"零的突破"。

从 1980 年 10 月至 1984 年 6 月，运-10 飞机先后转场试飞北京、合肥、哈尔滨、乌鲁木齐、广州、昆明、成都等地，7 次成功飞抵西藏拉萨。

1981 年 12 月 8 日，运-10 飞机首次转场北京，做飞行表演。

1983 年 4 月 25 日，运-10 飞机转场试飞到哈尔滨，航程 1840 千米。1983 年 11 月 4 日，运-10 进行了最大起飞重量 110 吨、商载 15 吨、航程 3680 千米转场乌鲁木齐的长途试飞。1983 年 12 月 23 日，运-10 转场广州，为外贸公司运送了 13 吨出口商品。1983 年 12 月 29

日，运-10从广州转场至海拔 1900 米的昆明，当时正值大雪天气，运-10 经受了气候变化的严峻考验。

1984 年 1 月 31 日，运-10 首次从成都飞到海拔 3540 米的拉萨市，此后又连续六次带商载进入西藏。

20 世纪 80 年代初，在运-10 飞机进行试飞测试各种相关数据的同时，提出了一系列运-10 改型的设想。从军民两用和技术进步的角度对运-10 进行改型。首先通过运-10 的改型完善该机的技术性能；其次，通过对运-10 的进一步开发，推动航空业在材料、工艺等性能上的全面进步；通过改型在技术水平不断提高的同时，使开发技术能力不断增长。运-10 如改装 CFM56 涡轮风扇发动机，将使燃油消耗率下降 20%，提高经济性，降低噪声水平，可满足 FAR-36 的第三阶段噪声标准要求。如果加长机身 3.5 米，则可提高装运量，从而进一步提高经济性。如在机身左前方开大口，则可改成客货两用机，也可用于军用运输。酝酿中的运-10 改型机包括：客货两用干线飞机，货运最大载重 35～40 吨，装运 12 个集装箱或载客 189 名；四发加长型民用干线客机，全经济级 234 座；双发中短程民用干线客机，全经济级 189 座；军用空中预警指挥机总体方案设计论证；军用运输机，军用救护机。

三、C919

如图 2-104、图 2-105 所示。

图 2-104　C919（一）

图 2-105　C919（二）

C919 是中国继运-10 后自主设计的第二款国产大型客机。C 是 China 的首字母，也是中国商用飞机有限责任公司英文缩写 COMAC 的首字母，同时还寓意，就是立志要跻身国际大型客机市场，要与 Airbus（空中客车公司）和 Boeing（波音）一道在国际大型客机制造业中形成 ABC 并立的格局。第一个"9"的寓意是天长地久，"19"代表的是中国首型大型客机最大载客量为 190 座。"C919"之后未来的型号可命名为"C929"，其中"29"代表这一机型的最大载客量为 290 座。

1. 项目介绍

中国商飞公司是国家大型飞机重大科技专项的实施主体。公司成立后，立即组建了一支来自全国 47 家单位，超过 300 人的大型客机联合工程队，举全国之力，聚全国之智，组织开展大型客机的技术经济可行性研究、总体技术方案论证和关键技术攻关，总体设计、系统规划、科学论证我国大型客机研制的总体蓝图。

2. 基本原则

① 一切从我国的基本国情出发，坚持中国特色。

② 体现技术进步。要确保我们研制出来的大型客机在未来的同类产品中具有竞争性。

③ 深化战略合作。要按照"主制造商—供应商"模式，深化国际国内合作，风险共担、利益共享，形成大型客机的国际国内供应商体系。

④ 要树立系统工程的理念和运用系统工程的方法，创新改革。

⑤ 自主知识产权。根据国内外市场需求，全面按照国际民航规章和适航标准，综合考虑安全、经济、舒适、环保的要求自主研发，拥有完全自主知识产权。

3. 具体原则

① 具有完全自主知识产权。

② 项目初期采购部分国外系统设备，鼓励国外供应商在中国发展，逐步形成我国民机产业。

③ 满足 2020 年国际要求（如污染排放、噪声等）。

④ 确保安全性、突出经济性、提高可靠性、改善舒适性、强调环保性。

⑤ 掌握和了解市场与客户的需求，减阻、减重、减排，全面优于竞争机，直接使用成本（DOC）降低 10%。

⑥ 采用国际标准，以国内销售为主，打入国际市场。

4. 发展进程

C919 项目于 2008 年 11 月启动，计划 2014 年底首飞，2016 年取得适航证并交付用户。C919 客机的发展目标是为 8～10 年后的民用航空市场提供安全、舒适、节能、环保、具有竞争力的中短程单通道商用运输机。在市场定位上，以中国国内为切入点，同时兼顾国外市场，提供多等级、多种航程的产品。

2008 年中国商用飞机有限责任公司正式启动大型客机项目论证工作，举全国之力、聚全国之智，邀请国内外 47 家单位 468 位专家组成了大型客机联合工程队，成立了由 20 位院士、专家组成的大型客机专家咨询组，形成了大型客机的初步总体技术方案，完成了大型客机项目技术经济可行性研究报告，梳理出了第一批需要启动的 14 项专项技术攻关项目。

2009 年 5 月，中航工业成飞（集团）公司及成飞民用飞机有限责任公司派遣联合设计小组驻上海飞机设计研究所，参与 C919 大型客机机头工程样机结构部分设计。

2009 年 6 月 19 日，中航工业成飞（集团）公司及成飞民用飞机有限责任公司完成了 C919 工程样机制造工艺总方案的论证和发布工作。

2009 年 8 月 31 日实现了 C919 工程样机全三维结构数模 100% 的发放。

2009 年 9 月 1 日上午 9 时 30 分，C919 机头样机在中航工业成都飞机有限公司开工制造。吴光辉介绍，机头长 7.9 米，宽 3.96 米，高 4.16 米，包括雷达舱、驾驶舱、卫生间、厨房以及座舱。

2009 年 9 月 8 日，C919 外形样机在中国香港举行的亚洲国际航空展上正式亮相。这也是国产 C919 客机首次在世人面前亮相，至此，国产大飞机的神秘面纱终于揭开。

2009 年 11 月 24 日，C919 机头上、下部装配状态通过评估，实现上下部对合。

2009 年 12 月 8 日，C919 工程样机正式下线，整个工程设计制造仅用了半年的时间。

2009 年 12 月 10 日上午，"C919 大型客机机头工程样机主体结构验收仪式"在中航工业成飞举行。

2009 年 12 月 21 日，中航工业商用飞机发动机有限责任公司与法国 CFM 国际有限公司在北京签订谅解备忘录，计划在国内合资建立用于装配 C919 的 LEAP-X1C 型飞机发动机总装和试车的生产线。2009 年 12 月 26 日，C919 大型客机机头样机工程在上海商飞正式交付，这是我国大飞机项目取得的又一重大进展。

中国拥有自主知识产权的 C919 大型客机于 2010 年 11 月 16 日在珠海航展上获得中外 6 家客户共 100 架订单。

中国商用飞机有限责任公司（中国商飞公司）分别与中国国际航空股份有限公司、中国东方航空股份有限公司、中国南方航空股份有限公司、海航集团有限公司、国银金融租赁有限公司、美国 GECAS 公司签署 C919 大型客机启动用户协议，中国 4 大航空公司和资产规模最大金融租赁公司以及世界上重要的专业飞机租赁商一道，共签下 100 架 C919 大型客机启动订单。这也标志着中国 C919 大型客机已经确认了首批客户和订单。

中国商飞公司董事长张庆伟表示，启动用户的确定为 C919 大型客机研制顺利进入工程发展阶段奠定了市场基础。C919 大型客机计划 2010 年完成初步设计，2012 年完成详细设计，2014 年实现首飞，2016 年完成适航取证并投放市场。

5. 设计特点

据中国商飞上海飞机设计研究所所长郭博智介绍，C919 客机属中短途商用机，实际总长 38 米，翼展 33 米，高度 12 米，其基本型布局为 168 座。标准航程为 4075 千米，增大航程为 5555 千米，经济寿命达 9 万飞行小时。

大多数业外人士都直观感觉 C919 和空客 A320、波音 737 外形相似，不过，曾参与 ARJ 支线飞机供应商管理工作的广东昌盛飞机设计有限公司总经理周济生还是看出了其中的不同。

"最大的区别在机头，传统的机头是由正面两块以及侧面 4 块挡风玻璃组成，而 C919 少了侧面两块挡风玻璃。"周济生向《商务周刊》表示，国产大飞机的机头更具流线型，能减少阻力，同时驾驶员在驾驶舱的视野也比传统的机头更加宽阔。从这一点就可看出，国产大客机将更强调省油和经济性。

按照陈进的介绍，C919 的确拥有很多优势。C919 从机头、机翼到机尾、发动机，在设计上都费尽心思，尽量减小阻力，有效降低油耗。

在使用材料上，C919 将采用大量的先进复合材料，如铝锂合金、钛合金等，其中复合材料使用量将达到 20%，再通过飞机内部结构的细节设计，把飞机重量往下压缩。

同时，由于大量采用复合材料，较国外同类型飞机 80 分贝的机舱噪声，C919 机舱内噪声可望降到 60 分贝以下。

在减排方面，C919 将是一款绿色排放、适应环保要求的先进飞机，通过环保的设计理念，有望将飞机碳排放量较同类飞机降低 50%。

谈到乘客最关心的机舱环境，陈进表示，舒适性是 C919 机舱设计的首要目标。机舱座位布局将采用单通道，两边各三座，其中中间的座位空间将加宽，有效地缓解以往坐中间座位乘客的拥挤感。据官方资料表示，C919 采用先进的环控、照明设计，提供给旅客更大观察窗、更好的客舱空间，提供给旅客更好的舒适性；同时降低剖面周长 0.326%，降低剖面面积 0.711%，机身结构重量降低 26.7 千克。

此外，C919 飞机将较国外同类飞机机舱尺寸加大，行李舱位置将加高。

在陈进看来，由于中国的采购成本和制造成本比波音和空客两家公司低，中国制造的首架大飞机将"肯定会比波音和空客同等机型更便宜"。

C919采用四面式风挡。该项技术是目前国际上先进的工艺技术，目前干线客机中只有最新的波音787采用，它的风挡面积大，视野开阔，由于开口相对少，简化了机身加工作业，减少了飞机头部气动阻力。但是工艺难度相对较大，机头需要重新吹风，优化风挡位置和安装角，同时也有风挡玻璃面积相对较大、制造工艺复杂、成本较高的特点。该设计对机头受力和风挡间承力支柱强度提出了更高要求，属于国际上比较先进的设计。

6. 先进技术

C919在设计上采用了大量先进技术，包括：

① 采用先进气动布局和新一代超临界机翼等先进气动力设计技术，达到比现役同类飞机更好的巡航气动效率，并与十年后市场中的竞争机具有相当的巡航气动效率；

② 采用先进的发动机以降低油耗、噪声和排放；

③ 采用先进的结构设计技术和较大比例的先进金属材料和复合材料，减轻飞机的结构重量；

④ 采用先进的电传操纵和主动控制技术，提高飞机综合性能，改善人为因素和舒适性；

⑤ 采用先进的综合航电技术，减轻飞行员负担、提高导航性能、改善人机界面；

⑥ 采用先进客舱综合设计技术，提高客舱舒适性；

⑦ 采用先进的维修理论、技术和方法，降低维修成本。

7. 客舱布局

全经济级、混合级、高密度级三种客舱布置构型；客舱段全长29.1084米；全经济级为168座，排距0.8128米。

混合级156座，公务舱3排12座，排距0.9144米，经济舱144座，排距0.8128米，高密度级180座，排距0.7620米，公务舱每排4座，经济舱每排6座，服务员座椅共4座，前服务区2座、后服务区2座。

8. 性能参数

客座数（两级/单级）：156/168

最大起飞重量：72.5吨（STD），77.3吨（ER）

最大着陆重量：66.6吨

最大设计航程：4075千米（STD），5555千米（ER）

巡航速度：0.7～0.8千米/小时

最大使用速度：0.82～0.84千米/小时

最大使用高度：12100米

客舱压力高度：2400米

初始巡航高度：10668米

起飞场长：2200米

着陆场长：1600米

进场速度：188.9千米/小时

9. 2009年研制工作

① 飞机设计技术要求；

② 飞机初步总体技术方案；

③ 选型风洞试验和初步设计载荷试验；

④ 国内供应商选定和国外供应商初步选定；

⑤ 发动机技术选型；

⑥ 初步数字电子样机；

⑦ 机头工程物理样机制造；

⑧ 展示销售样机制造；

⑨ 开展关键技术攻关；

⑩ 技术经济可行性研究。

10. 配套生产进度

江西洪都商用飞机股份有限公司于 2010 年 8 月 16 日成立，主要承担国产大飞机 C919 部分机身研制生产任务，成立之日起标志着 C919 的配套生产全面启动，与之配套的南昌航空工业城同时揭牌。江西洪都商用飞机股份有限公司是南昌航空工业城建设中的重要项目之一，公司注册资本 12 亿元。经营范围就是承揽国产大型客机 C919 的机身段结构件研发、制造以及国际航空转包生产业务。

依托国产大飞机的研制生产，南昌航空工业城的建设也必将助推江西由航空资源大省向航空强省转变。

❓ 思考练习题

1. 航空器与航天器的区别是什么？

2. 按照不同的分类方法，航空器可以分为哪几类？

3. 民用航空器的特征是什么？

4. 什么是民用航空，它可以分为哪几类？

5. 什么是航空运输，航空运输按照不同的分类方法，可以分为几类？

6. 航空业在国民经济中的作用有哪些？

7. 飞机由哪些部分组成，并分别解释。

8. 飞机后三点式起落架的优点有哪些？

9. "黑匣子"是什么？

10. 请对波音公司和空客公司的基本情况及它们的机型做简单介绍。

第三章

民用机场基本知识

第一节
民用机场概述

一、机场的基本概念

机场，亦称飞机场、空港，较正式的名称是航空站，为专供飞机起降活动之飞行场（图3-1）。除了跑道之外，机场通常还设有塔台、停机坪、航空客运站、维修厂等设施，并提供机场管制服务、空中交通管制等其他服务。

图 3-1　机场

机场有不同的大小，较小的或发展未成熟的机场通常只有一条长约 1000 米的跑道，大型机场一般会有超过 2000 米长的跑道，而且会以沥青铺成，但小型机场可能会有草、泥或碎石在跑道上。一般来说，越大的飞机需要更大的跑道作升降之用。目前，全球最长的民用机场跑道在中国西藏昌都邦达机场，道面长度为 5500 米，其中的 4200 米满足 4D 标准，同时它也是海拔最高的跑道，其高度为 4334 米。

二、我国机场的发展概况

我国的民用机场发展较早，在 1910 年清宣统年期间，当时的清政府利用南宛驻军操场修建了中国第一个机场。中国机场建设的真正跃进是在我国实行改革开放以来民用航空事业进入了高速发展的新时期，民用机场建设也得到了持续快速发展，机场在数量、标准、规模、质量和服务水平方面逐步达到了前所未有的发展。1990 年，我国民用机场旅客吞吐量为 3042 万人，1997 年就达到 1.11 亿人次。而 1990 年，我国民航机场飞机运行仅为 36 万架次，1997 年即达到了 140 万架次。

从 2002 年全国开通航线民用运输机场 143 个，据统计，到 2012 年 6 月底，全国开通航线运输机场共 182 个。运输机场是民航业重要的基础设施，机场建设的速度、规模和科学技术水平直接关系到我国民航业的整体发展，随着我国民航业的快速发展，我国的机场建设步伐也在稳步加快，相对于其他国家，如美国，目前有各类机场近 19000 个，如发展中国家巴西、南非，客货运输机场也达到 700 多个，而我国目前只有 182 个机场，差距较大，尤其是支线机场还是很少，目前我国支线机场的密度不仅低于美国、欧盟、日本，也低于印度、巴西这些发展中国家，要实现我国未来的民用航空发展目标，建设支线机场是大方向。

三、"十一五"规划发展规模

"十一五"期间，我国民航旅客运输量和货邮运输量（参见图 3-2）较"十五"末分别增长 93％和 82％，年均分别增长 14.1％和 12.7％。截止 2010 年底，全行业共有运输飞机 1604 架，比 2005 年净增 741 架。通用航空机队翻番，2010 年末达到 1000 架，通用航空作业飞行小时年均增长 10％。五年累计实现利润 557 亿元，与"十五"比，增长 4.6 倍。五年平均总资产利润率为 1.52％，增长 2 倍。

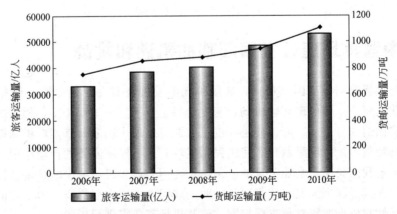

图 3-2 "十一五"期间民航运输指标

如图 3-3 所示，"十一五"末，华东地区民航旅客吞吐量居首位，占比达 30％，西北地区占末位，仅为 6％，这些指标与本地区的人口密度、经济发展程度及机场密度息息相关。

"十一五"期间，中国民航直接基本建设投资达 2500 亿，加上航空公司购买飞机等投资，直接和间接投资超过 1 万亿。五年新增机场 33 个，改扩建机场 33 个，迁建机场 4 个，

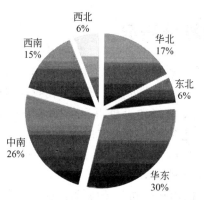

图 3-3 "十一五"末全国民航旅客吞吐量地区分布

维护完善机场 41 个。2010 年颁证运输机场达到 175 个。

经过"十一五"期间的建设，我国机场建设与发达国家相比依然存在三大不足之处，即机场总量不够、密度不高、分布不均。从机场数量上看，目前我国颁证机场总量为 180 个，而美国为 5870 个，是我国的 30 多倍；从机场密度看，目前我国每 10 万平方公里国土机场数量为 1.8，而美国为 6.4，约为我国的 4 倍；从机场地区分布看，我国东部地区每 10 万平方公里有 4 个机场，中部地区为 1.6 个，西部地区为 1 个，东部地区密度大，中西部地区密度小，东部地区机场密度是西部的 4 倍。

四、"十二五"规划发展规模

"十二五"机场固定资产投资规模达到 4000 亿元以上。据《民航发展第十二个五年规划》显示，在基础设施建设方面，预计"十二五"期间固定资产投资规模达到 4000 亿元以上，比"十一五"增加 60% 以上。到 2015 年，运输机场数量达到 220 个以上，比 2010 年增加 45 个以上。实施 63 个机场新建工程，88 个机场改扩建工程，20 个机场迁建工程。空管保障能力稳步提高，保障起降架次达到 1040 万架次，比 2010 年增加 70%，五年年均增长 11%。

五、中国机场建设发展面临的机遇和挑战

第一，与世界航空发达国家相比，我国机场的发展还有一定的差距。例如，在数量方面，美国目前约有 600 个航班运输机场，密度为每十万平方公里 6.4 个，相比之下，而我国只有相当于美国的四分之一。而即使是印度、巴西等发展中国家，其境内机场拥有总量也高于中国。机场数量不足，明显制约了我国民用机场对地方经济发展的推动作用。

第二，随着我国民用航空业务量的持续增长，国内许多机场的设施容量已达到饱和或接近饱和状态，尤其是深圳宝安、成都双流、西安咸阳等一些大型机场，为了保证一定的安全裕度，已经开始对机场航班总量进行控制。这些机场都急需进行扩建。

第三，由于受国家空域管理体制以及土地、环保等政策的影响，机场扩建所面临的政策环境越来越严峻。

第四，按照深入学习实践科学发展观的要求，在机场规划、建设和运行中，应大力推广"经济、环保、科技、人性化"的绿色机场理念，确保机场可持续发展。

第五，随着航空市场区域化、枢纽机场主导化、运营低成本化以及运输模式智能化等趋

势的日益清晰，我国机场规模越来越大，运行系统日渐复杂，信息程度也越来越高。例如，首都机场目前共有三条远距跑道、三座航站楼、两座塔台同时运行。这种发展趋势无疑对机场管理工作提出了较以往更高的要求。

第二节
民用机场的构成与功能

随着国际交流的增多及经济文化的发展，民航运输已成为国际间往来的主要通道。在国内，民航运输量也在增加。民航运输快捷、舒适，大大缩短了空间和时间，对政治、经济、文化及社会生活带来了巨大影响。

民航运输系统由以下四部分组成：飞机（机队）、机场、航路和客户。四者之间相互制约、相互影响、相互促进，而机场则是它们的汇交点。飞机是运载工具，飞机性能的提高和载重的增加以及机队的扩大将为客户带来方便，推动运输业的发展，但也对机场提出了更高的要求。

机场是在地面或水面上划定的一块区域（包括相关的各种建筑物、设施和装置），是供飞机起飞、着陆、停放、加油、维修及组织飞行保障活动使用的场所。按服务对象区分，机场分为军用机场、民用机场和军民合用机场。民用机场包括商业性航空运输机场和通用航空机场；此外还有体育运动机场、飞机制造厂和科研单位所用的试飞机场以及培养驾驶员所用的学校机场。大型民航运输机场又称为"航空港"。

民航运输机场主要由飞行区、旅客航站区、货运区、机务维修设施、供油设施、空中交通管制设施、安全保卫设施、救援和消防设施、行政办公区、生活区、生产辅助设施、后勤保障设施、地面交通设施及机场空域等组成。

一、飞行区

飞行区包括地面设施和净空区两部分，供飞机起飞、着陆和滑行用。其地面设施是机场的主体，如图3-4所示。

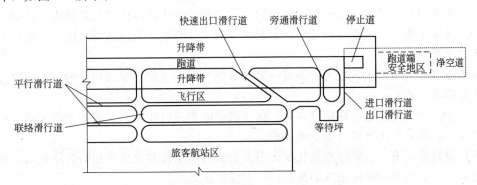

图3-4　现代运输机场飞行区地面设施的组成

1. 升降带
升降带由跑道、停止道（如设置的话）、土质地区组成。
（1）跑道　跑道直接供飞机起飞滑跑和着陆滑跑用。运输机在起飞时，必须先在跑道上进行起飞滑跑，边滑跑边加速，一直加速到机翼上的升力大于飞机的重量，运输机才能逐渐离开地面。运输机着陆时速度很大，必须在跑道上边滑跑边减速才能逐渐停下来。所以运输机对跑道的依赖性很大，如果没有跑道，地面上的运输机就上不了天，天上的运输机也到不了地面。因此，跑道是机场上最重要的建筑物。

我国民航运输机场的跑道通常用水泥混凝土筑成，少数用沥青混凝土筑成。

民航运输机场通常只设一条跑道，有的运输量大的机场设两条甚至更多的跑道。跑道按其作用可分为主要跑道、辅助跑道和起飞跑道等三种。

主要跑道是指在条件许可时比其他跑道优先使用的跑道，按使用该机场最大机型的要求修建，长度较长，承载力也较高。

辅助跑道也称次要跑道，是指因受侧风影响，飞机不能在主跑道上起飞、着陆时，供辅助起降用的跑道。由于飞机在辅助跑道上起降都有逆风影响，所以其长度比主跑道短些。

起飞跑道是指仅供起飞用的跑道。

跑道根据其配置的无线电导航设施情况可分为非仪表跑道及仪表跑道两种。

① 非仪表跑道是指仅能供飞机用目视进近程序飞行的跑道。

② 仪表跑道是指可供飞机用仪表进近程序飞行的跑道，又分为：

a. 非精密进近跑道——装有目视助航设备和一种至少足以提供直线进入的方向性引导的非目视助航设备的仪表跑道。

b. 精密进近跑道

ⓐ Ⅰ类精密进近跑道　装有仪表着陆系统和/或微波着陆系统以及目视助航设备，供决断高度不低于 60 米和能见度不小于 800 米或跑道视程不小于 550 米时飞行的仪表跑道。

ⓑ Ⅱ类精密进近跑道　装有仪表着陆系统和/或微波着陆系统以及目视助航设备，供决断高度低于 60 米但不低于 30 米和跑道视程不小于 350 米时飞行的仪表跑道。

ⓒ Ⅲ类精密进近跑道　装有仪表着陆系统和/或微波着陆系统，能把飞机引导至跑道上着陆和滑行的仪表跑道，进一步分为三种：

ⅢA——用于决断高度小于 30 米或不规定决断高度和跑道视程不小于 200 米时运行。

ⅢB——用于决断高度小于 15 米或不规定决断高度和跑道视程小于 200 米但不小于 50 米时运行。

ⅢC——用于不规定决断高度和跑道视程限制时运行。

(2) 跑道道肩　紧接跑道边缘要铺道肩，作为跑道和土质地面之间过渡用，以减少飞机一旦冲出或偏出跑道时被损坏的危险。也起减少雨水从邻接土质地面渗入跑道下面土基的作用，确保土基强度。

跑道道肩通常用水泥混凝土或沥青混凝土筑成。由于飞机不在道肩上滑行，所以道肩的厚度比跑道薄一些。

(3) 停止道　停止道设在跑道端部，供飞机中断起飞时能在其上面安全停止用。由于使用次数很少，所以停止道可以铺低级道面。

机场设置停止道可以减短跑道长度。但由于跑道两端都要设长度相同的停止道，使机场占地面积增大，因此在征地困难的地区，不宜设停止道。

(4) 升降带土质地区　跑道两侧的升降带土质地区，主要供保证飞机在起飞着陆滑跑过程中一旦偏出跑道时的安全用，不允许有危及飞行安全的障碍物。跑道两侧附近的土质地区应平整并压实，其纵横坡度应足以防止积水和符合无线电导航设施的技术要求。但纵横坡度不宜过大，以防止雨水冲蚀地面和确保飞机偏出跑道时的安全。

2. 跑道端安全地区

跑道端安全地区设在升降带两端，用来减少起飞、着陆的飞机偶尔冲出跑道以及提前接地时遭受损坏的危险。其地面必须平整、压实，并且不能有危及飞行安全的障碍物。

3. 净空道

当跑道长度较短，只能保证飞机起飞滑跑安全，而不能确保飞机完成初始爬升（10.7米高）安全时，机场应设置净空道，以弥补跑道长度的不足。净空道设在跑道两端，其土地应由机场当局管理，以便确保不会出现危及飞行安全的障碍物。

4. 滑行道

滑行道供飞机从飞行区的一部分通往其他部分用。主要有下列五种：

（1）进口滑行道　设在跑道端部，供飞机进入跑道起飞用。设在双向起飞着陆用的跑道端的进口滑行道，亦作为出口滑行道。

（2）旁通滑行道　设在跑道端附近，供起飞的飞机临时决定不起飞时，从进口滑行道迅速滑回用。也供跑道端进口滑行道堵塞时飞机进入跑道起飞用。

（3）出口滑行道　供着陆飞机脱离跑道用。交通量较大的机场，除了设在跑道两端的出口滑行道外，还应在跑道中部设置。设在跑道中部有直角出口滑行道和锐角出口滑行道两种。锐角出口滑行道亦称为快速出口滑行道。

（4）平行滑行道　平行跑道供飞机通往跑道两端用。在交通量很大的机场，通常设置两条平行滑行道，分别供飞机来往单向滑行使用，这两条平行滑行道合称为双平行滑行道。

（5）联络滑行道　交通量小的机场，通常只设一条从站坪直通跑道的短滑行道，这条滑行道称为联络滑行道。交通量大的机场，双平行滑行道之间设置垂直联结的短滑行道，也称为联络滑行道，供飞机从一条平行滑行道通往另一条平行滑行道用。

5. 机坪

飞行区的机坪主要有等待坪和掉头坪两种。等待坪供飞机等待起飞或让路而临时停放用，通常设在跑道端附近的平行滑行道旁边。掉头坪供飞机掉头用，当飞行区不设平行滑行道时应在跑道端设掉头坪。

以上介绍的内容是现代运输机场飞行区地面设施的组成。

6. 净空区

净空区是指飞机起飞着陆涉及的范围，为了确保飞行安全，对该范围内的地形地物高度必须严格限制，不允许有危及飞行安全的障碍物。

二、旅客航站区

旅客航站区主要由航站楼、站坪及停车场所组成。

1. 航站楼

航站楼供旅客完成从地面到空中或从空中到地面转换交通方式用，是机场的主要建筑物，通常由下列五项设施组成：

（1）连接地面交通的设施　有上、下汽车的车道边（航站楼前供车辆减速滑入、短暂停靠、起动滑出和驶离车道的地段及适当的路缘）及公共汽车站等。

（2）办理各种手续的设施　有旅客办票、安排座位、托运行李的柜台以及安全检查和行李提取等设施。国际航线的航站楼还有海关、动植物检疫、卫生检疫、边防（移民）检查的柜台。

（3）连接飞行的设施　有靠近飞机机位的候机室或其他场所，视旅客登机方式而异的各种运送、登机设施，中转旅客办理手续、候机及活动场所等。

（4）机场管理区　航空公司营运和机场管理部门必要的办公室、设备等。

（5）服务设施　有餐厅、商店等。

航站楼的旅客都是按照到达和离港有目的地流动的，在设计航站楼时必须很好地安排旅客流通的方向和空间，这样才能充分利用空间，使旅客顺利地到达要去的地方，不致造成拥挤和混乱。

目前通用的安排方式是把出港（离去）和入港（到达）分别安置在上、下两层，上层为出港，下层为入港，这样互不干扰又可以互相联系。由于国内旅客和国际旅客所要办理的手续不同，通常把这两部分旅客分别安排在同一航站楼的两个区域，或者分别安排在两个航站楼内。

旅客流程要考虑三部分旅客：国内旅客手续简单，占用航站楼的时间少，但流量较大，因而国内旅客候机区的候机面积较小而通道比较宽。国际旅客要办理护照、检疫等手续，行李也较多，在航站楼内停留的时间长，有时还要在免税店购物，因而国际旅客的候机区要相应扩大候机室的面积，而通道面积要求较小。中转旅客是等候衔接航班的旅客，一般不到航站楼外活动，所以要专门安排他们的流动路线，当国内转国际航班或国际转国内航班的旅客较多时流动路线比较复杂，如果流量较大，就应该适当考虑安排专门的流动线路。

如图3-5所示是一个机场典型的旅客流程，图中未画出足够的旅客等候区，由于延误和高峰时段及其他原因，有时会发生大量旅客积压的情况。因此实际上各个空港航站楼在设计时必须留出较大的空间，以备高峰及延误时旅客候机或疏散时使用。

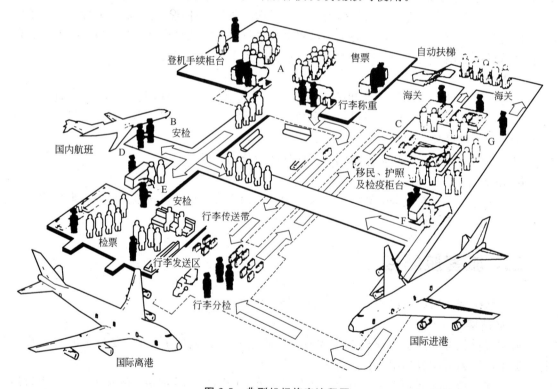

图 3-5　典型机场旅客流程图

A～G 是指购买机票、办理登机手续、安全检查、等待登机、登机、到达、离机

航站楼中，不同类型旅客所经历的程序是有差异的。上述典型机场旅客流程用框图表示完整的流程如图 3-6 所示。

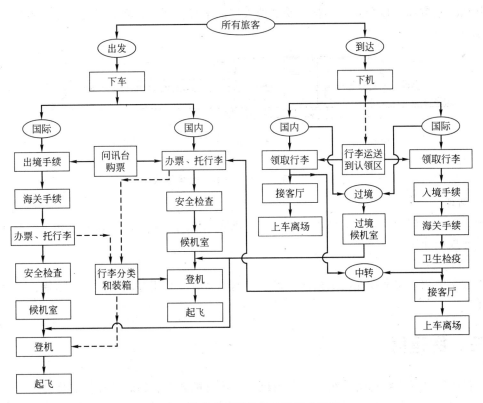

图 3-6 旅客航站楼的旅客和行李流程

在上述流程图 3-6 中，安检是由公安部门实施的对旅客及所携行李、物品的检查，防止将武器、凶器、弹药和易燃、易爆等危险品带上飞机，以确保飞机和乘客的安全。卫生检疫是对国际到达旅客及所携动、植物进行检查，以防人的传染病或有害的动、植物瘟疫、病菌等从境外带入，造成危害性传播。海关的职能是检查旅客所带物品，以确定哪些应该上税。出、入境检查，由移民局或边防检查站负责执行，其主要职责是检查国际旅客出入境手续的合法性，其中最重要的内容是护照检查。

由于各国政府政策和控制力度的不同，不同国家机场要求旅客经历的程序和检查的严格程度也是有差异的。例如，欧洲大多数国家机场的海关，改善以后的检查过程几乎使人感觉不到强迫性。而在有些国家，机场海关检查是非常严格的。

旅客旅行目的的不同和旅客类型的差异等因素，都会影响航站楼的流程设计和设施配置。例如，因公旅行的旅客，一般对航站楼设施程序及航班动态等了解得比较清楚，因此他们在航站楼内逗留的时间较短，而且很少有迎送者，所带行李亦较少。而因私旅行（旅游、探亲）的旅客则恰恰相反。

在组织航站楼内的各种流程时，首先要避免不同类型流程交叉、掺混和干扰，严格将进、出港旅客分隔；出港旅客在（海关、出境、安检等）检查后与送者及未被检查旅客分隔；到港旅客在（检疫、入境、海关等）检查前与迎接者及已被检查旅客分隔；国际航班旅客与国内航班旅客分隔；旅客流程与行李流程分隔；安全区（隔离区）与非安全区分隔等，以确保对走私、贩毒、劫机等非法活动的控制。其次，流程要简捷、通顺、有连续性，并借助各种标志、指示力求做到"流程自明"。第三，在旅客流程中，尽可能避免转换楼层或变化地面标高。第四，在人流集中的地方或耗时较长的控制点，应考虑提供足够的工作面积和旅客排队等候空间，以免发生拥挤或受其他人流的干扰。图 3-7 给出了航站楼中各种类型流程的示意。

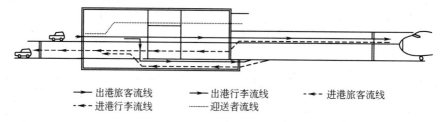

图例：
→ 出港旅客流线　　→ 出港行李流线　　-←- 进港旅客流线
-←- 进港行李流线　　……… 迎送者流线

图 3-7　航站楼内的旅客、行李流线

2. 站坪

设在航站楼前的机坪称为站坪或客机坪，供客机停放、上下旅客、完成起飞前的准备和到达后各项作业用。

3. 停车场所

停放车辆用，通常设在航站楼前。停放车辆不多时可采用停车场，停放车辆很多时宜用多层车库。

三、货运区

货运区供办理货物托运手续、装上飞机以及从飞机卸货、临时储存、交货等用。

货运区主要由业务楼、货运库、装卸场及停车场组成，货机来往较多的机场还设有货机坪。

四、机务维修设施

多数机场对飞机只承担航线飞行维护工作，即对飞机在过站、过夜或飞行前进行例行检查、保养和排除简单故障。其规模较小，只设一些车间和车库。有些机场设停机坪，供停航时间较长或过夜的飞机停放用。有的机场还设有隔离坪，供专机或由于其他原因需要与正常活动场所相隔离的飞机停放用。

少数机场承担飞机结构、发动机、设备及附件等的修理和翻修工作。其规模较大，设有飞机库、修机坪、各种车间、车库和航材库等。

五、供油设施

供油设施供储油和加油用。大型机场设有储油库和使用油库。储油库储存大量油料，并有装卸油和各种配套设施，是机场的主要油库。小型机场只设一个油库。小型机场通常用罐式加油车加油，大型机场通常使用机坪管线系统（加油井或加油栓）。

六、空中交通管制设施

在浩瀚无垠的天空，飞机似乎可以不受约束地随意飞行，其实并非如此：飞机就像车辆在地面行驶一样必须遵守交通规则、接受警察和红绿灯的指挥，飞机在天上飞行也必须要遵守空中交通规则，也要受到专门机构的指挥与调度，这就是空中交通管制（air traffic control）（图 3-8）。

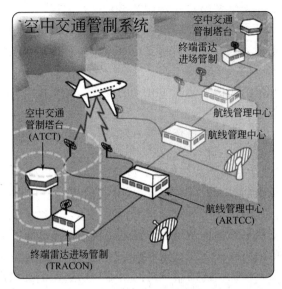

图 3-8　空中交通管制系统

适应飞行安全需求和航空运输发展、解决空间飞机大增需要，也称航空管理和空中管制。空中交通管制的概述为：

① 利用通信、导航技术和监控等专业手段对飞机飞行活动进行监视、控制与指挥，从而保证飞机飞行安全和使飞机按照一定线路秩序飞行。

② 在飞行航线的空域划分为不同的管理空域，包括航路、飞行情报管理区、进近管理区、塔台管理区、等待空域管理区等，并按管理区的范围与情况选择使用不同的雷达设备对飞机进行管制。

③ 在管理空域内进行间隔划分，飞机间的水平和垂直方向间隔构成空中交通管理的基础。

④ 由导航设备、雷达系统、二次雷达、通信设备、地面控制中心组成空中交通管理系统，完成监视、识别、引导覆盖区域内的飞机，保证其正常安全的飞行。

七、安全保卫设施

民用航空运输事业的高速发展，对机场安全保卫工作提出了更高的要求，保卫航空运输安全的首要环节是强化地面安全，其基础是使机场安全保卫设施建设走向规范化和管理手段现代化。主要有飞行区和站坪周边的围栏及巡逻道路。

八、救援和消防设施

我国民航事业快速发展，全国民用机场的规模不断扩大，国家对消防安全工作越来越加以重视，机场的消防安全工作也愈发重要。要保障消防安全，必须有完善的消防设施。建有完善的应急救护设施，才能最大程度地挽救生命，减轻伤害。以下对国家规范和民航行业标准对民用运输机场的消防救援和应急救护设施的规定进行简要介绍。

民用运输机场须严格按照相关规范的要求，建设消防救援和应急救护设施，切实提升机场的消防保障和应急救护能力，提升机场的服务水平（航空公司在某一机场起降，它支付的起降服务费用与机场的消防保障等级存在对应关系）。

民用运输机场是公共基础设施，是为旅客出行提供服务的公共场所，也是消防安全重点场所，各地的民用机场都被列入当地的消防安全重点单位。民用机场消防安全保障工作是保障飞机和旅客生命财产安全的一项重要工作。

根据《中华人民共和国消防法》第三十九条的规定，民用机场应当建立专职消防队，承担本单位的火灾扑救工作。

在建设民用运输机场时，必须严格按照国家规范和民航行业标准的规定，建设消防救援和应急救护设施，做好消防设计工作。

《民用航空运输机场消防站消防装备配备》（MH/T 7002—2006）中提出："当机场消防站消防装备不能满足本标准的要求时，机场可参照国际民用航空公约附件14有关应答时间的要求，与其他消防机构通过协议等方式满足本标准要求"。这为支线机场的消防工作提供了新思路，有利于减少支线机场的资金压力。但是，机场距离城市一般具有一定距离，地方公安消防部队投入机场的消防救援需要一定时间，支线机场需要建设必需的消防设施，配备一定数量的专职消防队员，保证消防的第一时间出动，切实保证支线机场的消防安全。

九、行政办公区

有机场管理区、紧急救援设施、航空公司运营办公室、签派室和贵宾接待室、政府机构办公区。

十、生活区

供居住和各项生活活动用，主要有宿舍、食堂、澡堂、门诊所、俱乐部、商店、邮局、银行等。

十一、生产辅助设施

主要有宾馆、航空食品公司等。

十二、后勤保障设施

有场务队、车队、综合仓库及各种公用设施等。

十三、地面交通设施

机场是城市的交通中心之一，而且有严格的时间要求，因而从城市进出空港的通道是城市规划的一个重要部分，大型城市为了保证机场交通的通畅都修建了从市区到机场的专用高速公路，甚至还开通地铁和轻轨交通，方便旅客出行。在考虑航空货运时，要把机场到火车站和港口的路线同时考虑在内。此外，机场还须建有大面积的停车场以及相应的内部通道。

十四、机场空域

机场空域是指属于该机场使用和管理的周围空间，设有飞机进出机场的航线和等待飞行空域。

第三节
民用机场分类及机场飞行区等级的划分

一、机场分类

1. 按航线业务范围划分

国际机场：是指来自其他国家的班机着陆和起飞的机场，拥有国际航线并设有海关、边检、检验、检疫等联检机构的机场。这类机场通常较大，且通常设有较长的跑道和设施以供常用于国际或洲际航行的大型飞机使用。除国际航班外，国际机场一般也接待国内航班（仅在一个国家境内航行的班机）。

国内航线机场：专供国内航线使用的机场。

地区机场：指我国香港、澳门地区的机场。

2. 按机场在民航运输系统中所起的作用划分

如图 3-9 所示。

图 3-9　机场的分类

军用机场（图 3-10）用于军事目的，有时也部分用于民用航空或军民合用。

图 3-10　军用机场

民用机场主要用于民航运输业务。按照国际惯例，用于商业性航空运输的机场一律被称为航空港。按照规模和完成的客、货运吞吐量可将航空港分为三种类型：枢纽航空港、干线航空港和支线航空港。

（1）枢纽航空港（图3-11）是指在国家民用航空运输中占据核心地位的航空港。这种航空港无论是运输旅客的吞吐量，还是运输货物的吞吐量，在整个国家民用航空运输中都占有举足轻重的地位。相对其他一般机场而言，枢纽机场具有空运区位优越、空运业务繁忙、容量大和中转功能强等特点。如中国北京首都国际机场、上海浦东国际机场和上海虹桥国际机场。

图3-11　枢纽航空港

（2）干线航空港　是指枢纽航空港之外的其他小型航空港，其所在城市通常是直辖市、省会、自治区首府、沿海开放城市、旅游城市或其他经济比较发达、人口密集的城市。这类航空港的旅客吞吐量和货物吞吐量都比较大，对其所在地区的经济发展起着重要作用。

（3）支线航空港　是除上面两种类型之外的民航运输航空港被划分为支线航空港。这类航空港的旅客吞吐量和货物吞吐量都比较大，作为沟通全国航路的组成部分，发挥着重要作用。

除航空港和军用机场外，有些机场属单位和部门所有，如飞机制造厂的试飞机场、体育运动的专用机场和飞行学校的训练机场等。在国外还有大量的私人机场，服务于私人飞机（见图3-12）或企业的公务飞机，这种机场一般只有简易的跑道和起降设备，规模很小，但数量很多。

图3-12　私人飞机

3. 按机场所在城市的地位、性质划分

（1）Ⅰ类机场：全国政治、经济、文化中心城市的机场。

（2）Ⅱ类机场：省会、自治区首府、直辖市和重要经济特区、开放城市、旅游城市。

（3）Ⅲ类机场：经济比较发达的中小城市能与有关省区中心城市建立航线。

（4）Ⅳ类机场：直线机场及直升机场。

二、机场飞行区等级的划分

1. 机场飞行区

机场飞行区即为飞机地面活动及停放提供适应飞机特性要求和保证运行安全的构筑物的统称，包括：跑道及升降带、滑行道、停机坪、地面标志、灯光助航设施及排水系统，目前常直接使用机场飞行区等级指称机场等级。飞行区等级并不直接与机场跑道长度、宽度等同，而还与道面强度、道面摩擦力等相关，这些具体用道面等级序号 PCN 与飞机等级序号 ACN 指称。

飞行区等级可以向下兼容，例如我国机场最常见的 4E 级飞行区常常用来起降国内航班最常见的 4C 级飞机（如空中客车 A320、波音 737 等），飞机一般使用跑道长度一半以下（约 1500 米）即可离地起飞或使用联络道快速脱离跑道。在天气与跑道长度允许的情况下偶尔可在低等级飞行区起降高等级飞机，例如我国大部分 4E 级机场均可以减载起降 4F 级的空中客车 A380 飞机，但这会造成跑道寿命降低，并需要在起降后人工检查跑道道面。

增加跑道长度有利于在降落时气象条件不佳、刹车反推失效或错过最佳接地点的情况下避免冲出跑道，亦有利于在紧急中断起飞的情况下利用剩余跑道长度减速刹车。增加跑道宽度有利于在滑跑偏离跑道中心线的情况下有较大修正余地，避免飞机冲出跑道。

2. 分级办法

飞行区各项构筑物的技术要求和飞机的特性有关，我国采用航空民航标准——MH 5001—2000《民用机场飞行区技术标准》加以规范。国际民航组织和中国民用航空局用飞行区等级指标 I 和 II 将有关飞行区机场特性的许多规定和飞机特性联系起来，从而对在该飞机场运行的飞机提供适合的设施。飞行区等级指标 I 根据使用该飞行区的最大飞机的基准飞行场地长度确定，共分 4 个等级；飞行区等级指标 II 根据使用该飞行区的最大飞机翼展和主起落架外轮间距确定，共分 6 个等级（表 3-1）。

表 3-1　飞行区等级划分

飞行区代码	代表跑道长度/米	飞行区代号	翼展/米	主起落架外轮间距/米
1	$L<800$	A	$WS<15$	$T<4.5$
2	$800\leqslant L<1200$	B	$15\leqslant WS<24$	$4.5\leqslant T<6$
3	$1200\leqslant L<1800$	C	$24\leqslant WS<36$	$6\leqslant T<9$
4	$L\geqslant1800$	D	$36\leqslant WS<52$	$9\leqslant T<14$
		E	$52\leqslant WS<65$	$9\leqslant T<14$
		F	$65\leqslant WS<80$	$14\leqslant T<16$

注：4F 级飞行区配套设施必须保障空中客车 A380 飞机全重（560 吨）起降。

3. 各飞行区等级适航机型（表 3-2）

表 3-2　各飞行区等级适航机型

飞行区等级	最大可起降飞机种类举例	国内该等级机场举例
4F	空中客车 A380 等四发远程宽体超大客机	上海浦东国际机场等
4E	波音 747、空中客车 A340 等四发远程宽体客机	福州长乐机场等
4D	波音 767、空中客车 A300 等双发中程宽体客机	湖南常德桃花源机场

目前我国大部分直辖市、省级行政中心城市机场以及厦门高崎、大连周水子、宁波栎社、青岛流亭、珠海三灶、三亚凤凰、桂林两江等机场均为4E以上飞行区级别。截至2010年，我国省级行政中心城市尚未建有4E等级及以上飞行区等级机场的有宁夏银川、甘肃兰州、青海西宁。

❓ 思考练习题

1. 简述机场对区域经济发展的影响。
2. 民航运输系统是由几部分组成？
3. 简述民航运输机场的组成部门有哪些？
4. 简述航空港的类型及概念。
5. 民用机场的等级如何划分？
6. 简述我国机场发展的机遇和挑战。

第四章

国内、国际主要航空运输企业

第一节
航空运输企业基础知识

　　航空运输企业是指利用民用飞机为主要手段从事生产运输，为社会机构和公众提供服务并获取收入的企业，即航空公司。根据主营业务的不同，航空公司可以分为三类：客运航空公司、货运航空公司和通用航空公司。以下介绍航空运输企业的组织结构。

　　任何航空公司的基本业务职能及相对应的基本组织结构都包括飞行与航务、机务维修、运输营销和行政管理四个部分。

1. 飞行与航务机构

　　负责处理整个公司有关飞行和空中服务的事务，一般分为：

　　（1）飞行人员的管理机构　针对本公司使用的机型及现有飞行人员的状况进行科学有效的日常管理，制定符合公司正常运营所要求的飞行人员工作计划。在中国各航空公司中，飞行人员管理机构的名称多为"飞行总队"、"飞行大队"、"飞行部"等，是航空公司飞行人员最为集中的地方。

　　（2）空中乘务人员的管理机构　任务是对公司乘务人员进行日常管理，并根据公司不同机型对乘务人员的配备要求进行安排，保证公司正常运营对乘务人员的数量和技能水平要求。在中国各航空公司中，名称多为"乘务部"或"客舱服务部"或在飞行机构中设置的"乘务大队"或"乘务中队"。

　　（3）空中交通和安全部门　负责飞行安全的检查、保障导航设备的完好和无线电通信的畅通，以保证公司飞机飞行的安全。中国各航空公司多称"航空安全技术部"或"飞行安全监察处"。

　　（4）飞行程序和训练部门　制定和执行程序和标准、安排模拟器训练与飞行训练及管理人员训练。中国航空公司多设置"飞行标准部"或"运行监察处"等。

2. 机务维修机构

主要任务是负责保持航空公司的飞机处于适航和"完好"状态并保证航空器能够安全运行。"适航"意味着航空器符合中国民用航空总局发布有关适航的标准和规定;"完好"表示航空器保持美观和舒适的内外形象和装修。

机务分为随机机务和地面机务。地面机务维修部门分为两级:一级是维修基地,进行内厂维修。维修基地是一个维修工厂,它具备大型维修工具和机器以及维修厂房,负责飞机的大修、拆换大型部件和改装。二级是航线维修,也称为外场维修,飞机不进入车间。

3. 运输营销机构

运输营销机构管理着航空整个运输的销售、集散和服务环节,航空公司的收入主要依靠这些环节来完成,分为:

(1)广告和市场部门　负责在媒体上和实际工作中的广告策划以及显示、研究和预测市场情况,制订航班计划和确定实际运价。

(2)销售部门　负责客运和货运的销售,并协调代理客货运公司、其他航空运输公司之间的业务。

(3)运输服务部门　负责飞机客舱的乘务服务物品的配发和机场及地面的各项服务。

(4)饮食服务部门　有的公司有自己的专门配餐系统,有的则需要和一些当地食品公司签订合同供应。由于食品服务对航空公司的声誉和服务质量影响很大,多数航空公司都设有专门的饮食服务部门。

(5)各地区的办事处及营业部　在航线业务繁忙的地区或城市,航空公司都设立办事处。这些办事处作为二级机构负责当地的上述各项业务。

4. 行政管理机构

行政管理机构是航空公司的核心管理部门,负责整个航空公司的管理和运行。行政管理机构一般分为财务管理、人事管理、计划管理、公共关系、信息服务、法律和卫生 7 个部门。

第二节
中国国内主要航空公司及航空集团

1. 中国国际航空股份有限公司 (图 4-1)

中国航空集团公司是在中国国际航空股份有限公司的基础上成立的,其前身是 1988 年成立的中国国际航空公司。中国国际航空股份有限公司英文名称为 "Air China Limited",中文简称为"国航股份"、英文简称"Air China"。国航与中国东方航空股份有限公司和中国南方航空股份有限公司合称中国三大航空公司。

根据国务院批准通过的《民航体制改革方案》,2002 年 10 月,中国国际航空公司联合中国航空总公司和中国西南航空公司,成立了中国航空集团公司,并以联合三方的航空运输资源为基础,组建新的中国国际航空公司。2004 年 9 月 30 日,经国务院国有资产监督管理

图 4-1　中国国际航空公司

委员会批准，作为中国航空集团控股的航空运输主业公司。中国国际航空股份有限公司历史发展脉络如图 4-2 所示。

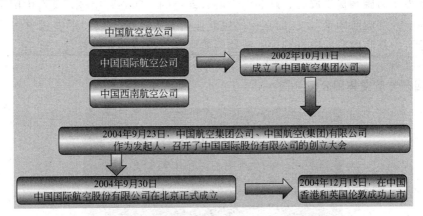

图 4-2　中国国际航空股份有限公司历史发展脉络

2004 年 9 月 30 日，中国国际航空股份有限公司（以下简称国航）在北京正式成立，员工 23000 人，注册资本为人民币 65 亿元、实收资本 94.33 亿元。2004 年 12 月 15 日，中国国际航空股份有限公司在中国香港（股票代码 0753）和英国伦敦（交易代码 AIRC）成功上市。国航具备很强的盈利能力，从 2001 年开始到 2007 年已连续实现 7 年盈利，在中国民航居于领先地位。

中国国际航空股份有限公司标志：凤凰（图 4-3）。

图 4-3　标志

国航的企业标志由一只艺术化的凤凰和"中国国际航空公司"以及英文"AIR CHI-NA"构成。国航标志是凤凰，同时又是英文"VIP"（尊贵客人）的艺术变形，颜色为中国传统的大红，具有吉祥、圆满、祥和、幸福的寓意，寄寓着国航人服务社会的真挚情怀和对安全事业的永恒追求。

IATA 代码：CA；运单前缀（三位数）：999。

国航是中国唯一载国旗飞行的民用航空公司以及世界最大的航空联盟——星空联盟成员、2008 年北京奥运会航空客运合作伙伴，具有国内航空公司第一的品牌价值（世界品牌实验室 2012 年评测为 618.85 亿元），在航空客运、货运及相关服务诸方面，均处于国内领先地位。

国航承担着中国国家领导人出国访问的专机任务，也承担着许多外国元首和政府首脑在国内的专包机任务，这是国航独有的国家载旗航的尊贵地位。截至 2011 年 12 月 31 日，国航（含控股公司）共拥有以波音、空中客车为主的各型飞机 432 架，平均机龄 6.77 年；经营客运航线已达 282 条，其中国际航线 71 条、国内航线 197 条，通航国家（地区）30 个，通航城市 143 个，其中国际城市 43 个、国内城市 96 个；通过与星空联盟成员等航空公司的合作，将服务进一步拓展到 181 个国家的 1160 个目的地。

国航致力于为旅客提供放心、顺心、舒心、动心的"四心"服务，拥有中国历史最长的常旅客计划——"国航知音"。国航在中国民航业内首家推出了以"平躺式座椅"和"全流程尊贵服务"为核心内容的中远程国际航线两舱服务，为旅客提供尊贵、舒适、便捷的出行空间和全程服务。

2. 中国东方航空集团公司（图 4-4）

图 4-4　中国东方航空集团公司

中国东方航空集团公司（以下简称东航集团）于 2002 年 10 月 11 日成立，是以原东方航空集团公司为主体，兼并原中国西北航空公司、联合原云南航空公司组建而成，是我国三大骨干航空运输集团之一。

东航集团总部设在上海，截至 2008 年年底，东航集团总资产为 903.96 亿元人民币，从业人员 5.4 万人，拥有大中型运输飞机 240 架，通用航空飞机 22 架，通航点 132 个。东航集团经营业务包括公共航空运输、通用航空业务及与航空运输相关产品的生产和销售（含免税品）、航空器材及设备的维修、航空客货及地面代理、飞机租赁、航空培训与咨询等业务以及国家允许经营的其他业务。作为东航集团核心主业的中国东方航空集团公司成立于 1988 年 6 月，主要经营航空客、货、邮、行李运输业务及航空维修、代理等延伸服务，以总部上海为复合枢纽，西安、昆明为区域枢纽，构建起一个通往世界各地的航空网络。中国东方航空集团公司是中国民航业内第一家上市公司，于 1997 年分别在美国纽约以及中国的香港和上海的证券交易所挂牌上市。2006 年，中国东方航空集团公司成为 2010 年上海世博会全球合作伙伴。

其代码为：MU；数字代码：781；总部：中国上海；所属联盟：天合联盟；Logo（图4-5）：燕子。

图 4-5　标志

其含义为：中国东方航空的航徽基本构图为圆形，取红蓝白三色，以寓意太阳、大海的上下半圆与燕子组合，表现东航企业形象。红色半圆，象征喷薄而出的朝阳，代表了热情、活力，且日出东方，与东方航空名称吻合；蓝色半圆，象征宽广浩瀚的大海，寓意着东航航线遍及五湖四海；轻盈灵动的银燕，象征翱翔天际的飞机，燕子也被视为东方文化的载体，体现了东方温情。燕子尾部的线条勾勒出东航英文名字"CHINA EASTERN"的 CE 两字。

东航秉承"以客为尊，倾心服务"的理念，致力于建设一个世界一流的航空服务集成商。面对未来，东航集团正迈开创新转型的新步伐。努力实现由传统航空承运人向现代航空服务集成商的转型，致力于打造"员工热爱、顾客首选、股东满意、社会信任"的优秀企业，以精准、精致、精细的服务为全球旅客不断创造精彩体验。

东航在航空运输主营业务方面，实施"中枢网络运营"战略，建立以上海为中心、依托长江三角洲地区、连接全球市场、客货并重的航空运输网络。航线除了包括国内航线外，也经营从上海等地至国际各大城市的国际航线。拥有贯通中国东西部，连接亚洲、欧洲、澳洲和美洲的航线网络。构建"统一运营管理模式"，建立起与世界水平接近的飞行安全技术、空中和地面服务、机务维修、市场营销、运行控制等支柱性业务体系。东航机队主要的机型包括了空中客车 A300、A320、A330、A340 和波音 737、波音 767、MD-90 以及 CRJ-200、ERJ-145 等。截至 2012 年底，拥有各型飞机 400 多架，通航城市 100 多个。

相关链接

机 型 介 绍

（1）空中客车 A330 系列飞机

世界上最舒适的双发双通道宽体远程客机

公务舱设置了可 169 度放平的电传操纵座椅，该座椅头枕具有 6 种调节方位，上下两个腰垫还具有按摩功能，使长途旅客倍感舒适。公务舱内还具有属于每个旅客个人的多媒体娱乐系统，可调节阅读灯、隐私板，让旅客在私人空间内阅读或处理公务。

（2）空中客车 A340-600 飞机

合理舒适的客舱设计让旅行更快乐

其为目前世界上机身最长的四发远程民用飞机，机身长 75.3 米，同时也是目前世界上航程最大的民用喷气式飞机之一，航程达 13700 千米。此外，其先进的头等舱座椅可 180 度放平，是东航最早引入的四发宽体式客机。

（3）空中客车 A320 系列飞机（包括空客 A319、A320、A321）

空客公司最畅销的单通道飞机系列

A319飞机是最适合在高原及复杂地理、气象条件机场起降的双发电传操纵客机。它的最大飞行高度为1.2万米，最大机场起降海拔高度4419米，可将您带上世界屋脊。

A320飞机在设计中采用了新的结构材料和先进的数字式机载电子设备，是世界上第一架采用完全电传操纵技术的双发单通道客机，也是迄今为止在100～200座级飞机中具有最高通用性和经济性的客机。

A321飞机作为A320飞机的加长版，具有更大的客舱与更多的座位数。

（4）空中客车A300-600飞机

采用电子飞行仪表与驾驶舱中央电子飞行监视系统

作为世界上第一架只需两位飞行员驾驶的双发宽体电子飞行仪表客机，它拥有在同级飞机中最大的机身宽度及最低的客舱噪声。

（5）波音737NG系列飞机（包括波音737-700、波音737-800）

以出色的技术赢得市场青睐

波音737NG 5660千米的航程非常适合我国国内中短程客运航空市场的快速增长需求，其新颖独特的翼尖小翼设计能使飞机在提高飞行效率的同时更加省油。

（6）波音737-300飞机

波音公司生产的最成功的民用客机

波音公司生产的双发中短程运输机。

（7）波音767-300飞机

波音公司首次采用两人驾驶的双发宽体中远程客机

航程达11300余千米，新颖的客舱设计为远途旅行的旅客营造出了宽敞舒适的旅行环境。

（8）MD-90飞机

漂亮的机身、安静的客舱使其享誉世界

有"空中美男子"之称，是东航机队中服役时间较长、性能比较优秀的机型。

（9）宠巴迪CRJ-200系列飞机

小巧的外形，舒适的享受，是支线运输的主力机型之一。

（10）EBM145飞机

巴西参与世界支线客机市场竞争的主导产品

巴西航空工业公司研制的第一种涡扇式支线客机。

3. 中国南方航空集团公司（图4-6）

中国南方航空集团公司根据国务院批准通过的《民航体制改革方案》，以中国南方航空公司为主体、联合中国北方航空公司和新疆航空公司共同组建的国有大型航空运输企业。

中国南方航空集团公司属下航空运输主业公司，总部设在广州，以蓝色垂直尾翼镶红色木棉花为公司标志。有新疆、北方、北京、深圳、海南、黑龙江、吉林、大连、河南、湖北、湖南、广西、珠海直升机等13家分公司和厦门航空、汕头航空、贵州航空、珠海航空、重庆航空等5家控股子公司；在上海、西安设立基地，在成都、杭州、南京、台北等地共设有19个国内营业部，在新加坡、东京、首尔、阿姆斯特丹、巴黎、洛杉矶、悉尼、拉各斯、纽约、伦敦、温哥华、迪拜、布里斯班等地设有53个国外办事处。目前中国南方航空集团公司有340多架各种型号的高性能客机，是国内飞机数量最多的公司，是中国运输飞机最多、航线网络最发达、年客运量最大的航空公司。南航经营包括波音777、波音747、波音757、波音737，空客A380、A330、A321、A320、A319、A300在内的客货运输机342架

图 4-6　中国南方航空集团公司

（机型介绍），以广州、北京为中心枢纽，密集覆盖国内，全面辐射亚洲，链接欧洲、美洲、澳洲、非洲，与天合联盟成员密切合作，航线网络通达全球 905 个目的地，连接 169 个国家和地区，到达全球各主要城市。2011 年 10 月 15 日中国南方航空公司在首都机场接收了第一架空客 A380，成为中国首家、全球第七家运营空客 A380 飞机的航空公司。

其代码为：CZ；总部：广州；数字代码：784；Logo（图 4-7）：木棉花。

图 4-7　南方航空公司标志

南方航空公司标志的含义为：南航的航徽标志是由一朵抽象化的大红色木棉花衬托在宝蓝色的飞机垂直尾翼图案上组成，航徽色彩鲜艳，丰满大方。中国南方航空集团公司选择木棉花作为标志，一方面是因为公司总部设在广州，木棉花可显示公司地域特征，也可顺应南方人民对木棉花的喜爱和赞美；另一方面是因为木棉花象征坦诚、热情的风格，塑造公司的形象，表示公司将始终用坦诚、热情的态度为广大客、货主提供尽善尽美的航空运输服务。

南航飞行实力出众，是目前国内唯一一家拥有独立培养飞行员能力的航空公司，与全球知名飞行模拟器制造商 CAE 合资建立的飞行训练中心是亚洲规模最大的飞行训练中心；机务维修实力雄厚，旗下广州飞机维修工程有限公司（GAMECO）建有亚洲最大的飞机维修机库，南航与德国 MTU 公司合建有国内最大、维修等级最高的航空发动机维修基地。

4. 海南航空股份有限公司（图 4-8）

海南航空股份有限公司于 1993 年 1 月由原海南省航空公司经规范化股份制改造而成，并于 1993 年 5 月 2 日正式开航运营。海南航空注册地址为海口市，是中国民航第一家 A 股和 B 股上市的航空公司，开创了中国民航业资本市场融资的先河，拓宽了中国民航业发展新的资本运作模式。海南航空是继中国南方航空公司、中国国际航空公司及中国东方航空公司后的中国第四大航空公司。

海南航空股份有限公司是海航集团航空运输板块的龙头企业，并对集团航空运输板块中所辖的金鹿公务机公司和长安航空有限责任公司实施行业管理，负责运营整个集团航空板块所拥有的 48 架飞机。海航在海口、宁波、三亚、西安建立了 4 个航空基地，北京、广州、

图 4-8　海南航空股份有限公司

石家庄、长沙建立了运营站。

其代码为：HU；总部：海口；数字代码：880；标志如图 4-9 所示。

图 4-9　标志

标志的含义为：海航标志是弧线，隐含回护相生的太极图形。标志中向空中飞翔的翅膀，取庄子《逍遥游》之意喻为鲲鹏，标志下方设计含云纹和水浪纹。标志使用现代设计语言，以传统中国画墨韵的偶成和飞白灵动的笔法，来诠释海航以东方文化根基作为企业之魂，以最古老的东方文化精神连接新世纪最先进的科学管理和技术，以德为伦，以诚为本。

海航航空控股有限公司（简称海航航空）是海航集团旗下核心支柱产业集团，对旗下航空运输企业和航空相关企业实施产业管理。公司目前总资产超 1200 亿元，旗下航空公司机队规模逾 230 架，开通国内外航线 500 余条，通航城市 130 余个。下辖成员公司包括：大新华航空、海南航空合并四家、天津航空、祥鹏航空、西部航空、香港航空及香港快运、大新华航空技术、海南航空学校、海航航空销售、大新华百翔物流、海航汉莎技术培训等。

海南航空凭借"内修中华传统文化精粹，外融西方先进科学技术"的中西合璧企业文化创造了一个新锐的航空公司，倡导"以客为尊"的服务理念，致力于向旅客传递"便捷、温馨、超越"的品牌核心价值，立志成为中华民族的世界级航空企业和世界级航空品牌。

5. 上海航空股份有限公司（图 4-10）

上海航空股份有限公司成立于 1985 年 12 月 30 日，初名为上海航空公司，是中国第一家多元投资的商业化运营的航空公司。2000 年 10 月，经上海市政府和民航局批准，上海航空公司变更为上海航空股份有限公司（简称上航）。2002 年 6 月，中国证监会批准上航向社会公开发行 A 股股票，10 月 11 日在上海证交所挂牌上市。上航坚持"安全第一，顾客至上，优质服务，追求卓越"的企业精神，以"把上航办成国内最好、顾客首选、具有国际水平的航空公司"为目标使命。上航现拥有以波音为主的先进机队，各类飞机达 71 架，有先

图 4-10　上海航空股份有限公司

进的电子商务、财务管理、生产运行、教育培训等系统。上航以良好的安全记录、高质量的服务水准、先进的企业文化和卓有成效的经营管理，取得了良好经济效益和社会效益。先后荣获中国企业 500 强、全国用户满意企业、全国民航用户满意度优质奖、上海市质量金奖企业等，还连续 6 届获得上海市文明单位称号。上航于 2007 年 12 月 12 日成为世界上最大航空联盟——星空联盟的正式成员。2010 年上航正式退出星空联盟，同年加入了天合联盟。

　　2009 年 6 月 8 日，东航和上航联合重组工作正式全面启动。2010 年 1 月 28 日，以东航换股吸收合并上航的联合重组顺利完成，上航成为新东航的成员企业。

　　上海航空股份有限公司的标志如图 4-11 所示。

图 4-11　标志

　　其代码为：FM，数字代码为：774。其标志的含义象征吉祥、如意，展翅飞翔的白鹤，带领全体民航人不断前进。

　　6. **山东航空股份有限公司**（图 4-12）

图 4-12　山东航空股份有限公司

山东航空股份有限公司，通常简称"山航"、"山航股份"，山东航空股份有限公司成立于 1999 年 12 月 13 日，其前身系成立于 1994 年的山东航空有限责任公司。山东航空股份有限公司由山东航空集团有限公司、浪潮集团有限公司、山东华鲁集团有限公司、山东省水产企业集团总公司和鲁银投资集团股份有限公司发起重组而成。山东航空集团有限公司将航空客货运输业务折股投入山东航空股份有限公司。2000 年 8 月向中国境外投资人发行境内上市外资股（深圳证券交易所证券简称：山航 B）。

山航目前拥有波音 737、CRJ200、挑战者 604、萨伯 340、赛斯纳水陆两用机等各型飞机 30 架，航线 110 多条，每周 600 多个航班。山航总部设在"四面荷花三面柳，一城山色半城湖"的泉城济南。在济南、青岛、北京、深圳、烟台等地设有飞行基地，在国内 20 多个城市设有办事机构。

山东航空股份有限公司标志如图 4-13 所示。

图 4-13　标志

其代码为：SC，数字代码：324。标志的含义为：三个"S"形曲线代表擅长飞翔、纪律严明的飞雁，同时它可成为团结一致的象征。飞雁的三个"S"形翅膀看上去也像中文"山"字，是"山东省"的第一个字。三个"S"分别代表"Shandong"山东、"safety"安全和"success"成功。

7. 厦门航空有限公司（图 4-14）

图 4-14　厦门航空有限公司

厦门航空有限公司于 1984 年 7 月 25 日成立，是中国内地第一家合资经营的按企业化运行的航空公司，自主经营的法人实体，实行董事会领导下的总经理负责制，是中国民用航空体制改革初步尝试的产物。其股权方面，股东为：中国南方航空股份有限公司（占 60％股权）和厦门建发集团有限公司（占 40％股权）。厦门航空有限公司主营国内航空客货运输业务、福建省及其他经民航总局批准的指定地区始发至邻近国家或地区的航空客货运输业务、航空公司间的业务代理，兼营航空器维修、航空配餐、酒店、旅游、广告、进出口贸易等业务。厦门航空有限公司获得国际航空运输协会"IOSA 营运人"注册证书，是国际航空运输协会的正式会员。厦门航空有限公司塑造出"安全、优质、诚信"的品牌。厦门航空有限公司下辖福州、杭州、南昌、天津等分公司。以厦门、福州、晋江、武夷山、杭州、南昌为航班始发的营运基地，经营至全国各大中城市以及新加坡、马来西亚、泰国、日本、韩国等

140 多条国内、国际航线，目前已形成了以厦门、福州、杭州为主基地，覆盖全国、辐射东南亚和东北亚的航线网络，航点涉及 50 多个城市，执飞航线超过 210 条，每周执行航班近 3200 个。目前已有近 210 万人加入到厦航的常旅客计划中。

厦航是中国唯一使用全波音系列飞机的航空公司，现拥有 87 架飞机总座位数 14094 个，平均机龄 4.62 年，是世界上最年轻的机队之一。

厦门航空有限公司标志如图 4-15 所示。

图 4-15　标志

其代码为：MF，数字代码：731。厦航全新企业 Logo 名为"一鹭高飞"，象征着传承中变革的厦航，在延续原有设计的美好寓意上进行优化，淡化原有视觉上的束缚感，强化视觉张力，同时沿用经典的"厦航蓝"，使新的白鹭造型更加简洁舒展、大气有冲劲，更具活力与现代感。

8. **深圳航空有限责任公司**（图 4-16）

图 4-16　深圳航空有限责任公司

深圳航空有限责任公司（以下简称"深航"）成立于 1992 年 11 月，1993 年 9 月 17 日正式开航，是主要经营航空客、货、邮运输业务的股份制航空运输企业。公司以安全飞行、优质服务、良好的经济效益和高效的管理模式赢得了社会的广泛赞誉。

深圳航空公司成立并控股翡翠货运航空、鲲鹏航空、昆明航空、亚联公务机，积极实施客货并举，国内国际并举，干线、支线、货运、公务机共同发展的战略，成为国内第五大航空集团。截至 2012 年 11 月，深航共拥有波音 747、波音 737，空客 320、空客 319 等各类型客货机逾百架，经营国内国际航线 135 条。

深航秉承"安全第一，预防为主，综合治理"的安全工作方针，注重营造科学务实的安全管理文化，不断强化系统防控能力，严格履行责任体系，努力提升风险管理水平，确保安全链的整体可靠，为旅客提供安全可靠的飞行服务。

安全筑基石，服务塑品牌。深航持续提升服务质量以铸就优秀企业品牌，通过全力打造"尊鹏俱乐部"和"深航女孩"两个子品牌，为旅客提供出行的全程优质服务；陆续推出的"经深飞"、"城市快线"等多项特色产品，使旅客获得了最便捷舒适的出行体验。

作为与特区共同成长起来的航空企业，深航扎根深圳，服务大众，搭建起一条条深圳对外经贸往来和文化交流的"空中走廊"。深航不仅注重企业自身发展，还自觉履行社会责任、感恩回报社会，被誉为深圳的一张靓丽名片。

根据公司发展规划，"十二五"期末，深航将拥有超过170架客机，并适时引进宽体客机。在未来发展中，深航将努力打造成具有独立品牌的亚太地区著名的全国性航空公司，并以深圳为基地、航线网络覆盖亚洲及洲际的大型网络航空公司。

深圳航空有限责任公司标志如图4-17所示。

图4-17　深圳航空公司标志

其代码为：ZH，数字代码：479。其标志的含义为：为民族之鹏，朋，神鸟也，其翼若垂天之云，形神俱绝的象形文字，是中国传统文化和现代文化集合的图腾，图案和谐融汇，红金吉祥映衬，凝聚东方文化的精髓。挺拔傲立，充满生机，体现果断进取的精神，标志造型气势磅礴，沉着矫健。呈高瞻远瞩，胸怀万物，根基稳固之三态，一为睿智定乾坤，二是同心创辉煌，三生万物盛千里。代表深圳航空"沉稳，诚信，进取"的理念。

9. 四川航空股份有限公司（图4-18）

图4-18　四川航空股份有限公司

四川航空股份有限公司（简称：川航）成立于1986年9月19日，1988年7月14日正式开航营运。由四川航空公司为主联合中国南方航空股份有限公司、上海航空股份有限公司、山东航空股份有限公司、成都银杏餐饮有限公司共同发起设立的四川航空股份有限公司于2002年8月29日成立。四川航空公司始终以"安全、服务、效益"作为企业的追求，积累了一套保证飞行安全的经验；创造出一系列具有自身特色的服务品牌；培养出一支飞行、机务维护和飞行指挥队伍。建立了完整的销售网络、财务管理系统及经营管理体系。四川航空公司在1997年成为中国国内率先引进空中客车A320飞机的航空公司。成都—北京、成都—深圳航线被中国民用航空总局评为"精品服务样板"。

川航现有以空客A320系列飞机和EMB145飞机为主的国际先进飞机25架，形成了从南到北、从东到西、干线支线纵横交错的航空运输网络。以"空中快巴"的运营模式，精心构建独具特色的支线"旅游黄金圈"，取得了良好的社会效益和经济效益。

从成立至今，川航已经安全飞行24年，连续盈利15年。2011年，川航实现了收入过百亿，旅客运输量继 2010 年持续突破千万人次，基本实现战略转型，中型航空公司规模初步形成。

公司以安全为品牌核心价值，创新品牌文化，走出一条适合自身发展的经营管理路子；逐步建立了更加科学完善的安全质量管理体系；创造更加具有"中国元素，四川味道"的特色服务品牌；打造一支作风过硬、责任心强、技术精湛的生产运行保障队伍及管理人才队伍。川航目前拥有空中客车飞机 73 架，为国内最大的全空客机队航空公司。

四川航空股份有限公司总部设在四川成都双流国际机场，同时在重庆和昆明分别设有分公司，在杭州、三亚、北京、西安、绵阳、哈尔滨等地设有过夜基地，形成覆盖全国 66 个大中城市的航线网络布局。航线从最初的 7 条发展到 160 多条，并开通有中国香港、台湾地区航线，首尔、马尔代夫、普吉、塞班、雅加达、胡志明、温哥华等国际航线。形成了国际地区航线、国内主次干线、支线网络的有机组合，使"蜀道难"变成了"蜀道易"，有力地促进了四川省西部综合交通枢纽的建设。

公司大力倡导以"真善美爱，义信智礼"为核心理念的川航"美丽文化"，在企业、员工、旅客、社会的关系中建立起价值共同体、利益共同体、美丽爱心共同体，在取得经济效益的同时实现企业的一份社会责任。

川航将致力于建成"百架飞机、千亩土地、万人企业、产值翻番"的大平台，构建成都门户枢纽，做强成都基地，在此基础上做宽外围，适度发展外围基地，走多枢纽网络型发展道路，传承创新美丽文化，打造美丽品牌，成为最受西南区域主流市场欢迎，全国最具特色化服务竞争优势，员工热爱的航空公司。

四川航空股份有限公司标志如图 4-19 所示。

图 4-19 标志

其代码为：3U，数字代码：876。标志含义：一只海燕在大海上高傲地飞翔，代表公司在逆境中发展壮大。川航始终以"安全、服务、效益"作为企业的永恒追求，倡导以"真诚、善良，美丽、爱心"为核心理念的川航"美丽文化"，创造具有自身特色的服务品牌。

10. 春秋航空有限公司（图 4-20）

春秋航空有限公司是首个中国民营资本独资经营的低成本航空公司（廉价航空公司）。春秋航空有限公司经中国民用航空总局批准成立于 2004 年 5 月 26 日，由春秋旅行社创办，注册资本 1 亿元人民币，经营国内航空客货运输业务和旅游客运包机运输业务。2005 年 7 月 18 日开航。春秋航空有限公司首航班机 2005 年 7 月 18 日由上海虹桥国际机场飞往烟台。

春秋航空有限公司开航初期开四条航线：上海—烟台，上海—桂林，上海—绵阳，上海—南昌。后来增加了上海至天津、郑州、青岛、福州、温州、厦门、广州、珠海、昆明、

图 4-20　春秋航空有限公司

常德、长沙、重庆、大连、沈阳、哈尔滨、三亚、海口、长春；天津至三亚；昆明至常德，昆明至南昌等多条线路。春秋航空有限公司目标是要做以商务旅客为主的低成本航空公司。春秋航空有限公司是国内唯一不参加中国民航联网销售系统（CRS）的航空公司。春秋航空有限公司以上海虹桥国际机场为主要起降机场，目前承运的航线全为国内航线。以上海虹桥国际机场、上海浦东国际机场和三亚凤凰国际机场为基地。空中客车 A320 飞机是春秋航空有限公司使用的唯一机型。

春秋航空有限公司标志如图 4-21 所示。

图 4-21　标志

其代码为：9C，ICAO 代码：CQH。标志含义为：三个 S 在春秋航空中分别代表 smile 微笑，service 服务，security 安全。

11. 上海吉祥航空有限公司（图 4-22）

图 4-22　上海吉祥航空有限公司

上海吉祥航空有限公司是由均瑶集团所属的上海均瑶（集团）有限公司和上海均瑶航空投资有限公司共同投资筹建的民营资本航空公司。公司英文名字以均瑶（JuneYao）命名。于 2005 年 6 月经中国民用航空总局和上海市政府批准筹建。上海吉祥航空有限公司从事的经营范围包括国内航空客货邮运输业务、通用航空业务、商务旅游包机业务、航空器维修及零配件加工修理以及与主营业务有关的其他业务等。吉祥航空货运处隶属于上海吉祥航空有限公司商务部，是承担上海吉祥航空有限公司航空货运产品经营和管理的部门。吉祥航空利用飞机下货舱装载货物，通过与各机场和货代公司紧密的合作，为货主提供更高效率的运送品质。于 2006 年 9 月 25 日正式开航，选用全新空中客车 A320 系列机型投入运营，向 GE-CAS 租赁 A320、A319 投入运营。2007 年 11 月吉祥航空推出常旅客奖励计划。

上海吉祥航空有限公司标志如图 4-23 所示。

图 4-23　标志

其 IATA 代码为：HO，ICAO：DKH。吉祥航空企业的标志是"吉祥凤凰"。吉祥航空标志的创意灵感来自以吉祥凤凰为图案的中国古代的圆形玉佩。凤凰是自由翱翔的化身，和航空产业联系紧密，寓意吉祥和太平。玉蕴含着深厚的人文内涵，是吉祥意的瑞物，代表了吉祥航空既有外表的明智而又兼具内在的诚实守信、乐观进取、坚忍不拔的崇高精神，象征着吉祥航空的品牌将和宝玉一样，经过时间的淬炼，更显出自身的价值。

12. 大新华航空有限公司（图 4-24）

图 4-24　大新华航空有限公司

大新华航空是大新华航空有限公司的简称。2007 年 11 月 29 日，海南航空集团在北京宣布，作为海南航空集团航空产业的核心企业，大新华航空有限公司正式成立并投入运营。大新华航空主要经营国内枢纽机场飞往主要城市的国内干线，以及主要的国际航线。2007年 11 月 30 日，大新华航空首航航线执行北京—大连航班。海南航空来往北京至西雅图航线在 2008 年开办，由大新华航空的班机执飞（现阶段由于波音 787 推迟交货，暂时由海南航空的空客 A330 客机执行）。

大新华航空有限公司标志如图 4-25 所示。

其 IATA 代码为：CN，ICAO 代码：GDC。"大新华"企业标志的环形构图从东方文化传说中的大鹏金翅鸟幻化而成。东方文化传说中，距天绝近绝高者唯有大鹏金翅鸟。大鹏金翅鸟通体金光璀璨，头顶日月宝珠。大鹏金翅鸟双翼广大，一振翅可九万里。大鹏金翅鸟性易激愤，为有牺牲多壮志，敢教日月换新天。大鹏金翅鸟乘祥云而行，背负青天朝下看，慈

图 4-25　标志

悲心化作万钧力，带给人间和谐与吉祥。

13. 中国联合航空有限公司（图 4-26）

图 4-26　中国联合航空有限公司

中国联合航空有限公司，简称"中联航"，英文名"China United Airlines"，缩写为"CUA"，是一家以北京南苑机场为主运营基地的民用商业航空公司。中联航前身为"中国联合航空公司"。2004 年，经中国民航总局批准，上海航空股份有限公司与中国航空器材进出口集团公司共同出资一亿元，重新组建成立了"中国联合航空有限公司"。重组后，中联航秉承"安全高效、诚信为本、顾客至上、追求卓越"的经营宗旨，打造责任心强、技术精湛、经验丰富的飞行、机务、乘务、商务等专业队伍，以"快捷、温馨"为服务理念，不断开拓进取，立志成为"颇具影响力的北京第三家基地航空公司"。截至 2008 年年底，公司拥有 6 架波音 737 飞机，通航城市 20 座，每天执行进出港航班 32 班。自开航以来，中联航一直保持着良好的安全飞行纪录，2005 年 10 月至 2008 年年底，累计安全运送旅客 240 万人次，运输货物 23000 余吨。根据公司发展战略，2012 年底，公司引进了 2 架波音 737/800 型飞机。目前，中联航已陆续开通了北京南苑至广州、杭州、成都、长沙、乌鲁木齐、呼和浩特、重庆、三亚、无锡、鄂尔多斯、海拉尔、榆林、包头、赣州、衢州、临沂等航线，其中赣州、衢州、临沂为独家经营航线。

14. 云南祥鹏航空有限责任公司（图 4-27）

成立于 2004 年 6 月，是经中国民用航空总局批准成立，经营云南省内航空客货运输业务及其他国内航空运输业务的公共航空运输企业。系海南航空集团的控股公司，由海南航空集团有限公司（67.95%）、山西航空公司（31.38%）、云南石林航空旅游公司（0.67%）等三家共同投资组建。2006 年 2 月 26 日，祥鹏航空开航运营。

图 4-27　云南祥鹏航空有限责任公司

15. 奥凯航空有限公司（图 4-28）

图 4-28　奥凯航空

奥凯航空有限公司（简称：奥凯航空；英文名称：Okay Airways Company Limited）是中国第一家批准运营的民营公共航空运输企业。奥凯航空总部设在北京，以天津滨海国际机场为主运营基地。公司注册资本 3 亿元人民币。2005 年 3 月 11 日正式投入商业运营。

16. 北京首都航空有限公司（金鹿运输航空）（图 4-29）

图 4-29　北京首都航空有限公司

北京首都航空有限公司是一家总部位于北京的公共运输航空公司，其前身是 2006 年经北京市工商行政管理局批准组建的金鹿航空有限公司，基地机场为北京首都国际机场。目前首都航空拥有 A319 机型 25 架，成为国内最大的空客运营机群之一。在未来几年将陆续引进飞机 30 架，全力打造以北京、广州为中心的商务航线网络以及串联中南、西南、西北地区各旅游集散地城市的旅游航线网络，并将持续加强东南亚及周边国际市场开拓。首都航空始终高度重视航空安全管理，持续加大安全管理投入，不断完善安全管控体系，在取得优良的经营业绩的同时保持了良好的安全记录。首都航空秉承"安全、简单、亲和"的服务理念，为旅客提供特色化的菜单式服务和舒适、方便、快捷的出行服务体验。

17. **鲲鹏航空有限公司**（图 4-30）

图 4-30　鲲鹏航空有限公司

鲲鹏航空有限公司是深圳航空和美国最大的支线航空公司——梅莎航空集团（Mesa Air Group）等中美企业合资的支线航空公司，是由深圳航空有限责任公司（51％股权）、平山有限责任公司（25％股权）和山岳信托公司（24％股权）三方共同出资 5 亿元人民币建立的支线航空公司。平山有限责任公司是美国梅莎航空集团（总部位于美国凤凰城）的全资子公司，山岳信托公司是美国威尔明顿信托公司的全资子公司。鲲鹏航空有限公司于 2006 年 7 月经中国民用航空总局批准筹建，于 2007 年 10 月开航投入运营。鲲鹏航空有限公司注册地在北京市，以西安和北京双基地运营。2008 年鲲鹏航空在郑州设立总部和主运营基地。鲲鹏航空是深圳航空控股的航空公司，其常旅客计划相关规则均保持一致。2008 年鲲鹏航空公司与巴西航空工业公司（Embraer）签订了 100 架 EMB-190 型飞机的购买协议。截止到目前为止已经交付使用 4 架全新 EMB-190 型客机，使机队总规模达到 9 架，Embraer 承诺将陆续以较快的速度分批次交付剩余飞机。EMB-190 型客机一向以安全、稳定、舒适著称，虽然总产量不及空中客车（Airbus）和美国波音，却在 100 座级以下的型号中占据着明显的市场优势。其漂亮的外观、高自动化水平和很高的安全飞行记录为乘客提供了超值的享受。

18. **华夏航空有限公司**（图 4-31）

图 4-31　华夏航空

华夏航空有限公司是经中国民用航空总局批准成立的一家中国国内专门从事支线航空客货运输业务的中外合资航空公司。由上海鸿商产业控股集团有限公司（40％）、北京龙开创兴科技发展有限责任公司（11％）、High Hero International Limited（25％）、Tampines International Limited（24%）共同出资设立。2006 年 9 月底开始运营。华夏航空有限公司总部设在贵州省贵阳市。

19. 西部航空有限责任公司 （图 4-32）

图 4-32　西部航空有限责任公司

西部航空有限责任公司成立于 2006 年，是一家总部及运营基地位于重庆市的航空公司，是经中国民用航空总局批准成立的位于中国西部地区的民营航空公司。西部航空有限责任公司是海南航空集团旗下的航空公司，由云南祥鹏航空有限责任公司（35%）、建盈投资有限公司（35%）、深圳市国瑞投资公司（10%）、四川三星通用航空公司（10%）、新疆四维达科技公司（10%）等五家共同投资组建，2007 年 6 月 14 日正式开始运营。西部航空有限责任公司主要经营国内航空客货运输业务，其经营范围包括国内航空客货运输、航空公司间代理、航空器维修以及航空器材进出口和航空配餐服务等。运营基地位于重庆市江北国际机场。

第三节
世界主要航空联盟与主要加入航空公司

一、寰宇一家

（一）寰宇一家简介

如图 4-33~图 4-35 所示，寰宇一家（oneworld）为当前世界上最大的航空联盟之一，总部位于加拿大温哥华。其成员航空公司及其附属航空公司亦在航班时间、票务、代码共享（共挂班号、班号共用）、乘客转机、飞行常客计划、机场贵宾室及降低支出等多方面进行合作。

"寰宇一家"航空联盟成立于 1998 年 9 月 21 日，由英航、美洲航空、加拿大国航、中国香港国泰和澳大利亚快达（QANTAS）五大航空公司发起。建立联盟前，这五家公司就已经有着密切的联系，如美航两年前就决定与英航联合，并与另四家公司分别建有市场合作关系；美航在加航中享有 33% 的股份，英航在康达斯中也占有 25% 的股份。

新的结盟是这些关系的发展，结盟后的新措施包括：①在与本公司不存在竞争关系的航线上，为其他成员公司的乘客提供票位安排服务；②各成员公司的"经常性乘客"所获得的"里程优惠"可在成员公司之间互换通用；③一成员公司的头等舱乘客可选择其他成员公司

图 4-33　寰宇一家标志

图 4-34　寰宇一家机图案

图 4-35　主要成员

的机场候机室等。结盟使五家航空公司获益明显，尤其是中国香港国泰在很大程度上补足了其他盟友在远东市场的份额。

"寰宇一家"成立后，又有西班牙伊比利亚航空公司等 4 家公司加盟，目前其成员已达 10 家，拥有飞机 1959 架，年客运量 2.24 亿人次，占全球市场的 14.9%，年营业额为 560 亿欧元。

"寰宇一家"现有共 130 余个国家 600 余个航点，每日约有 8000 架飞机起飞。寰宇一家亦为在往年持续保持盈利的航空联盟，其在 2004 年共获净利 15 亿美元，而其竞争对手星空联盟（Star Alliance）及天合联盟（Skyteam）则分别损失 22 亿美金及 7 亿美金。

（二）寰宇一家现有成员

1. 美国航空（American Airlines）（图 4-36）

IATA（国际航空运输协会）代码：AA

ICAO 代码（机场代码）：AAL

呼号：American

图 4-36　美国航空公司

公司概况：美国航空公司（英语：American Airlines）（图 4-37、图 4-38），或译美利坚航空公司，简称美航，运营飞往全世界 164 个城市的定期航班，它由 AMR 集团 100% 控股，在阿根廷航空公司持股 10%、在加拿大航空公司持股 33%，子公司是美利坚鹰航空公司，

图 4-37 美国航空（一）

图 4-38 美国航空（二）

联盟公司遍及世界，我国的中国东方航空公司是其在中国的联盟公司。

它的总部位于得克萨斯州的沃斯堡，紧邻达拉斯/沃斯堡国际机场，执行的航班遍及整个美国，还有飞往加拿大、拉丁美洲、西欧、日本、中国和印度的航班。1982 年，美国航空成为 AMR 集团的一个子公司。美国航空的董事长和执行长是杰勒德·阿佩（Gerard Arpey）。美航 2005 年的收益乘客里程计算（收入-乘客-千米，revenue passenger miles，RPM）为 980 万。

至 2006 年 2 月为止，美国航空公司共飞往 171 个城市、拥有 707 架各式客机。美航在美国—拉丁美洲间的载客量比任何其他航空公司都要高，在 2004 年达到 1 亿 210 万人次；美航也拥有不小比例的跨洲航线市场。

达拉斯/沃斯堡（DFW）、芝加哥奥黑尔（ORD）、迈阿密（MIA）、圣路易（STL）和圣胡安（SJU）为美国航空的六大枢纽；但作为美航的总部，超过 84% 的达拉斯/沃斯堡航班都是美航班机，飞往比其他枢纽更多的地点。洛杉矶国际机场（LAX）和纽约肯尼迪国际机场（JFK）为美航的两个重点城市以及主要的国际门户。美航在突沙（TUL）、堪萨斯市（MCI）和沃斯堡联合（AFW）设有维修中心。

美国老鹰航空（American Eagel Airlines）是美国航空的营运伙伴，基地也设于德州沃斯堡。美国老鹰航空也是 AMR 公司下属的航空公司。

美国航空是寰宇一家（oneworld）航空联盟的创始会员之一。

2. 英国航空（British Airways）（图 4-39）

IATA 代码：BA

ICAO 代码：BAW

呼号：Speedbird

BRITISH AIRWAYS

图 4-39 英国航空标志

公司概况：British Airways（英国航空公司）（图 4-40、图 4-41）是欧洲，乃至世界上最知名的航空公司之一，也是世界上历史最悠久的航空公司之一。它秉承提供优质服务的优良传统，在世界上各个国家享誉盛名，被世界各地的乘客所钟爱。

英航的两个主要机场坐落在英国伦敦的希思罗（Heathrow）机场（世界上最大的机场）和盖特维克机场（Gatwick）。设置在英国伦敦希思罗机场附近的英航总部，有一个令人神往的名字——在水一方（Waterside），为员工的工作、培训和生活提供了最安全、舒适和最

图 4-40　英国航空（一）

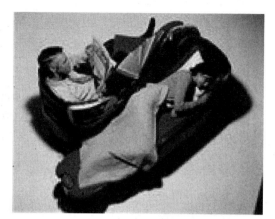

图 4-41　英国航空（二）

现代化的工作环境。

2000 年 British Airways（英国航空公司）投入 1700 万英镑，改造了长途飞机的公务舱（Club World），增设了一个新的舱位——超级经济舱（World Traveller Plus），同时提供了全世界最优质的软件服务及硬件服务，如定期更换法国或意大利的知名红酒和白酒、丰富多彩的娱乐节目，以及地方化的各种语言服务和提供本土化的餐食等。

英航拥有 47702 万多名世界上最优秀的员工，它的技术人员、机组人员、地面支持人员都会定期地接受各种培训，以适应不断发展的前进步伐。

英航注册的飞机共 308 架，平均服役年龄为 7.5 年，目前拥有 57 架波音 747-400 和 43 架波音 777 服务于长途航线上。

英航同时非常关注对社会的反馈，每年都花费大量的时间和金钱关注世界各地需要帮助的人们。

British Airways（英国航空公司）的首席执行官 Rod Eddington 先生说："在英航工作是一件令人愉快的事情，我们像一个大家庭，为世界各地不同职业的、不同肤色的人提供着同样优质的服务，架起一座沟通的桥梁，促进社会和经济的发展与融合。"

英航会一如既往地为全世界的人们提供最为舒适的服务和飞行空间。

3. **国泰航空**（Cathay Pacific）（图 4-42）

IATA 代码：CX

ICAO 代码：CPA

呼号：Cathay

CATHAY PACIFIC
國泰航空公司

图 4-42　国泰航空公司标志

公司概况：国泰航空公司（图 4-43、图 4-44）于 1946 年 9 月 24 日由美国籍的 Roy

图 4-43　国泰航空（一）

图 4-44　国泰航空（二）

C. Farrell 及澳洲籍的 Sydney H. de Kantzow 成立。最初，他们均以澳华出入口公司的名义在上海发展，后来才因保护主义问题迁往中国香港，并注册为国泰航空公司（Cathay Pacific Airways）。初时以两架改装自 C-47 运输机的 DC-3 营运航班，开办往返马尼拉、曼谷、新加坡及上海的客运及货运包机航班。国泰航空公司是中国香港第一所提供民航服务的航空公司。

　　1948 年，香港最主要的英资商行 Butterfield & Swire（即太古集团前身），收购了当时为澳美合资的国泰航空公司四成半股权。港英政府后来把香港以南的航线分予国泰航空公司经营，以北的则交予国泰航空公司唯一本地对手香港航空经营。直至 1958 年，国泰航空公司收购香港航空，正式雄霸本地航空业及进军东北亚市场。

　　20 世纪 80 年代，国泰航空公司由太古洋行持有 70％股权，汇丰银行则持有 30％股权。1986 年 4 月，国泰航空公司在香港联合交易所上市，首次招股获得 56 倍的超额认购，5 月 16 日正式挂牌买卖。1987 年 2 月，太古集团与汇丰银行以 23 亿港元向香港中信集团出售 12.5％国泰航空公司股权，中信成为国泰航空公司第三大股东。

　　1985 年，香港一批华资商人合作创办港龙航空，试图改变国泰航空公司垄断香港航空业的局面。1990 年 1 月 17 日，国泰航空公司宣布收购港龙航空，太古洋行及国泰航空公司向港龙航空大股东曹氏家族购入共 35％股权，中信集团则把持股量增加至 38.3％，并由国泰航空公司取得管理权。

　　1994 年 3 月，国泰航空公司以 2 亿港元收购以香港为基地，主要从事空运业务的华民航空 75％股权。华民航空曾由信德集团经营。同年，国泰航空公司全面更换企业形象，推出新的"展翅"商标，并把机身原本的绿白间条设计改变成展翅标志。1998 年 7 月，启德机场关闭，航空运作搬迁至位于赤鱲角的香港国际机场，国泰航空公司亦同时把总部搬迁至位于东涌新机场侧的国泰城，计划斥资 6.25 亿美元。

　　2001 年 9 月，美国"9·11 事件"，曾对国泰航空公司造成影响。2003 年初，国泰航空公司曾经因香港及邻近地区暴发的非典型肺炎（SARS）疫潮所影响，乘客锐减，曾有超过一半航班需要取消，幸好在 SARS 疫情受控后不久便全面恢复。

　　2006 年 6 月 9 日，国泰航空公司发表声明，指有关在收购港龙航空一事上已与其他相关公司达成协议。国泰航空公司将以 82 亿 2 千万港元及发行新股（股份占九成）向港龙航空其他股东全面收购港龙。另动用 40 亿 7 千万，增持中国国际航空股权，由 10％增至 20％。另国航则以 53 亿 9 千万购入国泰航空公司 10.16％的股权，使国航与国泰航空公司形成互控关系及需要遵守以下四点：

　　（1）除非获太古事先书面同意，中资股东不得持有国泰四成股权或多于太古持股量。

　　（2）除非获各股东事先书面同意，中信泰富及中国航空股权不得多于 29.99％。

　　（3）国泰股东同意，各股东若持有 15％股权或以上，该股东将不会向国泰提收购，或受同第三方的收购，除非由国泰董事局建议。

（4）维持五名常务董事由太古提名，非常务董事由三名增加至四名。交易完成后，太古、中信泰富、中国航空、中航兴业的各持股量为40％、17.5％、10.16％、7.34％。

2006年8月31日国泰航空公司接收第100架飞机，该飞机为空中巴（Airbus）A330-300型。

2006年9月28日国泰航空公司正式完成收购港龙航空，并因此而正式取代日本航空，成为亚洲最大的航空公司，并于2006年12月1日起，就往北京及上海与港龙航空实施代码共享。

4. 日本航空（JAL）（图4-45）

IATA 代码：JL

ICAO 代码：JAL

呼号：Japan Air

图4-45　日本航空标志

公司概况：日本航空（日文：株式会社日本航空、にほんこうくう，英文：Japan Airlines Corporation）（图4-46、图4-47）是日本的航空公司，简称日航或JAL。总部位于日本东京都品川区。日航是"寰宇一家"航空联盟成员之一。

图4-46　日本航空（一）

图4-47　日本航空（二）

日本航空公司创建于1951年8月，最初以一个私有制公司的形式建立。日本航空成立于1951年。1953年日本航空成为政府所有的航空公司。1987年日本政府将日本航空售出。

2002年日本航空公司通过重组并购日本的国内线航空公司——日本佳速航空公司（Japan Air System，又译为日本航空系统、日本系统航空，其前身是东亚国内航空），设立了新日航集团。合并完成后随即更换公司的标志，名为 The Arc of the Sun（太阳のアーク）。从2004年4月1日起，在"JAL——日本航空"的统一品牌基础上，成立了以 Japan Airlines Domestic 负责所有日本国内客运业务；Japan Airlines International 负责所有国际客运及货运业务的航空公司。

日本航空是日本乃至整个亚洲规模最大的航空公司之一，按收入计算则排位亚洲航空公司第一位。日航的航线遍布亚洲各地。日本航空在 1974 年就已经开办通往中国大陆地区的航线。

附属公司有：

- 北海道空中系统（Hokkaido Air System，HAC）
- 日本航空快运（JAL Express，JEX）
- 日线航空（JALways，JAZ）
- J-AIR 航空（J-AIR）
- 日本空中通勤（Japan Air Commuter，JAC）
- 日本越洋航空（Japan Transocean Air，JTA）
- 琉球空中通勤（Ryukyu Air Commuter，RAC）

5. **澳洲航空**（Qantas）（图 4-48）

IATA 代码：QF

ICAO 代码：QFA

呼号：Qantas

图 4-48　澳洲航空标志

公司概况：澳大利亚航空公司（Qantas Airways，通常简称澳洲航空、澳航，也有翻译成澳大利亚快达航空公司）（图 4-49、图 4-50），其总部位于澳大利亚新南威尔士州悉尼。

枢纽机场为金斯福机场、墨尔本国际机场、新加坡樟宜国际机场。

重点城市有布里斯班国际机场、佩斯国际机场、阿德莱德国际机场、中国香港国际机场。

图 4-49　澳洲航空（一）

图 4-50　澳洲航空（二）

澳洲航空公司连同其附属的 Qantas Link、Jet Connect 的航线网络覆盖大洋洲，延伸至东南亚、东亚及印度、英国、德国、美国、加拿大、南非等地。飞往 5 个大洲的 80 多个目的地。澳航声明于 2008 年 11 月 24 日使用波音 747-400 开辟南美不间断航线，从悉尼飞往布宜诺斯艾利斯。此外还计划 A380 投入使用后开辟至迪拜航线。

澳洲航空的国内枢纽是悉尼、墨尔本、佩斯、布里斯班的机场，以及重点城市如阿德莱德、凯恩斯和堪培拉的机场。澳洲航空在飞往中国的航线提供每周 5 次上海直飞悉尼、每周 2 次上海直飞墨尔本，及每周 3 次北京直飞悉尼的航班服务。此外，澳洲航空也有提供中国香港直飞澳大利亚的城市包括悉尼、墨尔本、布里斯班、珀斯的航班服务。澳洲航空的华语服务员亦将负责迎接由北京、上海、香港及台北飞抵悉尼的乘客，在悉尼机场为有语言沟通问题、需要转乘航机以及有特别需求的乘客提供协助。

澳航的 A380 使用三级客舱布局，为其国际航线提供 501 个座位，预期新的 A380 内部将会有新的座椅设计、特别休憩地方、AVOD、互联网设施和更大型的电视屏幕。澳航利用首 4 架 A380 于跨太平洋航线，即由墨尔本和悉尼往洛杉矶的航线，其次接收的飞机则用于来往伦敦和澳洲（途经曼谷、中国香港及新加坡）的航线。澳航亦会营运世界上最长途的 500 座位级客运服务，来往墨尔本及洛杉矶（12749 千米），为民航历史写下新的一页。

2005 年 12 月 14 日，澳航宣布订购 45 架波音 787 客机，并选择购买 20 架及有权再买 50 架。订购的为波音 787-8 型及波音 787-9 型。这项消息是波音公司和空中巴士长期争相达到航空公司的机队更新和将来航线的需求后公布的。第一架波音 787 于 2008 年付运，波音 787-9 型则于 2011 年起付运。虽然澳航没有选择购买波音 777-200LR，但相传澳航仍在研究购买能不停站直飞伦敦至悉尼的飞机。

6. 芬兰航空（Finn air）（图 4-51）

IATA 代码：AY

ICAO 代码：FIN

呼号：Finnair

图 4-51　芬兰航空公司标志

芬兰航空（图 4-52、图 4-53）在 1923 年成立。第一个航班是在 1924 年 3 月 20 号从赫尔辛基到爱沙尼亚塔林，前期是提供水上飞机服务。1936 年 12 月在芬兰建立了第一个飞机场。

1975 年，芬兰航空公司接收了首架宽体飞机时，麦道 DC-10-30 进入服务。1983 年，芬兰航空公司成为第一家从西欧到日本直飞航班运营商，使用 DC-10-30ER 飞机。1988 年，芬兰航空公司推出了赫尔辛基至北京航线，也是西欧第一家直飞中国的航空公司。1999 年，芬兰航空公司加入寰宇一家联盟。

1956 年，芬航为首家于第二次世界大战后开通飞往莫斯科航线的西方航空公司。芬航是首家采用两名飞行员操作喷气式客机（Caravelle）的航空公司。

1969 年，芬航是率先在跨大西洋飞行中使用惯性导航系统的航空公司。

1983 年，芬航是首家开辟西欧至东京直航航线的航空公司。

1985 年 6 月 27 日，芬航订购的首批两架波音麦道-83 型客机抵达芬兰（首家欧洲航空公司订购该型飞机）。

图 4-52　芬兰航空（一）　　　　　　　图 4-53　芬兰航空（二）

1990 年，芬航是世界上首家购得波音麦道-11 型客机的航空公司。

1995 年，芬航技术公司在世界上首次对一架波音麦道-11 型客机进行全面检修，耗费 3 万个工时，历时 4 星期。

7. **西班牙国家航空**（Iberia Airlines of Spain）（图 4-54）

IATA 代码：IB

ICAO 代码：IBE

呼号：IBERIA

图 4-54　西班牙航空公司标志

西班牙国家航空公司（图 4-55）以马德里 Barajas 国际机场和巴塞罗那 El Prat 国际机场为主要基地。

图 4-55　西班牙航空

西班牙国家航空公司连同其附属的 Air Nostrum，拥有以马德里国际机场和巴塞罗那国际机场为基地的国际航空服务网络。

马德里巴拉哈斯（Barajas）国际机场的第四航站（T-4）及附属卫星航站（T-4S，Satelite）于 2006 年 2 月 5 日启用，成为西班牙国家航空及"寰宇一家"联盟各航空公司所专用的航站楼，为西班牙国家航空公司提供了更大的扩充能力。西班牙国家航空公司占整个机场空运流量的 60%。

8. **LAN 航空**（原智利航空）（图 4-56）

IATA 代码：LA

ICAO 代码：LAN

图 4-56　LAN 航空

呼号：LAN CHILE

智利航空（图 4-57）总部设在智利首都圣地亚哥，作为主要的智利航空公司，它也是智利国家航空公司。智利航空在拉丁美洲是最大的航空公司，飞往拉丁美洲、美国、加拿大、加勒比地区以及大洋洲和欧洲。它也是寰宇一家航空联盟成员之一。

图 4-57　智利航空公司

它的主要枢纽是圣地亚哥贝尼特斯的梅里诺国际机场，与集线器/重点城市 Ministro Pistarini 国际机场在布宜诺斯艾利斯，苏克雷元帅国际机场在基多，何塞华金日奥尔梅多国际机场在瓜亚基尔，豪尔赫查韦斯在利马国际机场，迈阿密国际机场在迈阿密。

9. **匈牙利航空**（MALEV）（图 4-58）

IATA 代码：MA

ICAO 代码：MAH

呼号：MALEV

图 4-58　匈牙利航空标志

匈牙利航空（匈牙利文：Magyar Légik&ouml；zlekedési Vállalat，缩写 Malév）（图 4-59）是匈牙利的国家航空公司，总部设在布达佩斯。该公司以布达佩斯费里海吉国际机场为枢纽，通达 34 个国家的 50 个城市。匈牙利航空是寰宇一家的成员。

10. **约旦皇家航空**（Royal Jordanian）

约旦皇家航空是一家总部设在约旦安曼的航空公司。其国际航线覆盖了四大洲。其主要基地位于安曼的阿丽亚皇后国际机场（AMM）。约旦皇家航空是阿拉伯航空运输组织的成员，并于 2007 年 4 月加入寰宇一家航空联盟，是第一家加入全球三大航空联盟之一的中东籍航空公司。

11. **港龙航空**（Hong Kong Dragonair；2007 年 11 月 1 日加盟）

港龙航空是国泰航空公司的全资附属公司，总办事处位于香港大屿山香港国际机场

图 4-59　匈牙利航空公司

东辉路 11 号于 2000 年 6 月 26 日落成的港龙大厦,另有一个设备完善的飞行训练中心。港龙同时拥有五家附属公司的控股权,营运各领域的航空业务;港龙航空是"亚洲万里通"和"日航飞行储蓄计划"(Japan Airlines Mileage Bank,JMB)的会员。排除已结束经营的香港航空,港龙航空是香港第二所提供民航服务的航空公司。港龙航空 2007 年加入寰宇一家。

二、天合联盟

(一)天合联盟简介
如图 4-60～图 4-62 所示。

图 4-60　天合联盟标志

图 4-61　天合联盟机身图案

AEROFLOT	AEROMEXICO	AirEuropa
AIRFRANCE	Alitalia	CHINA AIRLINES
CHINA EASTERN	CHINA SOUTHERN	CZECH AIRLINES
DELTA	Kenya Airways	KLM
KOREAN AIR	MEA	SAUDIA
TAROM	Vietnam Airlines	

图 4-62　主要成员

　　2000 年 6 月 22 日,营业额排名世界第四的美国达美航空公司、排名第十的法航以及大韩航空公司、墨西哥航空公司宣布共同组建"天合联盟"(SkyTeam,又译"空中联队"),

从而宣告了国际航空运输市场新一轮竞争的开始。这是五大联盟中经营航线最多的联盟，参加该联盟的 4 家航空公司共拥有飞机 980 架，日航班量达 6402 个，年客运量达 1.76 亿人次，占全球客运市场的 11.7%，年营业额 310 亿欧元。

三角航空公司加入天合联盟后，其为乘客提供的在亚特兰大哈兹菲尔德国际机场的转机服务扩展到 4442 个航班、全球 227 个目的地，免除了繁琐的转机手续，深受乘客欢迎。

天合联盟的口号是：我们更关注您。

2000 年 6 月 22 日，墨西哥航空公司、法国航空公司、达美航空公司和大韩航空公司的执行总裁们在纽约宣布，为旅客着想成立天合联盟。2001 年，两家欧洲航空公司意大利航空公司和捷克航空公司加入天合联盟，使它的网络快速地增长。随着美国大陆航空公司、美国西北航空公司、荷兰皇家航空公司、俄罗斯航空公司、中国南方航空集团公司、中国东方航空集团公司和中东航空公司的加入，目前，天合联盟拥有 18 个成员航空公司、超过 14615 个日常航班和 728 个在 149 个国家的目的地。天合联盟使旅客的生活更加轻松。

（二）天合联盟的成员航空公司

1. 墨西哥航空公司

墨西哥航空公司作为全球最可信赖的航空公司之一而久负盛名。今天，您可以乘坐墨西哥航空公司的航班到世界的任何角落。墨西哥航空公司拥有超过 317 个日常航班到全世界 49 个目的地，包括到南美和欧洲的直达航班。

2. 法国航空公司

法国航空公司，世界上主要的航空公司之一，是第三大国际旅客承运人和第四大货物承运人。法国航空公司在飞机维修方面世界排名第二。

巴黎的戴高乐机场为法航提供了一个高效而现代化的中心枢纽。

3. 荷兰皇家航空公司

荷兰皇家航空公司（KLM Royal Dutch Airlines）成立于 1919 年。KLM 是世界上仍在使用原名运作的、历史最久远的航空公司。在它 90 年的运作历史中，KLM 在确定全世界航空工业形式中扮演了重要的角色。阿姆斯特丹机场 Schiphol 为 KLM 提供了一个高效的、结构优良的、关系良好的中心枢纽。全球化的网络、高效的地面服务、身心娱乐的机上服务和有竞争力的票价令 KLM 成为中国旅客的首选，每年有超过 180 万旅客。

2004 年 KLM 与法航合并，组建了欧洲最大的航空公司集团 Air France-KLM，覆盖了两个知名品牌，拥有强大的中心枢纽和互补的网络，总共为 225 个目的地提供服务。

4. 意大利航空公司

意大利航空公司拥有超过 50 年的历史和专业的旅客服务经验。意大利人悠久的、热情的、高素质的待客传统，使得乘坐意航的班机既方便又舒服。

5. 捷克航空公司

捷克航空通过它在布拉格的中心枢纽，为旅客提供来回于西欧与东欧、北美、中东和非洲之间的便利的服务。现代化的机群、经验丰富的机师和一流的机上服务是它成长的关键因素。

6. 美国达美航空公司

美国达美航空致力于通过出色的服务，将旅行者在他们想要的时间送到他们想到的地方去。美国达美航空的中心枢纽是亚特兰大的 Hartsfield-Jackson 机场，世界上最繁忙的机场，达美每天可为乘客提供 13000 多次航班。

2008 年，达美航空与西北航空合并，组建了全世界最大的航空公司——达美航空，并将公司总部设在亚特兰大与明尼苏达。

7. 大韩航空公司

在机上服务方面，大韩航空一贯被认为是世界领先的。大韩航空的空服员以他们的友善和杰出的专业水平出名。大韩航空为出发到亚洲、美洲、欧洲和太平洋的商务和度假的旅客提供世界级的服务。首尔的 Incheon 中心枢纽港为公司的 87 个目的地提供顺畅和轻松的连接。

8. 美国西北航空公司

西北航空是世界第五大航空公司，中心枢纽位于底特律、明尼阿波利斯/圣保罗、孟菲斯、东京和阿姆斯特丹。每天有大约 1500 个出发航班。西北航空和它的伙伴一起为六大洲的 120 个国家的 750 个城市提供服务，全世界的消费者认为西北航空使旅行更轻松。

2002 年，AJ. D. Power and Associates 开展的全面客户满意调查中，西北航空在底特律、明尼阿波利斯/圣保罗的两个最大的中心枢纽，在美国国内的大型机场排名中并列第二。TTG Asia 和 TTG China 的读者授予西北航空为"最佳的北美航空公司"称号。

9. 俄罗斯航空公司

俄罗斯航空公司是俄罗斯最大的航空公司，国家占有 51％ 的股份。它成立于 1923 年，为 45 个国家的 82 个目的地提供服务。俄航控制了俄罗斯大约 11％ 的国内份额和 39％ 的国际份额。2005 年，俄航运送了 670 万的旅客。从财政状况看，它是全世界 25 大航空公司之一（ATW 杂志统计）。公司拥有 81 架飞机的机队。俄航的基地在莫斯科的谢列梅捷沃机场。

10. 中国南方航空股份有限公司（2007 年 11 月加入天合联盟）

总部设在广州的中国国有航空集团企业，旗下的主业中国南方航空公司，常被简称为南航。国际航空运输协会代码为 CZ；国际民航组织代码为 CSN，呼号"China Southern"。是以原中国南方航空公司为基础，联合中国北方航空公司和新疆航空公司所组成的新集团，与中国国际航空股份有限公司和中国东方航空股份有限公司合称中国三大航空集团。目前南航是中国运输飞机最多、航线网络最广、年旅客运输量最多的航空公司，运营机型包括波音 737、波音 747F（货机）、波音 757、波音 777；空中客车 A319、A320、A321、A300、A330 以及 ERJ145、ATR72 等其他支线客机。

11. 中国东方航空集团公司（2011 年 6 月加入天合联盟）

总部设在上海的中国国有航空集团企业，旗下的主业中国东方航空公司，常被简称为东航。国际航空运输协会代码为 MU；国际民航组织代码为 CES，呼号："China Eastern"。是以原东方航空集团公司为主体，兼并原中国西北航空公司、联合原云南航空公司组建而成，是我国三大骨干航空运输集团之一。

1993 年 10 月以中国东方航空公司为核心企业正式成立中国东方航空集团公司，经营业务包括公共航空运输、通用航空业务及与航空运输相关产品的生产和销售、航空器材及设备的维修、航空客货及地面代理、飞机租赁、航空培训与咨询等业务。1995 年 4 月正式成立中国东方航空股份有限公司，1997 年在中国香港和上海以及纽约三地证券市场挂牌上市，是中国民航业内第一家上市公司。根据国务院《民航体制改革方案》，2002 年 10 月，以中国东方航空公司为主体，兼并中国西北航空公司，联合中国云南航空公司，组建新的中国东方航空集团，作为集团控股的航空运输主业，继续使用中国东方航空公司的名称和标志。运营机型：A300、A320、A330/A340 系列，波音 737、波音 767，CRJ200、ERJ145 等其他支线客机。

上海航空股份有限公司被中国东方航空公司控股后，于 2010 年 11 月 1 日加入天合联盟。

天合联盟不存在如下词汇："It's not my problem"，天合联盟最爱说的是："No problem"。

三、星空联盟

（一）星空联盟简介

如图 4-63～图 4-65 所示。

图 4-63　星空联盟标志

图 4-64　星空联盟机身图案

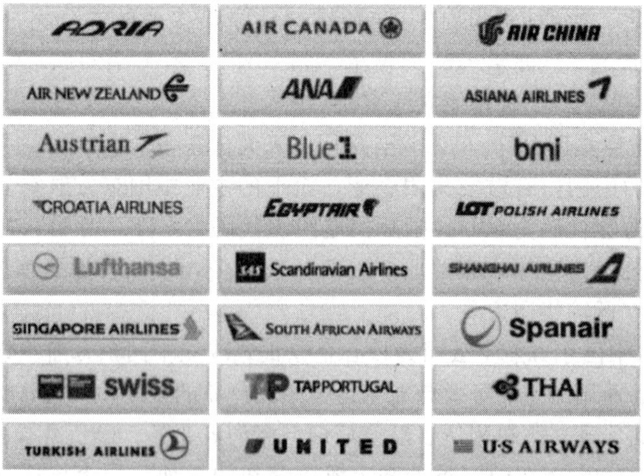

ADRIA	AIR CANADA	AIR CHINA
AIR NEW ZEALAND	ANA	ASIANA AIRLINES
Austrian	Blue1	bmi
CROATIA AIRLINES	EGYPTAIR	LOT POLISH AIRLINES
Lufthansa	Scandinavian Airlines	SHANGHAI AIRLINES
SINGAPORE AIRLINES	SOUTH AFRICAN AIRWAYS	Spanair
SWISS	TAP PORTUGAL	THAI
TURKISH AIRLINES	UNITED	U·S AIRWAYS

图 4-65　主要成员

星空联盟（STAR ALLIANCE）是全球规模最大的航空策略联盟，是由五家创始成员包括：加拿大航空、德国汉莎航空、北欧航空、泰国国际航空、美国联合航空于 1997 年共同组成，联盟成立的主要宗旨是希望藉由各成员所串联而成的环球航空网络，提供乘客一致的高品质服务以及全球认可的识别标志，并加强每个联盟成员在本地及全球所提供的服务及发展统一的产品服务。2010 年，星空联盟成员已发展到 28 个成员航空公司，是迄今为止历史最悠久、全球规模最大的航空策略联盟。

（二）现有成员

1. 加拿大航空（Air Canada）（图 4-66）

IATA 代码：AC

ICAO 代码：ACA

呼号：Air Canada

图 4-66　加拿大航空公司标志

加拿大航空公司（图 4-67）作为加拿大的旗舰航空公司，是加拿大境内航线、美国加拿大越境航线以及往返加拿大国际航线最大的承运航空公司。加航及其地区子公司加航 JAZZ，提供飞往五大洲 170 余个目的地的航空客运服务，年运送乘客数超过三千二百万人次。加航是星空联盟的创始成员之一，通过与星空联盟伙伴的密切合作，为乘客提供全球最广泛的航空运输网络和高品质的客运服务。

图 4-67　加拿大航空

加拿大航空公司的前身——TCA，于 1937 年 9 月 1 日开通首航。此航班机型为洛克希德 10A，在温哥华与西雅图载运两名乘客与邮件，历时 50 分钟。到 1964 年，TCA 已成为加拿大的国家航空公司；同年改名为加拿大航空公司。1989 年加航完全民营化。2000 年加航成功收购 Canadian Airlines International。在庆祝其成立 70 周年之际，加航已成为全球第十四大商业航空公司，拥有 23000 名全职员工。

2. 汉莎航空（Lufthansa Group）（图 4-68）

IATA 代码：LH

图 4-68　汉莎航空标志

ICAO 代码：DLH

呼号：Lufthansa

汉莎航空公司（图 4-69）是德国最大的国际航空公司。质量和创新、安全和可靠永远都是汉莎航空公司的特色。汉莎航空的核心业务是经营定期的国内及国际客运和货运航班。汉莎航空已发展成为全球航空业领导者和成功的航空集团。汉莎航空拥有六个战略服务领域，包括客运、地勤、飞机维修［飞机维护、修理和大修（MRO）］、航空餐食、旅游和 IT 服务。在全球拥有海外子公司及附属机构。航线遍及全球六大洲。汉莎航班服务全球 190 余个目的地，其中包括亚太地区 20 多个门户城市。

图 4-69　汉莎航空

汉莎航空集团与国际上多家航空公司签订了合作协议。其中包括美国联合航空公司、泰国国际航空公司、巴西航空公司、北欧航空公司、南非航空公司等。汉莎航空公司是星空联盟（STAR ALLIANCE）的创始成员。1997 年，由德国汉莎航空与美国联合航空（United Airlines）、原加拿大航空（Air Canada）、北欧航空（SAS）与泰国国际航空（Thai Airways International）等 5 家航空公司宣布成立"星空联盟"。汉莎航空公司在区域组以"汉莎区域"的形式加入联盟网络，得益于"星空联盟"的全球飞行网络，汉莎不仅为乘客提供顺畅便捷的飞行服务，也为乘客提供灵活的旅行选择。

汉莎航空集团不仅为本国的航空公司提供与航空业有关的各种服务，而且也为国际上其他客户提供同样的服务。除航空运输外，汉莎还向客户提供一系列的整体服务方案。德国汉莎集团旗下拥有"汉莎"和其他品牌，所有的品牌都彰显汉莎秉承一贯为客人提供安全、可信、守时、高品质、极具技术竞争力和灵活创新的服务理念。

为了巩固汉莎航空集团在国际上的领先地位，保持长期赢利和竞争优势，汉莎航空把服务重点集中在顾客利益上，作为寻求联合时最为重要的考虑因素。这条标准和汉莎集团的哲学基础互为补充，即：相互匹配的企业文化使汉莎航空集团总能有成效地与其他伙伴进行合作。

3. **北欧航空**（Scandinavian Airlines）（图 4-70）

IATA 代码：SK

图 4-70　北欧航空标志

ICAO 代码：SAS

呼号：Scandinavian

北欧航空（图 4-71）于 1946 年 8 月 1 日创办，当时由丹麦、瑞典及挪威三国的航空公司组成伙伴运作飞往北欧的航空运输洲际航线。1946 年 9 月 17 日开始运作。1948 年，上述 3 家国家航空公司开始协调在欧洲航线的运作，最终在 1951 年合并组成 SAS 联盟：SAS 丹麦（28.6％）、SAS 挪威（28.6％）及 SAS 瑞典（42.8％），股权均是一半股权由私人投资者持有，另外一半则由各自的政府持有。北欧航空通过收购瑞典、丹麦和挪威的本地航空公司而逐渐控制了三国的区内市场。

图 4-71　北欧航空

1989 年，北欧航空 SK 购入美国大陆航空的母公司得克萨斯航空公司的 18.4％股份，后被售出。20 世纪 90 年代间，北欧航空购入英伦航空的 20％股份，与德国汉莎航空共同持有该公司的 49.9％股份。也曾购入了西班牙的第二大航空公司——斯班航空的 95％股份。

1997 年 5 月，北欧航空 SK 与美国联合航空、德国汉莎航空、原加拿大航空（Air Canada）、泰国国际航空公司共同组成"星空联盟"（STAR ALLIANCE）。

北欧航空一直以提供最佳航空运输服务为自己的使命。北欧航空根据乘客在灵活性与舒适性方面的不同需求，为其提供经济灵活的航空服务，并具有极大的选择自由。北欧航空为其自身树立起了一个创新、领先的航空公司形象。北欧航空本着国际合作的原则成立。得益于星空联盟的创立，相同的理念得以应用，从而在整个全球交通系统中提供了诸多便利的连接。

北欧航空公司在环保方面堪称业界的楷模，致力于成为欧洲最关注环境的航空公司；到 2020 年降低排放 20％，同时保持航空运输运量的进一步增长；具有业界最高效的燃油节约计划。

北欧航空是一家由北欧三国挪威、丹麦及瑞典联合而组成的航空公司。总部设于瑞典斯德哥尔摩。北欧航空成立于 1946 年，母公司为 SAS 集团（SAS AB）。北欧航空是"星空联盟"的创始成员之一。

4. 泰国国际航空（Thai Airways International）（图 4-72）

图 4-72　泰国国际航空

IATA 代码：TG

ICAO 代码：THA

呼号：Thai

泰国国际航空公司（图4-73）的业务包括客运、货运、邮件、代理其他航空公司在曼谷国际机场内的地勤业务、机上免税商品及提供旅客饭店机场间交通运送服务等。

图 4-73　泰国国际航空公司

泰航的航线网络以曼谷为中心，包含泰国国内线、地区区域航线及洲际航线。泰国国际航空航线通达全世界30余个国家、70余个城市。包括到欧洲、中东、印度次大陆、大洋洲、美国和非洲的乘客体验过泰国国际航空的皇家服务（Royal Orchid Service）。

泰航拥有独立的航机餐点部、维修部及货运部。泰航以周全的地勤及机舱服务，更广受旅客推崇。泰航以服务水平晋身亚洲顶级航空公司之列。这些服务包括：细致顾及乘客的个别需要、特式款待（如每位女性乘客均可获赠兰花胸花）及各式精美美食等。在旅客心中留下深刻的印象。泰航推出多项旅游配套计划，包括接送服务、泰航皇家风兰假期——被誉为一份畅游微笑国度的完全手册、为飞行常客而设的皇家风兰里程计划及其他不同的优惠计划等。

泰航机舱服务分皇家头等舱（Royal First Class）、皇家商务舱（Royal Silk Class）、豪华经济舱（Premium Economy）、经济舱（Economy Class）等客舱等级。泰航在某些长程航班上推出豪华经济舱提供更宽更长的机舱座椅，如曼谷直飞纽约航线，让乘客在舱位上有更多的选择。泰航机舱内娱乐设施包括私人电话、互动娱乐设施和触摸式显示屏等。泰航机上美食供应泰式、西餐、日式和中式的餐食，特殊需求可提前预订。

5. **美国联合航空**（United Airlines）（图4-74）

图 4-74　联合航空标志

IATA 代码：UA
ICAO 代码：UAL
呼号：United

美国联合航空公司（图4-75）成立于1926年，当时的身份是作为4家航空公司的管理公司（这些公司都成立于1926年或1927年），主要是在美国内交付邮件。这4家公司是波音航空运输公司、太平洋航空运输公司、国家航空运输公司和瓦尼航空公司。联合航空公司现在是UAL股份公司的主要子公司。

图4-75　美国联合航空公司

1994年大多数联合航空公司的雇员购买了公司55%的股份，交换条件是对工资和福利等作出让步，这使得联合航空公司成为世界上最大的大多数股份由雇员拥有的航空公司。该公司还在美国西海岸开始了低成本的联合穿梭公司的运营。联合航空公司的航线网覆盖全球，每天运营2200多个航班飞往30个国家的139个目的港。

联合航空公司是包括汉莎航空公司、北欧航空公司、泰国国际航空公司、加拿大航空公司和瓦力格航空公司的明星联盟集团的成员。通过相互参与各自的常旅客计划，旅客可以享受到里程累积、共用候机楼休息室和简化办理登记手续。其他联盟公司是：新西兰航空公司、印度航空公司、全日空、安的列斯航空公司、阿洛哈航空公司、澳大利亚安塞特航空公司、英国米德兰航空公司、开曼航空公司、三角航空公司、酋长国航空公司、墨西哥空运公司、沙特阿拉伯航空公司。除了芝加哥奥黑尔、丹佛、旧金山和华盛顿DC的国内枢纽，联合航空公司还有东京和伦敦希思罗两个国外大型枢纽。母公司是UAL股份公司。

2010年5月4日，美国联合航空（UAL）宣布将以价值31.7亿美元的价格收购大陆航空（CAL），取代达美航空成为世界最大的航空公司。美联航称，双方董事会均已同意采取全换股方式，以美联航每1.05股换1股大陆航空的股票，总额约32亿美元。

6. **巴西航空**（Varig Brasil）（图4-76）

图4-76　巴西航空标志

IATA 代码：RG

ICAO 代码：VRN

呼号：Varig

巴西航空（图 4-77）的发展最早可以追溯到 1927 年，而巴西航空公司成立于 1969 年，是巴西第一家航空公司，历史悠久。时至今日，巴西航空公司已发展成为巴西及拉丁美洲最大、班次最多的航空公司。巴西航空公司及其下属直线航空公司所拥有的市场份额占巴西航空客运市场的 50%，占巴西全行业国际市场的 70%。

图 4-77　巴西航空公司

巴西航空公司一贯致力于改进服务质量、提高准点率、重视空中及地面服务，以适应旅客不断提高的航空旅行需求。巴西航空公司所秉承的"巴西航空公司就是优质服务"的服务理念，使其成为巴西国内、国际航空运输业的翘楚，赢得了无数国际荣誉。

巴西航空公司及其下属分公司现已拥有近 100 架航机，其中包括最宽敞舒适的波音 777。巴西航空公司在巴西国内，通航里程达 1.76 亿千米，国际飞行网络连接欧洲、北美洲、亚洲、非洲及整个南美洲。

在亚洲，巴西航空公司经营的直飞日本的航班已有 30 年的历史，现在又荣幸地被巴西政府指定为经营巴西到中国航线的唯一航空公司，期待着在不久的将来能够直飞中国，为中巴两国架起空中桥梁。

2005 年，该航空公司进入司法重组（类似申请破产保护），2006 年收购了 Variglog，并开始了重大的转型返回的盈利能力。Varig 于 2007 年 1 月 31 日因没有履行会员要求被星空联盟暂停会员资格。

7. **新西兰航空**（Air New Zealand Limited）（图 4-78）

图 4-78　新西兰航空标志

IATA 代码：NZ

ICAO 代码：ANZ

呼号：New Zealand

新西兰航空公司（图 4-79、图 4-80）是新西兰最大的航空公司，是一家经营国际和新西兰国内航空运输业务的集团公司，其运营基地设在新西兰奥克兰。新西兰航空公司是新西兰的国家航空公司。1999 年，新西兰航空公司成为星空联盟正式成员。

图 4-79　新西兰航空（一）

图 4-80　新西兰航空（二）

新西兰航空公司（Air New Zealand）是南太平洋地区的主要航空承运人之一，开通太平洋地区至世界其他地区的航线。航线网络遍及新西兰、澳大利亚、太平洋沿岸国家。新西兰航空公司提供新西兰国内和往返澳大利亚、西南太平洋、亚洲、北美和英国等国际航线的旅客和货物航空运输的服务。

2004 年，新西兰航空公司斥资超过 10 亿新西兰元购置 12 架新波音飞机，包括 8 架波音 777-200ER 和 4 架波音 787 型飞机，并且保有再购买 46 架长途飞机的权利，开通了新的国际航线并提升了长途飞行的服务。

新西兰航空全新的机上设施包括豪华公务舱中独创的平躺座椅，拥有个人屏幕和可点播电影的功能；新的狭长形 Recaro 经济舱座椅；新推出豪华经济舱拥有更大的空间，座椅有更大的倾斜度和内置的电源插座。在往来新西兰的各国航空公司中，新西兰航空是唯一配备豪华经济舱的航空公司。

新西兰航空公司曾连续七年获得 Conde Naste UK Readers 的"最佳长途线航空公司"奖；新西兰航空公司获得 2012 年度最佳航空公司大奖。

目前，新西兰航空已经退出星空联盟。

8. **全日空航空**（All Nippon Airways Co.，Ltd）（图 4-81）

IATA 代码：NH

ICAO 代码：ANA

呼号：All Nippon

图 4-81　全日空航空标志

全日空（ANA）是一家日本的航空公司（图 4-82），于 1952 年 12 月 27 日成立，总部位于日本东京港区汐留。全日空是亚洲最大的航空公司之一。全日空是"星空联盟"航空联盟成员之一。截至 2007 年 3 月，全日空共有 22170 名雇员。

图 4-82　全日空航空公司

全日空主要业务包括定期航空运输业务；非定期航空运输；采购、销售、出租和保养飞机及飞机零件业务；航空运输地面支援业务。全日空在日本主要城市之间拥有全面航线网络，其国际航线延伸到北美、欧洲等地。全日空航线网络优势在日本国内、亚洲地区。全日空开办的国际航线通达 40 余个目的地。全日空在日本国内占有较大的市场份额，每天有 800 多个航班，接近日本国内市场的 50%。

全日空以其专业的服务而闻名，致力于为商务旅行者提供最好的飞行服务。全日空在 1996 年成为最早为头等舱乘客提供 180 度完全平放座位的航空公司之一。2002 年，全日空在 New Style CLUB ANA 中引入"舒适的睡眠者"座椅，这是为长途飞行的高级商务舱和高级经济舱乘客提供的全新座椅。全日空提出企业理念和目标，致力于将其在品质和服务方面的再提高。

9. 新加坡航空（SINGAPORE AIRLINES）（图 4-83）

IATA 代码：SQ

ICAO 代码：SIA

呼号：Singapore

图 4-83　新加坡航空

新加坡航空公司（图 4-84、图 4-85）运营的枢纽机场在新加坡樟宜机场，在东南亚、东亚、南亚和"袋鼠航线"拥有强大的市场。该公司还经营跨太平洋航线，包括两条世界上最长的直飞商业航班从新加坡到纽约以及到洛杉矶，使用空中客车 A340-500。

新加坡航空公司是"巨无霸"空客 A380 飞机的启动用户。新航已经扩展到航空相关业务，如飞机的处理和工程。2000 年 4 月新加坡航空加入星空联盟。

其全资附属公司"胜安航空"，主要飞向亚洲容量较小的二级城市以满足不同需求。新加坡航空货运负责新加坡航空的货运业务，新航拥有维尔京大西洋航空公司 49% 股权和廉

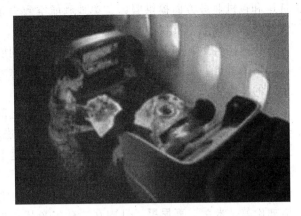

图 4-84　新加坡航空（一）　　　　　图 4-85　新加坡航空（二）

价航空虎航 49% 的股份。

新加坡航空有限公司排名位居世界前列，是亚洲第 8 大航空公司和全球国际乘客人数排第 6 大的航空公司。

新加坡航空公司一直被誉为最舒适和最安全的航空公司之一，新航被称为最安全的航空公司的主要原因是公司拥有最年轻的飞机群，飞机的平均机龄为 6.6 年。

10. **奥地利航空集团**（Austrian Airlines AG）（图 4-86）

IATA 代码：OS

ICAO 代码：AUA

呼号：Austrian

图 4-86　奥地利航空集团标志

奥地利航空公司（Austrian Airlines AG）（图 4-87）成立于 1957 年。其母公司是奥地利航空公司集团。除了奥地利航空公司，奥地利航空公司集团还拥有另外两家航空公司：奥地利飞箭航空公司（Austrian Arrows）和劳达航空公司（Lauda Air），联合在定期航班、

图 4-87　奥地利航空公司

货运和包机业务方面提供服务。奥地利航空致力于发展定期航班，奥地利飞箭航空发展地区性业务，劳达航空发展包机业务。

快速、自然、和谐——通过该口号，奥地利航空公司在商务和经济舱提供独特的奥地利人热情的服务、实惠的性价比和特殊的服务。总之，奥地利航空公司可为您的旅行增添意想不到的体验。

随着市场需求的稳步增长，奥航运营中奥之间的航班次数也在随之递增。从 2006 年春季起，奥航航班将从 1995 年开航伊始的每周两班增至每周 14 班，其中北京、上海每日各一班。乘客可以更加便捷地搭乘奥航班机自由往返于中奥之间，或经由维也纳前往东欧、中欧特别是西欧的 80 多座城市。

乘坐从中国北京、上海出发的航班途经维也纳，可以迅速转机至 60 多个欧洲主要城市，诸如伦敦、米兰、慕尼黑、日内瓦、赫尔辛基、布拉格、布达佩斯……这充分显示出维也纳是中国通往欧洲的最佳通道的重要地理位置。

在公务舱和头等舱的特殊服务中，奥航成为在中国飞往维也纳远程航线的公务舱上将古典式的中式餐饮与现代餐饮理念完美结合的典范。

在奥航北京飞往维也纳航班的公务舱上享受无比美好的由北京著名餐厅——紫云轩所提供的美味餐食，会给您留下美好的感受。

在欧洲，恐怕没有哪一个机场比维也纳机场更加便捷小巧，其最短国际转机时间在半小时之内。为了更好地为中国乘客服务，奥地利航空公司从 2004 年 5 月 1 日起在维也纳机场专门设立了一个旅行指导项目。此项目旨在为乘坐奥航从北京和上海到达维也纳或从维也纳出发前往中国的乘客提供中文服务。这项人性化的服务将使抵达维也纳的中国乘客感觉更方便，彻底摆脱语言障碍。

11. 英伦航空（British Midland Airways Ltd）（图 4-88）

IATA 代码：BD

ICAO 代码：BMA

呼号：Midland

图 4-88 英伦航空标志

英伦航空公司（图 4-89）（中文也译为"英国米德兰航空公司"）是英国的一家航空公司，枢纽机场设在伦敦希斯罗国际机场以及曼彻斯特国际机场。主要经营英国国内航线，国际航线遍及欧洲大陆、中东、美国等 30 多个城市。该航空公司的机型主要是空中客车和巴西航工飞机。英伦航空公司是星空联盟的成员，也是希斯罗机场上的第二大航空公司，占该机场 12% 的起降班次位置。

12. 韩亚航空（Asiana Airlines Inc）（图 4-90）

IATA 代号：OZ

ICAO 代号：AAR

呼号：Asiana

韩亚航空（아시아나항공，Asiana Airlines）（见图 4-91）是韩国第二大航空公司，仅次

图 4-89　英伦航空

图 4-90　韩亚航空标志

于大韩航空。其创建于 1988 年 2 月 17 日，作为韩国第二大航空公司，至 2003 年 6 月，韩亚已拥有 67 架飞机，拥有 18 条国内航线和 52 条国际航线，飞往 14 个国内城市和 46 个国际城市，中国和日本航线占其国际市场份额的绝大部分。

图 4-91　韩亚航空

13. **波兰航空**（LOT Polish Airlines）（图 4-92）

图 4-92　波兰航空

IATA 二字代码：LO

ICAO 三字代码：LOT

呼号：Pollot

2003 年 10 月，加入星空联盟。

LOT 波兰航空公司（图 4-93）是中欧最大的承运人，目前共有 38 架飞机。波兰政府拥有 LOT 67.97％的股权，员工拥有 6.92％，剩下的 25.1％股票由 SAirLines B. V. 持有。作为一家中等规模的航空公司，它在战略上所作出的部分决策让业内不得不对 LOT 刮目相看，比如它成立的附属低成本航空公司 Central Wings 使用五架波音 737 飞机，通过和德国之翼航空公司（Germanwings）在市场营销上共同合作，全力打造新的市场份额。

图 4-93　波兰航空公司

LOT 成功有两方面原因：第一，公司能够吸引越来越多的乘客前往波兰；其次，公司推行了削减成本的计划。

波兰航空公司计划航班的目前网络包括欧洲的 50 多个城市和波兰境内的 11 个城市。

14. 全美航空（All American Aviation Company）（图 4-94）

IATA 代码：US

ICAO 代码：USA

呼号：USAir

图 4-94　全美航空标志

全美航空成立于 1939 年，总部位于美国亚利桑那州。

2005 年全美航空公司（图 4-95）与美西航空合并前，以美国东部及加勒比海地区为主要市场，并有飞往欧洲数个大城市及美国西岸各大城市的航班。在与美西航空合并之后，全美航空航线遍及全美。全美航空与美国联合航空的航班代码共享使得全美航空的航线涵盖美国大部分地区与亚洲地区。至 2007 年止，全美航空是美国的第五大航空公司，航线包含北美洲、中美洲、加勒比海、夏威夷与欧洲以及亚洲等地区，共 240 个目的地。全美航空于 2008 年开通飞往中国的航线。

图 4-95　全美航空

全美航空设立夏洛特（CLT）和费城（PHL）、凤凰城（PHX）和拉斯韦加斯（LAS）四个枢纽。此外，全美航空在匹兹堡（PIT）有一个次要枢纽，以及重点城市纽约拉瓜地亚（LGA）、华盛顿里根（DCA）和波士顿（BOS）。

全美航空公司机队主要由空中客车飞机组成。全美航空是第一批使用空中客车 A350 的客户（于 2011 年开始交付）。

全美航空设有另一品牌全美穿梭航空（US Airways Shuttle），在美国东北部市场运营每小时出发的航班。全美航空的地区性短程航线则由全美航空快运（US Airways Express）经营，全美航空快运主要经营小城市至全美航空枢纽机场及重点城市的航线，由小型航空公司以及其子公司经营。

2004 年全美航空加入星空联盟，成为其第 15 个成员。

15. 葡萄牙航空（TAP Air Portugal）（图 4-96）

IATA 代码：TP

ICAO 代码：TAP

呼号：Air Portugal

图 4-96　葡萄牙航空标志

葡萄牙航空公司（简称葡航）（图 4-97）是葡萄牙国有航空公司。葡航以里斯本为该公司基地，主要业务是经营欧洲、非洲、美洲的业务。

葡萄牙航空成立于 1945 年 3 月 14 日，在 1946 年 9 月 19 日开展由里斯本至马德里的商业航线，同年 12 月 31 日扩展至 12 个地区，包括安哥拉、莫桑比克等。

1947 年开展里斯本到波尔图的内陆航线；2 年后开展伦敦至圣多美普林西比。

1964 年迎来了开业以来的第 100 万乘客。

1969 年开拓以纽约、波士顿为主的美洲的业务。

1996 年开始至中国澳门及曼谷的航线，但因载客量少，因此在翌年取消相关的业务；

图 4-97　葡萄牙航空公司

在 2006 年年底，由于中国澳门的经济强劲，因此有意重开至澳门的航线。

2005 年加入星空联盟。

16. **瑞士航空公司**（Swissair）（图 4-98）

IATA 代码：SR

ICAO 代码：SWR

呼号：Swissair

图 4-98　瑞士航空公司标志

瑞士航空公司（Swiss International Air Lines，瑞航）（图 4-99、图 4-100）自 1931 年成立以来，每年均被评鉴为世界上最佳的航空公司之一。瑞士航空是瑞士航空运输企业，总公司设在苏黎世。公司于 1931 年 3 月合并巴塞尔航空公司（1925 年成立）和阿德阿斯特拉航空公司（1919 年成立）而成立。

瑞士航空公司作为瑞士的国家航空公司成立于 2002 年，其前身是十字航空公司（Crossair），并于 2006 年加入星空联盟。瑞士航空公司始终秉承其为连接瑞士和欧洲乃至全球提供高质量航空服务的承诺。

瑞士航空公司运营从苏黎世枢纽中心、巴塞尔与日内瓦国际机场飞往全球 90 座城市的航班。瑞士航空公司拥有先进的机队，2008 年运载旅客近 1350 万人次。其采用空客 A330 和 A340 执飞洲际航线，采用空客 A320 系列和 AvroRJ 飞机执飞短距离和区域航线。从 2009 年春季起，陆续引进 9 架最新的空客 A330-300 飞机，到 2011 年逐渐取代了目前的 A330-200 机型。

瑞士航空公司做到了真正了解旅客在旅程中的需求。对于洲际旅行航班，瑞士航空公司为旅客提供豪华独特的头等舱、舒适宁静的商务舱以及温馨服务的经济舱。对于欧洲境内的短途航班，瑞士航空亦提供服务周全的商务舱以及简约高效的经济舱，让乘客自由选择。无论您选择何种舱位，旅客都可以尽享 7300 多名瑞士航空公司员工引以为豪的个性化服务。从旅客订购机票到走下飞机，瑞士航空的员工自始至终关注着他们的需求。

公司还是负责飞机采购和维修的国际航空集团的主要成员。1958 年它和斯堪的纳维亚航空公司（SAS）首先签订协议倡导合作。1969 年、1970 年荷兰皇家航空公司（KLM）、

图 4-99　瑞士航空公司（一）　　　　图 4-100　瑞士航空公司（二）

法国联合航空运输公司（UTA）先后参加了该协议。4 家公司合称 KSSU 集团。该公司股权由瑞士联邦政府和州政府占有 24%，私人占有 76%。

在欧美人士的心目中，瑞士航空更被誉为是贵族航空，这不仅是对瑞士航空一贯贵族式服务的赞美，同时也代表旅客们同样享有贵族般的享受。无论是过去、现在还是将来，瑞士航空都坚持着一贯的原则：瑞士航空及其事业伙伴在国际航空运输中扮演着重要的角色，他们提供无懈可击的服务产品，以及追求最高品质与价值的坚定承诺。瑞士航空已经飞抵全世界，将旅客带到地球上的每一个角落，并且追求尽善尽美的服务品质。瑞士航空愿意与志同道合的事业伙伴携手合作，建构全球结盟网络，奠定业务蓬勃发展的坚实基础。

17. 南非航空（South African Airways，通常简称 SAA）（图 4-101）

IATA 代码：SA

ICAO 代码：SAA

呼号：Springbok

SOUTH AFRICAN AIRWAYS

图 4-101　南非航空

图 4-102　南非航空

南非航空公司（South African Airways，SAA）（图 4-102）是南非最大的国际航空公司。以开普敦和约翰内斯堡为枢纽，南非航空公司是少数有利润的非洲航空公司之一。南非航空公司成立于 1934 年，是世界最早的国有航空公司之一。南非航空公司由南非政府运输机构 Transnet 拥有，公司员工拥有 2% 的公司股份。

18. **中国国际航空公司**（Air China）（图 4-103）

IATA 代码：CA；

ICAO 代码：CCA；

呼号：Air China

图 4-103　中国国际航空公司标志

中国国际航空股份有限公司（图 4-104）现在是中国唯一悬挂中华人民共和国国旗和承担中国国家领导人出国访问的专机任务，并承担外国元首和政府首脑在中国的专、包机任务的国家航空公司。它也是中国民航安全水平高、综合规模最大、拥有最新最好机队的航空公司。

图 4-104　中国国际航空公司

2007 年度国航入选了世界品牌 500 强，为中国民航唯一入选公司；2007 年国航被世界品牌实验室评为中国 500 最具价值品牌；美国评级机构标准普尔评为中国上市公司百强；国航品牌被英国《金融时报》和美国麦肯锡管理咨询公司联合评定为中国十大国际品牌之一。它是国内航空公司第一的品牌。

19. **美国大陆航空公司**

美国大陆航空公司的总部位于得克萨斯州的休斯顿，是世界的第七大航空公司，每天拥有 2300 多个出发航班。大陆航空在美国航空公司中拥有最广阔的全球航线网络，包括美洲、欧洲、亚洲。大陆航空的中心枢纽包括纽约、休斯顿、克莱夫兰和关岛，每年用全美最新的喷气机群运送大约 5100 万旅客，拥有 42000 个员工。大陆航空是全美 100 个"最愿意为之工作的公司"之一。

? **思考练习题**

1. 简述航空公司的基本组成结构。举例说明。
2. 航空公司的主要收入依靠哪些环节来完成?
3. 简述国内主要航空公司及航空集团。
4. 世界主要的航空联盟有哪几个?

第五章

航空地理基本知识

第一节
中国航空运输外部资源分布

一、自然地理环境

我国领土辽阔广大，总面积约 960 万平方千米，"地大物博"是对中国自然地理环境最贴切的形容。如此辽阔的地域所对应的领空为中国航空运输业的发展提供了一座广阔的舞台，为造就一个宏大的国内航空运输大市场从客观上提供了可能。"西高东低，地貌类型多样"是我国地势的总体特点。西南有"世界屋脊"之称的青藏高原，屹立着海拔 8843m 的世界最高峰珠穆朗玛峰；东部从北到南依次是东北平原、华北平原、长江中下游平原、珠江三角洲，这些地区人口密集、经济贸易活动频繁、旅游资源丰富，都为我国的航空运输业的发展提供了充足的客货源。

由于我国南北纬度跨越大，地形多样，使得我国气候类型复杂多样，亚寒带气候、温热带气候、亚热带气候、山地气候、高原气候都能在我国找到极为典型的区域，这造就了众多风景独特的自然旅游资源，旅游业的繁荣和发展带动和影响了区域内的以航空旅游为目的的民航旅客运输业的蓬勃发展。

总之，我国的自然环境为我国国内航空运输的发展提供了一个广阔和充满潜力的发展空间，如何系统地、科学地、有效地利用现有自然环境资源优势，开发出其内在的潜力和优势，将是我国航空运输业有待进一步深入思考和解决的问题。

二、经济地理环境

经济区域的分布是影响航空运输资源布局的关键性外部因素。从世界航空运输运力资源的分布情况来看，区域经济越繁荣，其航空运输越发达。从国际航线的分布特点来看，北美、欧洲、东亚是航线最密集的区域，从经济发达程度来看，它们也是世界经济的中心，因此航空运输资源分布和经济发展程度是紧密相关的。

中国的航空运输布局及发展趋势也同样遵循着与经济发展相适应的轨迹。北京、上海、广州——我国三大最繁忙航空港的形成也都是分别依托于所处的京津冀经济区、长江三角洲经济区、珠江三角洲经济区的强势发展，而且这三个城市都是其所在经济区的核心城市和中心。改革开放以来，由于我国东部沿海地区经济增长显著，我国的航线分布、航空运力投放、航线网络建设等航空运输资源多集中投放在我国东部经济发达地区，我国航空运输资源的分布明显出现东西不平衡的局面。但是随着我国西部大开发、振兴东北老工业基地等经济战略政策的出台，加之原有产业结构的大调整和相关企业的战略性向西部迁移，我国的航空运输网络也正在逐步向西、向东北等区域扩张，东部的大中城市通往西安、武汉、成都、沈阳、乌鲁木齐等地的国内航线都成为国内各大航空公司增加运力投放、抢占市场份额的重点。

我国加入WTO后，各大跨国公司纷纷进军中国，在中国大陆投资设厂与中国企业开展各种层次的合作，中国和世界各国的经济贸易往来更加频繁，人员交往更加密切，给我国的国际航线带来了大量的客货源。一个新的航空运输大市场正在这个古老的文明国度慢慢升起，正开创着一个世界民用航空运输史上的新纪元。

三、人文地理环境

中国是世界四大文明古国之一，有近五千年的悠久文化历史，也造就了为世人所骄傲和称奇的历史遗址和古迹。万里长城、秦始皇兵马俑、敦煌莫高窟、北京故宫等都是中华民族聪明智慧和精湛工艺的结晶，是全人类的文化瑰宝。这些丰富的人文旅游资源吸引了无数国内外游客纷至沓来，航空运输是旅行者们的最佳选择。在我国现有的国际、国内航班上旅行者们占据着相当大的比例，旅游因素直接影响着航空公司新航线的开辟和运力投放的增加，尤其在我国中西部航空运输资源的分布上表现得更为显著。

由于航空运输受多种因素的影响和制约，特别是受政治因素、经济因素的影响最为显著，因此，航空区划与政治区划（表5-1）、经济区划的联系紧密，我国的航空区划也是以行政区划和经济区划为基础而逐步形成的。中国航空运输外部资源的地理分布在很大程度上影响着各航空公司总体的航线网络布局和航空运力投放。

表 5-1　我国省、自治区、直辖市简称与省会表

省市	简称	省会	省市	简称	省会
北京市	京		天津市	津	
上海市	沪		重庆市	渝	
香港	港		澳门	澳	
吉林省	吉	长春	辽宁省	辽	沈阳
山东省	鲁	济南	河南省	豫	郑州
河北省	冀	石家庄	湖北省	鄂	武汉
湖南省	湘	长沙	山西省	晋	太原
青海省	青	西宁	安徽省	皖	合肥
江苏省	苏	南京	江西省	赣	南昌
浙江省	浙	杭州	福建省	闽	福州
广东省	粤	广州	海南省	琼	海口
台湾省	台	台北	陕西省	陕或秦	西安

省市	简称	省会	省市	简称	省会
甘肃省	甘或陇	兰州	云南省	云或滇	昆明
四川省	川或蜀	成都	贵州省	贵或黔	贵阳
黑龙江省	黑	哈尔滨	西藏自治区	藏	拉萨
内蒙古自治区	内蒙古	呼和浩特	广西壮族自治区	桂	南宁
新疆维吾尔自治区	新	乌鲁木齐	宁夏回族自治区	宁	银川

四、我国航空区划

航空区划是为了科学地开辟与管理航线、因地制宜地安排运力、合理建设机场、协调国内及国际航空的发展，而对全国航空运输区域所进行的划分。我国航空区划共分为七大地区。中国民航总局下属七大地区管理局分别负责七大地区。我国航空区域分为的七大地区管理局分别是：华北管理局、华东管理局、西北管理局、西南管理局、中南管理局、东北管理局、新疆管理局。

华北地区管理局管辖：北京市、天津市、河北省、内蒙古自治区、山西省。

华东地区管理局管辖：上海市、山东省、江苏省、安徽省、浙江省、江西省、福建省。

西北地区管理局管辖：陕西省、甘肃省、青海省、宁夏回族自治区。

西南地区管理局管辖：重庆市、四川省、贵州省、云南省、西藏自治区。

中南地区管理局管辖：广东省、广西壮族自治区、湖北省、湖南省、河南省、海南省。

东北地区管理局管辖：辽宁省、黑龙江省、吉林省。

新疆管理局管辖：新疆维吾尔自治区。

第二节
国内外主要空港城市及机场三字代码

三字代码是空港城市及机场的英文缩写，它被广泛应用于客货销售、航空公司运营、机场地面服务、空运生产量的统计等诸多民航业务方面。每一个空港城市及其机场都有唯一的三字代码，并为国际民航界所认可。三字代码的构成有一定规律，通常是以英文地名的前三个字母组成。具体见表5-2至表5-4。

表5-2　国内航线部分城市及机场三字代码

序号	三字代码	城市	机场名	省、区、市	简称
01	PEK	北京	首都	北京市	京
02	SHA	上海	虹桥	上海市	沪
03	PVG	上海	浦东	上海市	沪
04	CAN	广州	白云	广东省	穗
05	CKG	重庆	江北	重庆市	渝

序号	三字代码	城市	机场名	省、区、市	简称
06	TSN	天津	滨海	天津市	津
07	SZX	深圳	宝安	广东省	深
08	SYX	三亚	凤凰	海南省	亚
09	CTU	成都	双流	四川省	蓉
10	CSX	长沙	黄花	湖南省	湘
11	WUH	武汉	天河	湖北省	汉
12	HGH	杭州	萧山	浙江省	杭
13	NKG	南京	禄口	江苏省	宁
14	HFE	合肥	新桥	安徽省	皖
15	FOC	福州	长乐	福建省	福
16	HAK	海口	美兰	海南省	琼
17	HRB	哈尔滨	太平	黑龙江省	哈
18	KHN	南昌	向塘	江西省	昌
19	KMG	昆明	长水	云南省	昆
20	KME	贵阳	龙洞堡	贵州省	筑
21	NNG	南宁	吴圩	广西壮族自治区	邕
22	SHE	沈阳	桃仙	辽宁省	沈
23	SIA	西安	咸阳	陕西省	陕
24	TNA	济南	遥墙	山东省	济
25	INC	银川	新城	宁夏回族自治区	银
26	LHW	兰州	中川	甘肃省	兰
27	XNN	西宁	曹家堡	青海省	西
28	TYN	太原	武宿	山西省	并
29	URC	乌鲁木齐	地窝堡	新疆维吾尔自治区	乌
30	LXA	拉萨	贡嘎	西藏自治区	萨
31	BHY	北海	福成	广西壮族自治区	北
32	CGO	郑州	新郑	河南省	郑
33	CGQ	长春	龙嘉	吉林省	春
34	CZX	常州	奔牛	江苏省	常
35	DDG	丹东	浪头	辽宁省	丹
36	DLC	大连	周水子	辽宁省	连
37	HNY	衡阳	衡阳	湖南省	衡
38	KOW	赣州	黄金	江西省	赣
39	KWL	桂林	两江	广西壮族自治区	桂
40	LYG	连云港	白塔埠	江苏省	云

序号	三字代码	城市	机场名	省、区市	简称
41	LYZ	洛阳	北郊	河南省	洛
42	LZH	柳州	白莲	广西壮族自治区	柳
43	MDG	牡丹江	海浪	黑龙江省	牡
44	MXZ	梅县	长岗岌	广东省	梅
45	NDG	齐齐哈尔	三家子	黑龙江省	尔
46	NGB	宁波	栎社	浙江省	甬
47	NNY	南阳	姜营	河南省	宛
48	NTG	南通	兴东	江苏省	通
49	SHS	沙市	沙市	湖北省	沙
50	SWA	汕头	外砂	广东省	汕
51	TAO	青岛	流亭	山东省	青
52	TXN	黄山	屯溪	安徽省	屯
53	WNZ	温州	温州	浙江省	温
54	WFN	襄樊	刘集	湖北省	襄
55	XUZ	徐州	观音	江苏省	徐
56	XMN	厦门	高崎	福建省	厦
57	YNT	烟台	莱山	山东省	烟
58	YIW	义乌	义乌	浙江省	义
59	ZHA	湛江	新塘	广东省	湛
60	ZUH	珠海	三灶	广东省	珠
61	HTE	呼和浩特	白塔	内蒙古自治区	蒙
62	HKG	香港	香港国际	香港特别行政区	港
63	MAC	澳门	澳门国际	澳门特别行政区	澳
64	TPE	台北	桃园	台湾省	台

表 5-3 国际航线部分城市及机场三字代码

三字代码	城市	机场名	所在国家
NYC	纽约	纽瓦克	美国
JFK	纽约	肯尼迪	
LGA	纽约	拉瓜迪亚	
LAX	洛杉矶	洛杉矶	
CHI	芝加哥	芝加哥	
ORD	芝加哥	奥黑尔	
ATL	亚特兰大	哈茨菲尔德	
DCA	哥伦比亚特区	华盛顿	
SFO	旧金山	旧金山	
LON	伦敦		英国
LHR	伦敦	希思罗	
LGW	伦敦	盖特威克	

三字代码	城市	机场名	所在国家
PAR	巴黎		法国
CDG	巴黎	戴高乐	
ORY	巴黎	奥利	
FRA	法兰克福	美茵	德国
SXF	柏林	柏林	
CBR	堪培拉	堪培拉	澳大利亚
SYD	悉尼	金丝福德·史密斯	
MEL	墨尔本	墨尔本	
MOW	莫斯科		俄罗斯
SVO	莫斯科	谢列梅捷沃	
TYO	东京		日本
NRK	东京	成田	
OSA	大阪		
KIX	大阪	关西	
SEL	首尔	首尔国际机场	韩国
SIN	新加坡	金浦	新加坡
BKK	曼谷	曼谷	泰国
KHI	卡拉奇	真纳	巴基斯坦
BEL	德里	新德里	印度
AMS	阿姆斯特丹	史基浦	荷兰
ANR	安特卫普	安特卫普	比利时
ATH	雅典	雅典	希腊
AKL	奥克兰	奥克兰	新西兰
BUE	布宜诺斯艾利斯	唐托儿夸托	阿根廷
CPT	开普敦	开普敦	南非
CPH	哥本哈根	凯斯楚普	丹麦
GVA	日内瓦	宽特兰	瑞士
IST	伊斯坦布尔	阿达图尔克	土耳其
MEX	墨西哥城	华雷斯	墨西哥
YOW	渥太华	渥太华	加拿大
DXB	迪拜	迪拜	阿联酋
RIO	里约热内卢	里约热内卢	巴西
ROM	罗马		意大利
FCO	罗马	菲乌米奇诺	
DOH	多哈	多哈	卡塔尔

表 5-4　国内部分航空公司二字代码

航空公司名称	二字代码
中国航空集团公司	CA
中国东方航空集团公司	MU
中国南方航空集团公司	CZ
海航集团有限公司	HU
中国新华航空有限责任公司	X2
吉祥航空公司	HO
中国货运航空有限公司	CK
上海航空股份有限公司	FM
厦门航空有限公司	MF
四川航空股份有限公司	3U
深圳航空有限责任公司	ZH
山东航空有限公司	SC
奥凯航空有限公司	BK
春秋航空有限公司	9C
中国联合航空有限公司	KN
鹰联航空有限公司	EU
天津航空有限公司	GS
中海直总公司	H2

第三节
国内主要航线、主要空港城市及主要地标

一、国内主要航线及其分布特征

1. 国内主要航线

目前，我国国内航线近 1400 条，已形成较为完整的航线网络。根据国内航线的分布特征，可将其分成若干个放射系统，每一个系统均以某一机场为中心，参考中心机场与连接机场的客货吞吐量大小，可以确定几个最重要的放射系统，它们与辐射航线共同构成国内航线的骨架。

（1）以北京为中心的辐射航线　该系统通过 100 多条辐射线与全国各个省会城市、重要的旅游城市、交通枢纽城市相连，重要直飞航线用机场三字代码表示。

（2）以上海为中心的辐射航线　该系统有辐射航线 100 多条，形成从东部沿海向北、南、西三面辐射的构架，与全国各大城市、重要城市直接相连，重要直飞航线用机场三字代码表示。

（3）以广州为中心的辐射航线　该系统有辐射航线100多条，形成从南部沿海向内地及东部沿海地区辐射的架构，与全国各主要机场直接相连，并在南部沿海形成地区性的航线网。

以上三个系统的辐射航线，基本构成了中国国内航线的骨架，再加上以西安、成都、昆明、重庆、沈阳、大连、武汉、乌鲁木齐等重要机场为中心形成的若干放射系统，共同组成了国内的主要航线网。

（4）以昆明、成都、西安等大中型机场为中心的辐射航线　除北京、广州、上海三大机场外，国内其他大中型机场还有成都、昆明、重庆、西安、乌鲁木齐、深圳、杭州、武汉、沈阳、大连、青岛等地的，这些机场的辐射航线主要由通往三大机场的航线以及这些机场之间的航线组成。

（5）以香港为中心的辐射航线　中国民航称之为地区航线，特指香港、澳门等地区与内地的航线。地区航线是国内航线的组成部分，又是联系国际航线的重要桥梁。航线以香港为中心向内地几十个大中城市辐射，对于我国改革开放政策的实施，对于香港的稳定与繁荣，对于国内人民与海外侨胞之间政治、经济、文化联系起着特殊的重要作用。

2. 国内航线的分布特征

① 我国国内航线集中分布于哈尔滨—北京—西安—成都—昆明一线以东的地区，其中又以北京、上海、广州的三角地带最为密集。整体上看，航线密度由东向西逐渐减小。

② 航线多以大、中城市为中心向外辐射，由若干个放射性的系统相互相通，共同形成全国的航空网络。

③ 国内主要航线多呈南北向分布。在此基础上，又有部分航线从沿海向内陆延伸，呈东西向分布，南北方向航线多于东西方向航线的特点明显。

④ 航线结构以城市对式为主，并开始向轮辐式航线结构优化；航线客货运量以干线为主，支线网络尚未形成，支线承担的航空客货运量较低。

二、国内航线主要空港城市

北京、上海、广州是我国最大的3个空港城市，分别是全国性的政治文化、科技金融、对外贸易中心，同时也是所在区域经济中心。它们是多年形成的我国航空中枢城市，是我国航空旅客和货物运输的中转、集散地。航空运输是一个受制于区域经济、旅游、政治、文化等诸多因素发展的行业。为了对我国航空运输业发展现状有全面认识，需深入了解北京、上海、广州三地与航空运输发展相关行业的状况。通过城市掠影、空港枢纽、精品旅游推荐、周边重要空港简介等4个部分对我国航空中枢城市加以介绍。

（一）北京

1. 历史沿革

北京有着3000余年的建城史和859余年的建都史。自秦汉以来北京地区一直是中国北方的军事和商业重镇，名称先后称为蓟城、燕都、燕京、涿郡、幽州、南京、中都、大都、京师、顺天府、北平、北京等。北京是中华人民共和国首都、中央直辖市、中国国家中心城市，是中国政治、文化、教育和国际交流中心，同时也是中国经济金融的决策中心和管理中心。北京位于华北平原北端，东南与天津相连，其余为河北省所环绕。北京是"中国四大古都"之一，具有一定的国际影响力。其最早见于文献的名称为"蓟"。北京荟萃了自元明清以来的中华文化，拥有众多名胜古迹和人文景观，是全球拥有世界文化遗产最多的城市之一。北京也为华北地区降雨最多的地区之一。历史悠久的高等院校北京大学、清华大学也坐落于北京。

2. 自然地理

北京中心位于北纬 39°54′20″，东经 116°25′29″。位于华北平原西北边缘。毗邻渤海湾，上靠辽东半岛，下临山东半岛。北京与天津相邻，并与天津一起被河北省环绕。西部是太行山山脉余脉的西山，北部是燕山山脉的军都山，两山在南口关沟相交，形成一个向东南展开的半圆形大山弯，人们称之为"北京弯"，它所围绕的小平原即为北京小平原。诚如古人所言："幽州之地，左环沧海，右拥太行，北枕居庸，南襟河济，诚天府之国"。

3. 经济概况

北京是综合性产业城市，综合经济实力保持在全国前列。2011 年北京地区生产总值为16251.9 亿元，比上年增长 8.1%；按常住人口计算，人均地区生产总值达到 12643 美元，比上年增长 3.8%。分产业看，第一产业增加值 136.3 亿元，比上年增长 0.9%；第二产业增加值 3752.5 亿元，比上年增长 6.7%；第三产业增加值 12363.1 亿元，比上年增长8.7%，其中，第一产业占 0.8%、第二产业占 23.1%、第三产业占 76.1%。

4. 空港枢纽

北京建有全国第一大国际机场和亚洲第一大国际机场——北京首都国际机场（Beijing Capital International Airport，PEK）。北京首都国际机场位于北京市顺义区（行政上属于朝阳区），距北京市中心 20 千米。几乎所有北京的国内国际航班均在北京首都国际机场停靠和起飞。2011 年北京首都机场年度旅客吞吐量突破七千万人次的大关，达到 7867 万人次，同比增长 6.4%，稳居亚洲第一、全球第二；全年航班起降达 53.33 万架次，同比增长 3%。这标志着首都机场向着国际大型枢纽机场道路又迈进了一大步。北京首都国际机场是中国国际航空（Air China）的主要中心。机场和北京市区间由北京机场高速公路连接，在路况良好的情况下只需约 40min 即可到达。在 2008 年北京奥运会，北京市修建了北京地铁机场线（机场快轨）。

北京首都国际机场 T3 航站楼（见图 5-1）是全球最大单体建筑。从北京市区东直门到达北京首都国际机场 T2 航站楼大约需要 15min。此外，北京还建有北京南苑机场（Beijing Nanyuan Airport，NAY）、北京良乡机场（Beijing Liangxiang Airport）、北京西郊机场（Beijing Xijiao Airport）、北京沙河机场（Beijing Shahe Airport）和北京八达岭机场（Beijing Badaling Airport）。这些机场除南苑机场同时为国内民用外（为中国联合航空公司的基地机场），其他很少向公众开放，主要为军用。

图 5-1　北京首都国际机场 T3 航站楼

北京首都国际机场（见图 5-2）地处纬度 40°05′、经度 116°35′，机场标高 35.3 米，位于北京的东北方向，距市中心天安门广场约 25.35 千米，是我国地理位置最重要、规模最大、设备最齐全、运输生产最繁忙的大型国际航空港。首都机场不但是北京的空中门户和对外交往的窗口，而且是中国民用航空国内航线网络中的大型枢纽机场。

图 5-2　北京首都国际机场

北京首都机场于 1958 年 3 月 2 日正式投入使用。随着北京地区民航的发展及客货运量的不断增长，首都机场进行了几次大规模的扩建。1980 年 1 月 1 日，面积为 6 万平方米的 1 号航站楼及停机坪、楼前停车场等配套工程建成并正式投入使用。1 号航站楼按照每日起降飞机 60 架次、高峰小时旅客吞吐量 1500 人次进行设计。扩建完成后，首都机场飞行区域设施达到国际民航组织规定的 4E 标准。随着通往首都北京的国际航线数量和国际航班的密度稳步提高，1995 年 10 月至 1999 年 11 月期间，首都机场对现有航站区又一次进行了扩建。1999 年 11 月 1 日，建筑面积达 33.6 万平方米，使用现代化技术设备装备起来的 2 号航站楼正式投入使用，2 号航站楼每年可接待超过 2650 万人次的旅客，高峰小时旅客吞吐量可达 9210 人次。首都机场现已拥有 3800 米×60 米、3200 米×50 米两条 4E 级沥青跑道、最先进的着陆灯光系统和航空管制系统，业已步入世界性大型国际空港的行列。2008 年建成的三号航站楼和第三条跑道（3800 米×60 米，满足 F 类飞机的使用要求）位于机场东边。2010 年 12 月 21 日，首都机场累计完成发送旅客 7214 万余人次，北京首都国际机场由此跃入世界机场第二位。

由于北京首都国际机场优越的地理位置，齐全优质的服务设施，吸引了 66 家国内外航空公司在首都机场运营，其中有 11 家国内航空公司、55 家国际航空公司。国航、南航、海航等国内大型航空公司都有驻场基地。国内通航城市 88 个，国际通航城市 69 个，每周有 5000 多个定期航班从这里飞往祖国和世界各地。

5. 旅游景点

北京是全球拥有世界遗产（6 处）最多的城市，是全球首个拥有世界地质公园的首都城市。北京旅游资源丰富，对外开放的旅游景点达 200 多处，有世界上最大的皇宫紫禁城（见图 5-3）、祭天神庙天坛、皇家花园北海、皇家园林颐和园和圆明园，还有八达岭长城（见图 5-4）、慕田峪长城以及世界上最大的四合院恭王府等名胜古迹。全市共有文物古迹 7309 项，99 处全国重点文物保护单位（含长城和京杭大运河的北京段）、326 处市级文物保护单位、5 处国家地质公园、15 处国家森林公园。

6. 国际交流

北京与世界各国、各地区的经济、贸易、科技、教育、文化等领域的交流日益加强，政府、民间和社会团体之间的友好往来十分活跃。北京市与 72 个国家的 124 个首都和大城市有着友好往来的关系，其中已与 37 个国家的 41 个城市建立了友好关系。北京现有外国驻华

图 5-3　皇宫紫禁城

图 5-4　八达岭长城

大使馆 137 个，国际组织和地区代表机构 17 个，外国新闻机构 190 个。在北京设立的国外驻京代表机构已超过 7000 家，全球最大 500 家跨国公司已有 185 家来京投资。外国留学生40000 多人。

7. 周边重要空港城市

（1）天津滨海国际机场（见图 5-5 及图 5-6）　位于滨海新区，是中国主要的航空枢纽之一，也是新成立的奥凯航空公司的枢纽机场，但由于北京首都机场规模较大且距离天津较近，目前滨海机场旅客和货运吞吐量均不大，是四个直辖市中规模最小的一个机场。天津滨海国际机场二号跑道于 2010 年 7 月开始开放客运运行。

图 5-5　天津滨海国际机场（一）

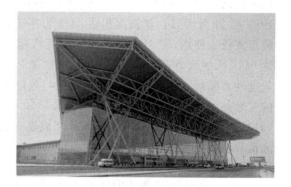

图 5-6　天津滨海国际机场（二）

（2）呼和浩特白塔机场（见图 5-7）　始建于 1958 年，之后随着航空业务量的增加，曾先后进行过 3 次扩建。2008 北京奥运会给白塔机场提供了难得的发展机会。为保障北京首都机场因恶劣天气、突发事件、机械故障等原因造成的临时备降，迫切需要重新选

图 5-7　呼和浩特白塔机场

定高标准的备降场。由于白塔机场的规模扩大和地理因素，因此选择呼和浩特作为 2008 年北京奥运会首都机场的主备降场之一。民航总局与自治区首府共同立项投资 10 亿元扩建白塔机场，工程包括飞行区、航站楼、机坪、停车场、旅客过夜、配餐用房等项目的全面建设。

（二）上海

1. 历史沿革

上海是我国经济、文化中心城市，简称沪。古时上海为长江入海口处的小渔村，春秋时属吴国范围，战国时期为楚国春申君的封地，因此上海别名申。从宋朝开始在此建城设镇，始称上海。上海是中国第一大城市，四大直辖市之一，中国国家中心城市，中国的经济、科技、工业、金融、贸易、会展和航运中心。上海位于中国大陆海岸线中部长江口，拥有中国最大外贸港口和最大工业基地。隔海与日本九州岛相望，南濒杭州湾，西部与江苏、浙江两省相接。上海港货物吞吐量和集装箱吞吐量居世界第一。上海是一座新兴的旅游城市，有着深厚的近代城市文化底蕴和众多历史古迹，举办过世博会。江南的传统与移民带入的文化融合，逐渐形成了特有的海派文化。上海已成为国际大都市，并致力于在 2020 年建设成为国际金融和航运中心。

2. 自然地理

上海市位于北纬 31°、东经 121°左右，处在南北跨度约为 120 千米、东西跨度约为 140 千米的区域内。这里是长江三角洲冲积平原最前端，长江入海口东南岸，中国海岸线的中心点。上海东濒东海、南临杭州湾、西达昆山嘉兴、北界长江天堑，优越的区位条件使上海自古就成为中国对外经济交往的门户。

上海属亚热带季风气候，春夏秋冬四季分明，日照充足，雨量适中。年平均气温 16℃左右，年平均降水量 1200 毫米左右。上海总面积为 6340.5 平方公里。流经市区的黄浦江天然地将上海分为浦东和浦西两大区域，其中浦西是老上海缩影，浦东则为中国经济高速发展的龙头之一。现上海全市共辖 16 个区、1 个县，黄浦区为市政府所在地。

3. 经济概况

上海是中国大陆第一金融中心，几乎囊括了全中国所有的金融市场要素：上海证券交易所、中国金融交易所、钻石交易所、黄金交易所、石油交易所、产权交易所、航运交易所、金融衍生品交易所、银行间债券市场、中国外汇交易中心、中国资金拆借市场、国家黄金储备运营中心、国家外汇储备运营中心、上海清算所（中国人民银行清算总中心）、中国人民银行上海总部（央行征信系统中心、支票节流数据处理中心）、中国四大银行（农行、中行、工行、建行）上海总部、各大外资银行大中华总部、中国反洗钱资金监控中心、上海银行间同业拆放利率、中国保险交易所。

4. 空港枢纽

上海虹桥国际机场（见图 5-8 及图 5-9）位于上海市西郊，距市中心仅 13 千米，它曾经一度是上海空港的代名词。机场拥有跑道和滑行道各一条，跑道 3400 米长、57.6 米宽，停机坪约 48.6 万平方米，共有 66 个机位，其先进的基础设施和各种导航、通讯、保障系统使机场达到 4E 级

图 5-8　上海虹桥国际机场（一）

条件。此外，机场拥有面积为 8.2 万平方米候机楼，由 A、B 两座候机楼紧密相连，包括 15 个候机大厅、18 个贵宾室和 15 条行李传输系统。随着浦东国际机场的建成启用，上海的两个机场航线侧重上有了明确分工，虹桥国内、浦东国际，顺利实现航班东移。虹桥机场承担着起降国内航班的任务，同时继续保留国际航班的备降功能。目前，虹桥机场日均起降航班 540 架次左右，是国内航空客货运周转中心。作为上海第一个民用机场的上海虹桥机场，经过多年的扩建后，现已成为我国最大的国际航空港之一。

图 5-9　上海虹桥国际机场（二）

浦东国际机场（见图 5-10 及图 5-11）位于上海市东都，面积 40 平方公里，距市中心约 30 千米，距虹桥机场约 40 千米。浦东机场一期工程 1997 年 10 月全面开工，1999 年 9 月建成通航。一期建有一条 4000 米长、60 米宽的 4E 级南北向跑道，两条平行滑行道，80 万平方米的停机坪，共有 76 个机位，货运库面积达 5 万平方米。同时，机场装备有世界先进水平的导航设施。

图 5-10　浦东国际机场（一）

图 5-11　浦东国际机场（二）

浦东航站楼由主楼和候机长廊两大部分组成，均为三层结构，由两条通道连接，面积达 28 万平方米。到港行李输送带 13 条。登机桥 28 座；候机楼内的商业餐饮设施和其他出租服务设施面积达 6 万平方米。浦东机场一期工程改造工程完成后，具备年飞机起降 30 万架次、年旅客吞吐量 3650 万人次的保障能力。浦东机场主要负责往来上海国际航班的起降任务。随着上海国际性大都市作用的显现和机场设施的进一步完善，浦东机场步入国际级重要空港的行列将指日可待。

2011 年，浦东机场保障飞机起降 34.42 万架次，完成旅客吞吐量 4144.23 万人次，完成货邮吞吐量 310.86 万吨。浦东机场的航班量占到整个上海机场的六成左右，国际旅客吞吐量位居国内机场首位，货邮吞吐量位居世界机场第三位。通航浦东机场的中外航空公司已达 48 家，航线覆盖 90 余个国际（地区）城市、62 个国内城市。

5. 旅游景点

（1）外滩晨钟（外滩区域见图 5-12 及图 5-13） 上海市政府对外滩滨江地区进行了大规模改造，既完整保留了外滩原有风貌，又巧妙地利用防汛墙设施新建滨江观光平台，及"上海市人民英雄纪念塔"、"外滩历史纪念馆"、"陈毅广场"、"音乐喷泉"等风格各异的建筑小品和浮雕，并配以全景式建筑景观灯光和大型艺术灯光表演及浦江夜游。

图 5-12 外滩晨钟

图 5-13 外滩区域

（2）豫园雅韵（豫园老城厢地区） 豫园旅游区是上海老城厢的发源地，近年来逐步形成了以豫园（见图 5-14）、豫园商城、城隍庙、玉龙坊、上海老街等为中心的旅游风景区，民俗工艺、上海及全国特色小吃、上海本土文化及民间文化在此得到飞速发展，是上海市民节庆庙会地。

图 5-14 豫园

（3）佘山拾翠（佘山旅游度假区，见图 5-15 及图 5-16） 佘山景区风景秀丽，有蜚声中外的佘山圣母大殿，其级别之高、建筑之雄伟，为东南亚地区第一大教堂，也是佘山标志性建筑；佘山天文台，始建于清光绪二十四年，是中国建造最早、规模最大的天文台之一。

6. 国际交流

1996 年 4 月 26 日，中国、俄罗斯、哈萨克斯坦、吉尔吉斯斯坦、塔吉克斯坦五国元首在上海举行首次会晤。自此，"上海五国"会晤机制正式建立。2001 年 6 月 14 日至 15 日，"上海五国"元首在上海举行第六次会晤，乌兹别克斯坦以完全平等的身份加入"上海五国"。2001 年 6 月 15 日，6 国元首举行首次会晤并签署《上海合作组织成立宣言》，上海合作组织正式成立。至 2009 年，上海已与世界上多个国家的 71 个城市（省、州、大区、道、府、县或区）结成友好城市或建立友好交流关系。在上海设立领事机构的国家已达 62 个。

图 5-15　佘山旅游度假区（一）

图 5-16　佘山旅游度假区（二）

7. 周边重要空港城市

（1）苏南硕放国际机场（见图 5-17 及图 5-18）（IATA 代码：WUX，ICAO 代码：ZSWX，原名无锡硕放机场）　位于中国江苏无锡滨湖区硕放镇，距离无锡市区 18.6 千米，离无锡新区 12.1 千米，东距苏州市区 37.9 千米，离苏州新区 36.4 千米。距离飞行区跑道西南端 1500 米处有沪宁铁路通过，离沪宁城际高铁无锡新区站 2700 米；在跑道东北端 1.65 千米处有沪宁高速公路通过。该机场客运航站楼 11 万平方米，飞行跑道长 3200 米、宽 50 米，飞行区等级为 4E，目前是设计年旅客吞吐量 1000～2000 万人次的枢纽型国际空港，可直飞东京、大阪、曼谷以及中国台北、香港、澳门等地。

图 5-17　苏南硕放国际机场（一）

图 5-18　苏南硕放国际机场（二）

（2）兴东机场（见图 5-19）（IATA 代码 NTG，四字码 ZSNT）　位于南通市区东北的通州区兴东镇，距市中心直线距离约 18 千米，并和宁通、盐通等高速公路连接。南通兴东机场 1993 年正式通航，飞行跑道长 3400 米，飞行区等级为 4D，同时兼顾 E 类飞机的全重起降要求。已开通南通至北京、广州、成都、武汉、长沙、昆明、天津、厦门、重庆、深圳和北京南苑等地航班，以及飞往西安的全货机航班。2011 年南通兴东机场全年旅客吞吐量达 25 万人次，邮货吞吐量 7708.96 吨，全年航班起降 27538 架次。

（三）广州

1. 历史沿革

广州是华南地区主要中心城市和历史文化名城，简称穗，别名羊城。广州从公元前 214 年（秦始皇 33 年）秦王朝命任嚣为南海尉并建城（俗称"任嚣城"）开始，已有 2219 年多的建城历史，三国时期吴国孙权于公元 226 年在交州东部设广州，广州之名由此而来。自秦汉以来逐渐成为岭南政治、经济、文化中心，魏晋南北朝时期一直作为我国对外贸易和友好

图 5-19　兴东机场

往来的重要口岸，是中国海上丝绸之路的起点。隋唐时期城市有了大规模的扩建，明代为广州布政使司和广州府治。清代为广东省和广州府治。广州是中国近现代革命策源地，既有三元里人民英勇抗击英军侵略的伟大业绩，又有孙中山、黄兴领导的黄花岗起义。1949 年后广州一直走在全国经济发展和改革开放的最前列，带动整个珠江三角洲地区的全面发展。现为中国第三大城市，中国南大门，中国国家中心城市，是国务院定位的国际大都市。广州美食享誉世界。广州的标志是"五羊"。地处广东省南部，珠江三角洲的北缘，濒临南中国海珠江入海口，毗邻港澳，海上丝绸之路的起点。广东省省会，华南地区经济、金融、贸易、文化、科技和交通枢纽、教育中心。中国南方最大、历史最悠久的对外通商口岸，世界著名的港口城市之一，中国历史文化名城。中国最主要的对外开放城市之一，作为对外贸易的窗口，外国人士众多，被称为"第三世界首都"，是全国华侨最多的大城市。

2. **自然地理**

广州是广东省省会，广东省政治、经济、科技、教育和文化中心，也是华南区域性中心城市。位于珠江三角洲北部的广州市，倚珠江、面南海、毗邻香港和澳门，中国第三大河流珠江穿城而过。其地理位置十分优越，素有中国"南大门"之称。广州地处南亚热带，北回归线穿越北部，属南亚热带典型的海洋季风气候。夏无酷暑，冬无严寒，雨量充沛，四季如春，繁花似锦。全年平均气温 21.8℃，年均降水 1983 毫米。由于气候温和、土壤湿润、阳光充沛，广州一年四季树木常绿、鲜花常开，自古就以"花城"著称。

广州自然条件优越，物产资源丰富，有许多驰名中外的农副土特产品。广州是中国著名的"水果之乡"。土地、气候等自然条件适宜多种热带、亚热带果树的生长，一年四季都有水果上市，其中荔枝、香蕉、木瓜和菠萝享有"岭南圈大佳果"美誉，其他如杨桃、龙眼、黄皮、柑、橙等也久负盛名。

在国内城市中，这一别称和美誉也是广州独有的。全市总面积 7434 平方公里，人口701 万，现辖天河、越秀等十区两市。

3. **经济概况**

广州自古以来就是全国著名的商埠，它拥有上千年的对外开放贸易历史。改革开放以来，广州经济更是焕发出新的生机，取得了令世人瞩目的成就。从 1992 年开始，广州综合经济实力跃居全国 10 大城市的第三位。全市经济保持较快发展，2010 年，广州市实现地区生产总值（GDP）10604.48 亿元，按可比价格计算，比上年增长 13%。其中，第一产业增加值 189.05 亿元，增长 3.2%；第二产业增加值 3950.64 亿元，增长 13%；第三产业增加值 6464.79 亿元，增长 13.2%。第一、二、三次产业增加值的比例为 1.8∶37.2∶61。

4. 空港枢纽

广州新白云机场（见图 5-20 及图 5-21）于 2004 年 8 月 5 日正式启用。新机场位于市北的花都区，距市中心海珠广场直线距离为 28 千米，交通极为便利，新机场高速公路作为广州市北部的交通大动脉，可连通京珠、广深等高速公路；广州地铁二号线北端终点站设在新白云国际机场航站楼内。

图 5-20　广州新白云国际机场（一）

图 5-21　广州新白云国际机场（二）

广州新白云国际机场是我国第一个按照航空中枢理念设计、建造的机场，作为我国三大枢纽机场之一，新机场将成为一个多功能、大吞吐量、具有国际先进水平的大型交通枢纽。新白云机场以成为珠三角地区乃至东南亚和太平洋地区具有重要地位的综合性中枢机场和现代航空物流中心为目标，不断整合广州、珠三角甚至是港澳航空资源，打造泛珠三角"大航空"理念。广州也将依托新机场优势成为华南地区乃至东南亚地区大型的航空客流和物流中心。新白云机场在国内国际上共有 9 大之最。

广州新白云国际机场是中国大陆三大国际航空枢纽机场之一，旅客吞吐量居全国第二、世界第十九位，是我国连接世界各地的重要口岸和国际航空枢纽，在中国民用机场布局中具有举足轻重的地位。该机场目前为中国南方航空、海南航空、深圳航空、联邦快递的枢纽机场及中国国际航空的重点机场。广州白云国际机场第三跑道、二号航站楼分别将于 2014 年、2016 年建成投入使用。

2011 年，广州白云国际机场共发送旅客达 45040340 人次，客运吞吐量位居中国第二；货运吞吐量位居中国第三；航班起降量位居中国第二。

5. 旅游景点

① 白云山（见图 5-22）位于广州市北部，是南粤名山之一，由 30 多座山峰组成。每当雨后天晴，山间总有白云缭绕，蔚为奇观，白云山之名由此得来。

白云山景色秀丽，自古以来就是广州有名的风景胜地。如"蒲涧濂泉"、"白云晚望"、"景泰归僧"、"白云松涛"和"云山锦绣"等胜景位列为"羊城八景"之中。

② 中山纪念堂（见图 5-23）位于越秀山南麓，是广州人民和海外华侨为纪念伟大革命先行者、新民主主义运动的倡导者孙中山先生而修建的。

图 5-22　白云山

图 5-23　中山纪念堂

③ 越秀公园（见图 5-24 及图 5-25）是广州市最大的一座综合性公园，占地 92.8 万平方米，位于广州市北部。园中有东秀湖、北秀湖和南秀湖，景色优美宜人。这里历史上就是游览胜地，园中保留着许多文物古迹。1949 年后建成的五羊石像雕塑更成为广州的标志。

图 5-24　越秀公园（一）

图 5-25　越秀公园（二）

图 5-26　鼎湖山（一）

图 5-27　鼎湖山（二）

④ 鼎湖山（见图 5-26 及图 5-27）位于广东省肇庆市区东北 18 千米处，由鼎湖、三宝、鸡笼、凤来等数十座山峰组成。岭南四大名山之一的鸡笼山为鼎湖山的主峰，海拔 1000 米左右。山上峰峦叠嶂，峰之巅处是四季不干涸的湖泊，构成了一道绮丽的美丽风景。

6. 国际交流

中国进出口商品交易会又称"广交会"，创办于 1957 年春季，每年春秋两季在广州举办。从 2008 年开始，广交会不再使用曾在华南首屈一指的流花展馆，全部移师到亚洲最大的会展中心——广州国际会议展览中心举办。

7. 周边重要空港

（1）深圳宝安国际机场（见图 5-28 及图 5-29）　位于深圳市西北方向，珠江口东岸的一片滨海平原上，距市区 32 千米。机场于 1991 年 10 月 12 日正式通航，现有一条 3400 米×45 米的 4E 级跑道，停机坪总面积 53 万平方米，机位 53 个（其中近机位 24 个）。场区还拥有年处理能力达 20 万吨的现代化货运仓库、千吨级货轮泊位以及广东省出入境旅客最多的客运码头，再加上附近的广深高速公路共同构建成集海陆空运输方式于一体的立体交通枢纽。深圳宝安国际机场，是具有海、陆、空联运的现代化航空港，是世界百强机场之一，1991 年正式通航，1993 年成为国际机场。深圳宝安国际机场作为中国第四大航空港，目前开通 107 条国际国内航线，可到达 80 余个国内国际城市和地区，是中国珠江三角区重要的空运基地之一。

图 5-28　深圳宝安国际机场（一）

图 5-29　深圳宝安国际机场（二）

（2）珠海机场（见图 5-30）　位于珠海市西部，距市中心约 30 千米，是拥有 4E 级跑道的现代化大型航空港。设计能力为起降 10 万架次/年，旅客吞吐量 1100 万人次/年，货邮吞吐量 60 万吨/年，有面积为 9 万多平方米的候机大厅，高峰处理旅客吞吐能力为 5000 人次/小时。2006 年 10 月开始，中国香港机场管理局正式接管珠海机场的管理经营。

图 5-30　珠海机场

（四）其他城市

1. 成都

（1）城市简介　成都，简称"蓉"，别称"蓉城"。成都为四川省省会，位于四川中部成都历史悠久，2500 年前周朝古蜀王开明九世在此建都，取"一年成邑，二年成都"之意，而名成都。成都介于 30.67°N、104.06°E 之间，素有"西部之心"美誉。1952 年 9 月 1 日，成都正式获批四川政治、经济、文化中心。1994 年 2 月 25 日，成都正式获批副省级市。2007 年 6 月 9 日，成都正式获批国家统筹城乡综合改革配套试验新区。2011 年 3 月 8 日，成都荣膺全国版权示范城市。2012 年 3 月 12 日，成都入围全球经济增长最快城市。

（2）空港枢纽　成都双流国际机场（见图 5-31。代码：CTU）位于成都市双流县西航港街道，距离成都市市中心 18km，2012 年 2 月 1 日正式晋升为国家级航空枢纽。2005 年 4

月 17 日，成都双流国际机场正式进入"全球百忙"机场行列。成都双流国际机场第二跑道也已经正式投入运营。已开通航线可直达全国近百个城市，同时也已开通直达东京、新加坡、曼谷、首尔、阿姆斯特丹、阿布扎比、普吉岛、孟买、河内、温哥华等国际大城市的航班。成都双流国际机场是中国中西部地区最繁忙的民用枢纽机场、中国西南地区的航空枢纽和重要客货集散地，是前往拉萨贡嘎机场的最大中转机场，也是前往昌都邦达机场、林芝米林机场的唯一中转机场。成都双流国际机场是中国国际航空西南分公司、四川航空股份有限公司、成都航空股份有限公司、深圳航空股份有限公司、东航四川分公司的基地机场。成都第二国际机场项目已经获批。2011 年 1 月至 11 月，成都双流国际机场客运量再次超过深圳宝安国际机场，成为了名副其实的中国航空第四城；成都双流国际机场二号航站楼 2012 年 8 月 9 日正式运行，这大大扩大了机场的客流量，可满足不断扩宽的航空网络，增加新的航线，为天府新区的建设添砖加瓦。

图 5-31　成都双流国际机场

（3）周边重要空港

① 重庆江北国际机场（见图 5-32）　简称江北机场。江北国际机场是重庆市两座民用机场之一，也是重庆航空、西部航空两家航空公司的主基地机场和四川航空、中国国际航空、南方航空的基地机场。江北国际机场位于重庆市郊东北方向 21km 的重庆北部新区两路镇，是西部地区第四大机场、西南地区三大航空枢纽之一，也是国家规划的五大枢纽机场之一。

② 九寨沟黄龙机场（简称九黄机场）　位于四川阿坝州松潘县境内的川主寺镇北约 12 千米处，所以又叫川主寺机场，是阿坝州的首个机场，机场海拔 3448 米，属高原机场，是中国三大高原机场之一。距九寨沟 88 千米，距黄龙 43 千米，工程总投资为 10 亿元人民币，年吞吐量 2011 年达到 171 万人次，机场跑道长度 3200 米，宽为 60 米，联络滑行道宽 23 米，站坪按停放 4 架飞机（37.4F 和 1D）设计，航站楼按 4000 平方米设计，与飞行区通过专用道连接，机场可起降波音 757、波音 737-700 以及空客 A319 等大中型飞机，与成都的空中距离约 240 千米，飞行时间约 40 分钟。机场于 2003 年 9 月 28 日试通航，10 月 20 日正式投入使用。

九寨沟黄龙机场（见图 5-33）为中国国内支线旅游机场，有国航、川航等航空公司的飞机投入运行，旺季每天航班可达 10 个以上。

2. 西安

（1）城市简介　西安古称"长安"、"京兆"，世界四大文明古都之一，居中国四大古都之首，是中国历史上建都时间最长、建都朝代最多、影响力最大的都城，是著名的古都型旅游胜地，是中华民族的摇篮、中华文明的发祥地、中华文化的代表区域之一。西安是副省级城市，陕西省省会，国家重要的科学技术创新中心，新欧亚大陆桥中国段和黄河中上游地区

图 5-32　重庆江北国际机场

图 5-33　九寨沟黄龙机场

中心城市，中国大飞机的制造基地，中西部地区最大最重要的科研、高等教育、国防科技工业和高新技术产业基地。2011 年国务院颁布《全国主体功能区规划》，西安是中国唯一一个被定位为"历史文化基地"的城市。

（2）空港枢纽　西安咸阳国际机场（见图 5-34）是我国的重要航空港，目前共有 20 家航空公司在机场经营 150 余条航线，每天有 400 余架次的航班起降。2009 年旅客吞吐量达到 1529 万，为全国十大机场增速最快的机场。从 2009 年 3 月开始，西安咸阳国际机场二期扩建工程全面开工，项目总投资 103.91 亿元，在原有跑道南侧建设长 3800 米、宽 60 米的第二条跑道和平行滑行道，使飞行区达到 4F 标准，能够起降 A380 等超大型洲际飞机。新建 25.3 万平方米的 3 号航站楼，规模为原有航站楼的 4 倍，建成后，新建的 3 号航站楼将和原有的 1 号、2 号候机楼连为一个整体，并有摆渡车往返其间，方便中转旅客转机以及各航站楼之间实现一体化交通。西安咸阳国际机场是国家重要的航空枢纽港，现有通往国内 68 个城市的 155 条航线和通往国际和地区 11 个城市的 10 条航线。

（3）周边重要空港

① 太原武宿国际机场（见图 5-35）　位于太原市东南方向，距太原市 13.2 千米，太原机场始建于 1939 年，曾于 1968 年和 1992 年进行过两次改扩建。经过 1992 年的改扩建，机场航站楼面积达 2.58 万平方米，跑道长 3200 米，为国内干线机场及首都国际机场的备降场。2007 年，经中国民用航空总局批准，"太原武宿机场"更名为"太原武宿国际机场"。机场已开通航线 50 多条，通达国内外 40 多个城市，保障机型近 20 种。

② 榆林机场　位于陕西省最北部的榆林市，是晋陕蒙宁接壤区重要的支线机场。近年来，榆林市城市发展速度较快，目前的机场已被城市建筑物所包围，机场的存在对城市发展

图 5-34　西安咸阳国际机场

图 5-35　太原武宿国际机场

形成制约，而城市的发展又对机场的飞行安全造成影响。同时，随着陕北能源化工基地的迅速崛起，榆林成为国内外投资和开发的热点地区，现有机场规模小、等级低，无法满足旅客快速增长的需求。榆林新机场位于榆林市西北约 15.5 千米处的昌汗界，为民用支线机场。2005 年 12 月开工建设的榆林新机场名为"榆林榆阳机场"，位于榆林市区西北方向，工程概算总投资 44648 万元，为 4C 等级的民用支线机场。机场跑道长 2800 米、宽 45 米，可满足波音 737 和空客 321 及以下机型的起降。航站楼建筑面积 10641 平方米，拥有 5 个登机口、3 个廊桥，设计年旅客吞吐量为 35 万人次，年货邮运量为 900 吨。项目总投资 2.59 亿元，资金由国家补助和陕西省筹措解决。2008 年 4 月 10 日上午 9 时 30 分，历经两年多时间建设的榆林榆阳机场正式启用并迎来了第一次航班。上午 9 时 30 分，搭载 31 名旅客的 GS7511 班机从西安飞抵榆林，平稳地降落在榆林榆阳机场。榆林榆阳机场目前开通了直飞北京、西安、广州、太原、深圳、上海、成都和银川的航线。

　　3. 昆明

　　（1）城市简介　云南省省会昆明地处云贵高原中部，是我国面向东南亚的重要国际性商贸旅游城市。昆明属于亚热带高原气候，植被种类繁多，花开四季不断，无酷暑严冬，一年四季如春，故得名"春城"。

　　（2）空港枢纽　昆明巫家坝国际机场位于昆明市东南部，距离市区仅 3.9 千米，是中国距离市区最近的机场之一，同时位列中国五大国际口岸机场之一。

　　（3）周边重要空港

　　① 贵阳龙洞堡机场　位于贵阳市东郊，距市区 11 千米，与市区有全封闭专用快速公路相连，是我国西南地区的重要中转机场。

　　② 西双版纳机场　位于景洪市区，距中心 5 千米，现有 4 个停机坪。可起降波音 737 飞机。为我国著名旅游区机场之一。

③ 丽江机场　自 1995 年 5 月 18 日通航以来，起降航班已从每月 3 班增加到现在的 50 多班，最多时每天达 18 班，是我国重要的航空旅游支线机场。

4. 海口

（1）城市简介　海南省省会海口位于海南岛北岸的南渡江口，因为地处河流入海口而得名。海口迷人的阳光、沙滩、海水、绿色使这里成为国内外游客的度假天堂。

（2）空港枢纽　美兰国际机场（见图 5-36）　位于海南省海口市美兰镇，距市区约 22 千米，为国内干线机场。整个机场占地面积 583 公顷，飞行区为 4E 级，跑道配备世界先进的助航灯光、仪表着陆系统。航管及机场服务设施均达到国际先进水平，被称为"东方的夏威夷"。

图 5-36　美兰国际机场

（3）周边重要空港　三亚凤凰国际机场（见图 5-37 及图 5-38）因地处于三亚市羊栏镇凤凰村而得名，是我国最南端的国际机场。三亚凤凰国际机场建成于 1994 年 6 月，7 月 1 日正式通航。凤凰机场飞行区等级为国际民航组织制定的 4E 级标准，停机坪可同时安全停放 21 架大中型客机。

图 5-37　三亚凤凰国际机场（一）

图 5-38　三亚凤凰国际机场（二）

5. 杭州

（1）城市简介　杭州位于钱塘江入海口，东临杭州湾，为京杭大运河南端。杭州是一座已有 2200 年历史的古城，古代又称钱塘、临安，吴越、南宋先后在此建都。为我国著名七大古都之一。杭州集自然景观和人文景观于一身，是我国著名的旅游城市。

（2）空港枢纽　杭州萧山国际机场（见图 5-39 及图 5-40）位于钱塘江南岸。距杭州市中心 27 千米。2000 年 12 月 30 日，新机场建成通航运营。机场一期工程设计满足年旅客吞吐量 800 万人次、货邮吞吐量 11 万吨的使用要求，飞行区为 4E 级，建有 1 条长 3600 米、宽 45 米的跑道。航站楼建筑面积约 10 万平方米,候机大厅共设 36 个值机柜台,其中国际 12 个;停机坪面积 34 万平方米,共有 12 座登机廊桥,18 个远机位;场区环境优美,为国内"绿、美、特、秀"的园林式机场。

图 5-39 杭州萧山国际机场(一)

图 5-40 杭州萧山国际机场(二)

(3)周边重要空港

① 宁波栎社机场 1990 年 6 月 30 日,浙江省第一座民用机场——宁波栎社机场通航,2002 年 10 月 8 日,宁波栎社机场新航站楼正式启用。航站楼总建筑面积 4.35 万平方米。扩建停机坪 8.7 万平方米。

② 温州机场 地处温州东南,距市区 24 千米,机场占地约 1900 亩。机场等级为 4D,建有长 2400 米跑道一条,停机坪面积达 7.6 万平方米,候机楼建筑面积为 12000 平方米。

③ 舟山普陀山机场 于 1995 年 1 月开工,1997 年 3 月底全部竣工,总投资约 3.8 亿元。1997 年 7 月 28 日机场举行首航典礼,8 月 8 日正式通航,最先开通舟山至上海、厦门两条航线。1998 年 4 月,"舟山朱家尖机场"正式更名为"舟山普陀山机场",1998 年 7 月机场飞行区等级从 3C 级升至 4C 级,1999 年 12 月又从 4C 级升至为 4D 级。

6. 沈阳

(1)城市简介 辽宁省省会沈阳位于辽宁中部,是东北地区最大工业城市、我国重工业基地和经济中心城市,因位于沈水(今称浑河)之北而得名。早在战国时期,这里就是燕国重镇,名"候城";元朝在此建沈阳路;明初设沈阳卫。沈阳的兴盛在清太祖努尔哈赤迁都沈阳后,改称盛京,为清朝入关前政治、经济、文化中心,大兴土木,当时的沈阳号称"关外紫禁城"。如今沈阳故宫、东陵、北陵都是宝贵的文化遗产,也是旅游胜地。

(2)空港枢纽 沈阳桃仙国际机场(见图 5-41)距沈阳市中心 20 千米,距抚顺、本溪、鞍山、铁岭、辽阳、营口等城市均不超过 100 千米,并通过高速公路与各城市形成辐射连接,为辽沈中部城市群 2400 万人口的共用机场,是我国东北地区乃至东北亚地区的重要航空运输枢纽。

(3)周边重要空港 大连周水子国际机场始建于 1972 年 10 月,经过多次改扩建,现已发展成为占地面积 284.46 公顷,跑道长 3300 米,停机坪面积达 20 万平方米的 4E 级国际机场。

7. 乌鲁木齐

(1)城市简介 乌鲁木齐为新疆维吾尔自治区首府,蒙古语意为"优美的牧场"。它位于天山北麓、准噶尔盆地南缘,是世界上离海洋最远的城市。乌鲁木齐地区历史悠久,古迹众多,沃野千里,矿藏丰富,是我国主要的粮食、棉花产区。

图 5-41　沈阳桃仙国际机场

（2）空港枢纽　乌鲁木齐国际机场位于乌鲁木齐市西北方，距市中心 17 千米。机场跑道为 4E 标准建设，新航站楼已于 2002 年 5 月建成并投入使用，总建筑面积达 47000 平方米，设计年旅客吞吐量 400 万人次，高峰小时 2500 人次。

（3）周边重要空港

① 喀什机场　位于喀什市西北方，距市中心 9 千米。该机场飞行区等级为 4E，同时还具有定期国际航班备降的职能。目前，南航新疆公司执行乌鲁木齐—喀什航班，每周 14 班，伊宁—乌鲁木齐—喀什航班，每周 4 班，成为进出喀什最为方便快捷的途径，极大地促进了当地的经济发展。

② 伊宁机场　位于伊宁市东北方，距市中心 5 千米。该机场飞行区为 3C 级。目前，南航新疆公司执行乌鲁木齐—伊宁航班，每周 14 班；伊宁—乌鲁木齐—喀什航班，每周 4 班；伊宁机场方便了空中交通，极大地促进了中亚各国的经济贸易的稳步发展。

8. 哈尔滨

（1）城市简介　黑龙江省省会哈尔滨素有"江城"、"冰城"、"东方莫斯科"等美称。地处松嫩平原东部，松花江东岸的哈尔滨原为荒野之地，由于其重要的地理位置，以及其特殊的历史也给这座城市赋予了更多异域风情。这里集天主教、基督教、文艺复兴、巴洛克、拜占庭等各式各时期的欧洲经典建筑于一身，尤其是中央大街更是欧式建筑的荟萃之地。哈尔滨的最大魅力还是源于它的独特的北国风情，哈尔滨冰雪节是它向来往游客展示冰雪风情的大舞台。

（2）空港枢纽　哈尔滨太平国际机场于 1979 年建成并投入使用，1994 年又进行扩建使机场飞行区达到 4D 级标准，并建有 33 万平方米停机坪，6.7 万平方米新候机楼。为了实现把哈尔滨建设成为东北亚经济贸易中心城市的目标，机场进行了新一轮扩建，可满足年旅客吞吐量 666 万人次，高峰小时 3000 人次，日均起降 180 架次的需要，同时又新建航管楼 4700 平方米。目前，哈尔滨太平国际机场共有 50 多条航线，通航城市 40 多个。哈尔滨太平国际机场必将成为黑龙江省和哈尔滨市的空中门户和对外开放的窗口，成为东北亚地区的空中交通枢纽。

（3）周边重要空港　长春龙嘉机场位于长春市区东北部的九台市东湖镇和龙嘉镇交汇处，位于长春、吉林两市之间。机场飞行区为 4D 级，建有长 2800 米、宽 45 米的飞行道一条；候机楼面积达 4 万平方米。机场的通航结束了吉林省没有民航专用机场的历史，为吉林省的经济发展和通往国内外各地架起一座空中桥梁，对吉林省实现跨越式发展具有十分重要的意义。

9. 济南

（1）城市简介　山东省省会济南位于山东省中西部，南倚泰山，北傍黄河，古时城内有百泉争涌，有"泉城"之称。济南地处中原腹地，同时又在中华文明发源地黄河沿岸，作为城市已经有 4000 多年的历史。早在春秋时齐国在此建历下城，汉文帝时期分出，因在济水之南，始称济南。历朝历代的繁荣给泉城留下了数不清的文物古迹，龙山黑陶文化遗址、宋代彩塑罗汉、隋代四门塔等反映了鲁人的聪明才智。除了人文景观外，济南的自然景色也是载誉全国，千佛山、大明湖、趵突泉被称为"济南三胜"，都是游客流连之佳处。

（2）空港枢纽　济南国际机场于 2003 年在原机场基础上进行扩建，并于 2004 年底建成投入使用。飞行区为 4E 级，高峰小时可起降飞机 32 架次，新航站楼按年旅客吞吐量 800～1000 万人次、高峰小时 3200 人次的规模设计，总建筑面积 1 万平方米，设计新颖、设施先进、环境优雅，使济南国际机场一跃成为山东省规模最大的民用机场。同时为改善机场交通状况，济南高速公路绕城东线也将延长 1000 米，可直接连接候机楼入口。济南国际机场必将为山东民航及经济的发展发挥重要的作用。

（3）周边重要空港

① 青岛流亭国际机场　原名中国民用航空青岛站，创建于 1958 年 7 月，当时使用青岛沧口机场。目前青岛机场已开通定期航线 109 条，其中国内航线 95 条、国际地区航线 14 条，通航 57 个国内外城市，基本形成"沟通南北、辐射西部、连接日韩、面向世界"的开放型航线布局。为国航、东航、南航、山航、厦航、海航及日航、全日空、大韩、韩亚、UPS 等 30 家航空公司代理地面保障服务业务。20 多家航空公司在青岛设立分公司或营业部。民营航空春秋、吉祥也相继登陆青岛。其中，山航、东航、南航和国航共有 25 架飞机在青岛过夜，青岛在华东地区已成为重要的航空基地。

② 郑州新郑国际机场　位于郑州市东南方向，距郑州市区直线距离 15 千米，距新郑市区直线距离 20 千米。机场地处中原腹地郑州，位于我国最繁忙的京广航路中间位置，同时又处于沿海地区和西部地区的结合部分，其优越的地理位置决定了新郑机场为我国重要干线机场及空中交通枢纽的地位。目前，已有 19 家航空公司开通了 61 条航线，并开通有俄罗斯、新加坡、日本等国家的不定期包机和中国香港、澳门的定期包机航线，每周出发航班 364 个，通达 45 个城市。

③ 烟台莱山机场　位于烟台市南 15 千米，始建于 1984 年 7 月，同年 10 月 8 日正式通航，为适应烟台对外开放需要，于 1987 年 9 月至 1988 年 6 月又进行了二次扩建改造，现飞行区达到 4D 级标准。自 2002 年开始，机场又对机场国际、国内候机楼以及停车场、停机坪进行了整修，形成了烟台机场"小而精、小而美"的风格。目前，每周执行 130 多个航班。

10. 兰州

（1）城市简介　甘肃省省会兰州位于甘肃省中部，是甘肃地区政治、经济、文化和商贸中心，也是西北地区的交通枢纽和旅客集散地。自古兰州就是我国与亚、非、欧各国友好往来的交通重镇，古代唐僧西天取经，马可·波罗探险游历，成吉思汗南征北战都曾在这里留下过足迹。兰州市文物古迹众多，风景名胜各异，黄河穿境而过，游客可游览夏河拉卜楞寺、青海塔尔寺及天水麦积山等古迹。兰州还盛产瓜果，有"瓜果城"之称，鲜桃、白兰瓜、黄河密瓜、麻皮醉瓜、无籽瓜等 20 多种瓜果都久负盛名。

（2）空港枢纽　兰州中川机场始建于 1968 年，由于黄土湿陷等种种原因，跑道基本不符合标准。1994 年，对跑道进行了整修，但对黄土湿陷性问题始终未能彻底根除。目前兰州中川机场飞行区按 4D 级标准建设，扩建为一个现代化的航空港，新建 1 条跑道和 1 条平行滑行道。

（3）周边重要空港

① 银川河东机场 位于银川市下辖的灵武市临河镇境内，濒临黄河，距银川市城区 19 千米。银川河东机场总投资为 5.4 亿元人民币，占地 5560 亩。机场飞行区达到国际 4D 级标准，建有一条长 3200 米、宽 45 米的跑道。站坪面积为 5 万平方米，有停机位 9 个。候机楼面积达 14300 平方米，可满足高峰小时 550 人次进出港要求。候机楼内设置了先进的离港系统、安全检查设备和舒适的旅客休息设施，装修标准达到国内先进水平。

② 敦煌机场 位于敦煌县城以东 13 千米处。南边是三危山，东边为一望无际的戈壁滩，整个地形南高北低，点状线地标明显，视野开阔，净空条件极佳，机场通过公路与敦煌相连。敦煌机场飞行区为 4C 级，建有一条长 2800 米、宽 45 米的跑道；航站楼面积为 12000 平方米，高峰小时旅客吞吐量达 600 人次。敦煌机场已经成为敦煌丰富的旅游资源得以全面开发的依托。

11. 拉萨

（1）城市简介 西藏自治区首府拉萨又称日光城，位于雅鲁藏布江支流拉萨河北岸。拉萨在藏文中为"圣地"之意。直至清代，拉萨一直是西藏的政治、经济、文化和宗教中心。唐文成公主进藏和亲后，相继兴建了大昭寺、小昭寺、布达拉宫等著名建筑。1965 年西藏自治区成立，拉萨就成为了自治区首府并逐步发展为一座新兴城市。如今宗教氛围浓重，使拉萨有一种难觅的古典与纯朴之美。

（2）空港枢纽 拉萨机场位于贡嘎，建在雅鲁藏布江的一片河谷上，离拉萨市区有 100 千米。约 1 个半小时的车程。飞行区为 4D 级标准。机场海拔高度为 3563 米，周围高山林立，导航难度加大，再加之气候复杂多变，即使在最好的天气条件下，飞机起飞和降落难度都非常大，天气恶劣时更是难上加难，严重制约了进出港航班的数量。由于地处高原，陆路交通极为不便，因此，航空运输成为进出西藏最为方便、高效的途径。成都往返拉萨机场的航线成为西藏客货运输的空中走廊。但出于高原飞行的特殊条件和机场硬件设施相对不足的实际情况，目前的拉萨机场还不能满足西藏发展的需要。

（3）周边重要空港 西宁曹家堡机场，为满足青海省经济的进一步发展的需要，2005 年初按照旅客吞吐量 86 万人次、货邮吞吐量 9500 吨设计进行扩建。扩建项目包括扩建航站楼 5200 平方米，调整扩建停机坪，新建机场中心广场 580 平方米，并改建道路和停车场，改造机场内外供电线路、供排水管网、通信线路等项目。

12. 香港

（1）城市简介 1997 年 7 月 1 日，中国对香港行使主权。香港地处珠江以东，与广东省深圳市相接。香港是中西方文化交融的地方，为全球最安全、富裕、繁荣和生活高水平城市之一。香港是国际重要金融、服务业及航运中心，继纽约、伦敦后世界第三大金融中心。香港有着全球最有竞争力的经济体系，经济自由度居世界首位，有"东方之珠"、"购物天堂"等美誉。

（2）空港枢纽 新香港国际机场（见图 5-42）位于香港岛西侧的北大屿山。新机场于1998 年正式启用，结束原启德机场承载能力已经饱和的历史，增强了香港航空运输的吞吐能力，为香港航空业的发展提供了更广阔的空间。多年来机场一直是香港经济的命脉，对促进旅游业与商业的发展极为重要，由于香港位处亚洲要冲，因此成为区内的重要航空客货中转中心，乘客货邮通过香港枢纽往来通往中国内地其他城市。香港国际机场建有南北两条长3800 米、宽 60 米 4E 级标准跑道，最终设计能力可达每小时起降 60 架次的要求，基本可满足日益增加的航空交通需求。

图 5-42　新香港国际机场

如今在香港国际机场有约 69 家国际航空公司每周提供约 4300 架次定期客运及全货运航班，来往香港和约 130 个遍布全球的目的地之间，其中约 76% 的航班采用宽体喷气机。此外，还有每周约 31 架次不定期的客运和货运航机来往香港。机场大楼客运廊设有 48 个停机位，设于停机坪上的停机位有 27 个、货运停机坪的停机位则有 21 个。西北客运廊的 5 个停机位现已可供新一代的大型飞机 A380 停泊服务。

香港国际机场是现今交通最方便的机场之一，已经连续五年蝉联"全球最佳机场"的殊荣。位于机场中心位置的航空交通管制大楼装备世界最先进的航空交通管制系统的核心设备。航管大楼内有约 370 名航空交通管制员及支援人员，提供 24 小时的航空交通管制服务，确保在香港飞行情报区内的航空交通既安全又具效率。

13. 澳门

（1）城市简介　澳门是中国的一个特别行政区。1553 年，葡萄牙人取得澳门居住权，经过五百多年欧洲文明的洗礼，东西文化的融和共存使澳门成为一个风貌独特的城市，留下大量的历史文化遗迹。澳门北邻珠海，西与珠海市的湾仔和横琴对望，东与香港相距 60 千米，中间以珠江口相隔。澳门是一个自由港，也是世界四大赌城之一。1999 年 12 月 20 日澳门回归中国之后，经济迅速增长，比往日更繁荣，是一国两制的成功典范。其著名的轻工业、美食、旅游业、酒店和娱乐场使澳门长盛不衰，澳门成为亚洲最发达、最富裕的地区之一。澳门亦是世界上人口密度最高的地区。

（2）空港枢纽　澳门国际机场位于澳门东部，为填海而建成。设计标准为 4E 级。2004 年澳门机场完成客运周转量 370 多万人次，飞机起降达 40506 架次，通航 17 个城市。澳门机场为适应发展需要，2004 年引入低成本航空公司进入澳门市场，为澳门居民和邻近地区居民带来新的旅游模式，为旅客带来更多来澳的选择，增加机场的竞争力。但是由于澳门的经济规模、居民数量等客观原因都极大地制约了机场的发展，澳门国际机场仍需继续努力解决面对的种种困难与挑战，创造一个更加开放的天空，以吸引更多航空公司、旅客及货物使用澳门国际机场。2005 年澳门机场荣获亚太航空中心颁发"CAPA 2004 年度亚太区最佳机场奖"，成为该机场营运以来所夺得的一项较为重要的国际奖项。

14. 台北

（1）城市简介　台北市简称北市，位于台湾岛北部的台北盆地，四周均与新北市接壤，是台湾政治、经济、文化、商业与传播等的中心。西界淡水河及其支流新店溪，东至南港附近，南至木栅以南丘陵区，北包大屯山东南麓。东西宽约 20.5 千米，南北长约 28 千米。辖16 区，面积 272 平方公里，人口 265 万余。面积位于台湾省第 16 位，人口为台湾省第 4

位，人口密度为台湾省第 1 位。这里是台湾近代历史的发展舞台，集许多台湾文化与人文地景之大成。台北为台湾的核心城市，也是台湾的工商业中心，全岛规模最大的公司、企业、银行、商店的总部设在这里。

（2）空港枢纽　台北中正国际机场位于台湾桃园县大园乡，距台北市约 40 千米，有高速公路与市区相连。机场占地约 1223 平方公里，建有两个候机楼和两条跑道。北跑道长 3660 米、宽 60 米；南跑道长 3350 米、宽 60 米。机场现有的两个候机楼总面积达到约 25 万平方米，共有 29 个客运停机位。同时中正国际机场还建有专门的货运停机坪，总面积约 20 万平方米，有 14 个停机位。

随着台湾经济的崛起，中正国际机场正发挥着越来越重要的作用。航班数从刚通航时的 3 万架次增至现在的 11 万架次；旅客周转量从起初的 300 万人次提高到 1960 万人次；货运量从最初的 19 万吨扩大到 117 万吨。

三、国内航线主要地标

1. 长江
长江是我国第一大河，发源于青藏高原的唐古拉山山脉的主峰各拉丹东雪山，流经青海、西藏、四川、云南、重庆、湖北、湖南、江西、安徽、江苏、上海十一个省、市、自治区，由上海注入东海，全长 6380 千米，流域面积 180 万平方公里。

2. 黄河
黄河是我国第二大河，发源于青海省巴颜喀拉山北麓，流经青海、四川、甘肃、宁夏、内蒙古、陕西、山西、海南、山东九个省、自治区，由山东注入渤海，全长 5464 千米，流域面积 75 万平方公里。

3. 天山
天山位于新疆维吾尔自治区，横贯新疆中部，最高峰托木尔峰，海拔 8611 米，以天山南北分南疆和北疆，著名的两大盆地为北疆的准噶尔盆地以及南疆的塔里木盆地。

4. 华山
华山古称西岳，海拔 2200 米，为五岳之最高者。

5. 泰山
泰山位于山东省西部靠近济南市的泰安市，有"五岳独尊"之称，海拔高度 1524 米。

6. 秦岭
秦岭位于陕西省，是中国的南北分界线，秦岭的太白山最高海拔 3767 米。

7. 大运河
大运河北起北京通州，南至浙江杭州，纵贯河北、山东、江苏、浙江四省，沟通了海河、黄河、淮河、长江、钱塘江五大水系，全长 1790 米。

8. 淮河
淮河发源于河南省和湖北省交界的山区，全长 1000 千米，流经河南、安徽到江苏注入洪泽湖，流入长江，是中国的南北分界线。

9. 珠江
珠江是由西江、北江、东江及珠江三角洲诸河等四个水系组成，是广东省最大的河流，源出云南省东部曲靖市，全长 2197 千米。

10. 太湖

太湖位于长江三角洲南部，江苏、浙江之间，是我国四大淡水湖之一，面积 2200 平方公里，水深 12 米。

第四节
国际主要航线及主要地标

一、世界主要国际航线

世界主要国际航线集中在北半球的中纬度地区，大致形成一个环绕纬度带的航空圈带，即呈东西向分布。这些航线密集在北美、欧洲和东亚等经济发达地区，成为当今世界航空运输的主流，它们是欧亚航线、北美航线、北太平洋航线和北大西洋航线，以此为基础，从欧洲、美洲、亚洲向南辐射，形成欧—非、欧—拉美、北美—拉美、北美—大洋洲、北美—非洲、亚洲—大洋洲航线，共同构成基本涵盖世界的主要国际航线。另外，还有用于运价计算的代码航线名称，如东半球航线、西半球航线、南大西洋航线、南太平洋航线、远东航线、西伯利亚航线等。

1. 欧亚航线

欧亚航线是横穿欧亚大陆、连接大陆东西两岸的航线，又称欧洲—中东—远东航线，包括俄罗斯航线、西伯利亚航线、远东航线。欧洲一直是航空运输的发达地区，尤其是国际航空运输长期居世界前列。而中亚、远东地区虽然面积不大，但具有优势的地理位置和丰富的石油资源，航线分布密集，航空运输相对发达，发展速度很快。欧亚航线对东亚、中东和欧洲各国之间的政治、经济联系具有重要的作用。

2. 北美航线

北美航线是指北美大陆东西两岸之间的航线，主要是美国、加拿大两国东部沿海地区的城市（如纽约、华盛顿、多伦多等）与西部沿海地区的城市（如洛杉矶、西雅图、温哥华等）之间的航线。北美航线是目前世界上最繁忙的航线之一，也是美国国内横穿北美大陆的东西向的重要航线。

3. 北太平洋航线

北太平洋航线是连接北美和亚洲之间的重要航线，它穿越太平洋以及北美大陆，是世界上最长的航空线。它以亚洲的东京、北京、首尔、香港、上海等城市集散亚洲各地的客货，与北美的温哥华、洛杉矶、旧金山、芝加哥、西雅图等城市相连，集散美洲大陆的客货。这条航线航程非常长，航空公司一般选择具有越洋飞行能力的波音 747、波音 777 或空中客车工业公司的 A330、A340 飞机飞行。

4. 北大西洋航线

北大西洋航线历史悠久，是连接欧洲与北美之间最重要的国际航线。北美和欧洲同是世界上航空最发达的地区，欧洲的中枢机场如伦敦、巴黎、法兰克福、马德里、里斯本等和北美的主要城市纽约、波士顿、蒙特利尔相连，是目前世界上最繁忙的国际航线之一。由于这条航线历史悠久，飞行的航空公司多，竞争非常激烈，令人意外的是这条航线虽然经济意义和政治意义都十分重大，但却不是世界上经济效益最好的航线。

5. 东半球航线

东半球航线指航程中的所有点（始发点、经停点和到达点）都在东半球的航线。东半球是世界上航线最多的区域，包括新马泰航线、澳洲游航线等。

6. 西半球航线

西半球航线指航程中的所有点（始发点、经停点和到达点）都在西半球的航线。西半球航线是连接南北美洲的航线，又称拉丁航线。拉丁航线不长，除自成体系外，还常常与太平洋航线和大西洋航线相连，成为这些航线的续程航段。南美洲的美丽风光正被人们所认同，越来越多的亚洲人取道美国来南美。

7. 南大西洋航线

南大西洋航线是指航程经过南部大西洋的航线，比北大西洋航线开辟时间更晚。具体是指航线在南大西洋地区和东南亚之间经过大西洋和中非、南非、印度洋岛屿的航线，或者不经过这些地区而直飞的航线。随着南美旅游和经济的开发，南美地区的门户城市和目的地城市越来越多，传统经北美到南美的航线已经不能满足需要，南大西洋航线正是应市场需要开辟的航线。

8. 南太平洋航线

按照国际航协的规则，南太平洋航线是连接南美和西南太平洋地区经过北美的航线，但航线不经过北部和中部太平洋。这些航线中的城市大都具有典型的自然风光，是为目前因推崇生态旅游新开辟航线。

9. 北极航线

北极航线也称极地航线，是穿越北极上空的重要航线，用于连接北美和欧洲、亚洲的城市。欧洲与北美之间的跨极地飞行早在 20 世纪 20 年代就拉开序幕，商业飞行历史已超过 40 年。2001 年 2 月 1 日，北极航路正式开通，标志着从北美东海岸到亚洲之间的空运市场的发展迈出了重要的一步。北极上空气流平缓，颠簸较少，提高了旅客乘机的舒适度。同时，这条航线飞机较少，不存在其他航路空中通道拥挤的状况，并为航空公司节省了燃油，降低了飞行成本。

二、国际航线的主要地标

1. 亚马孙河

亚马孙河是世界上流量最大、流域面积最广的河流，它最西端的发源地在安第斯山，入海口在大西洋，全长 6440 千米，其干支流蜿蜒流经南美洲 7 个国家，流域面积 705 万平方公里，约占南美大陆总面积的 40%；每年注入大西洋的水量约 6600 立方千米，相当于世界河流注入大西洋总水量的 1/6。

2. 尼罗河

尼罗河流经布隆迪、卢旺达、坦桑尼亚、乌干达、苏丹和埃及等国，最终注入地中海，全长 6671 千米，是世界流程最长的河流。

3. 密西西比河

密西西比河是美国第一大河，它与南美洲的亚马孙河、非洲的尼罗河和中国的长江一起并称为世界四大长河。密西西比河发源于美国西部偏北的落基山北段的崇山峻岭之中，逶迤千里，曲折蜿蜒，由北向南纵贯美国大平原，把美国分成东西两半，最后注入墨西哥湾，全长 3650 千米。

4. 伏尔加河

欧洲最长的河流，同时也是世界上最大的内流河，位于俄罗斯西南部，全长 3690 千米，流入里海。伏尔加河在俄罗斯的国民经济中及在俄罗斯人民的生活中起着非常重要的作用。

5. 湄公河（中国境内段为"澜沧江"）

干流全长 4880 千米，是亚洲最重要的跨国水系，世界第六大河流。发源于中国青海省玉树藏族自治州杂多县，流经中国、老挝、缅甸、泰国、柬埔寨和越南，于越南胡志明市流入南海。

6. 刚果河

位于中西非，又称扎伊尔河，是非洲的第二长河。干流流贯刚果盆地，河道呈弧形穿越刚果民主共和国，沿刚果边界注入大西洋。全长约 4700 千米，流域面积约 370 万平方公里。

7. 莱茵河

莱茵河是欧洲一条著名的国际河流，发源于瑞士境内的阿尔卑斯山，流经德国注入北海，沿途经过列支敦士登、奥地利、法国和荷兰。

? 思考练习题

1. 掌握国内航线主要城市及机场三字代码和简称。
2. 我国省、自治区、直辖市的简称各是什么？
3. 掌握国际航线主要城市三字代码及机场名。
4. 了解并掌握国内主要航空公司的二字代码。
5. 中国国内航线的特点有哪些？
6. 掌握重要城市空港枢纽。
7. 简述国际主要航线及主要地标。
8. 简述国内主要航线及地标。

第六章

民航运输组织基本知识

第一节
中国民用航空局

一、中国民航局概况

Civil Aviation Administration of China 简称民航局或 CAAC（图 6-1），是中华人民共和国国务院主管民用航空事业的部委管理的国家局，归交通运输部管理。其前身为中国民用航空总局，于 2008 年 3 月改为中国民用航空局。

(Civil Aviation Administration of China—CAAC)

图 6-1　中国民用航空局标志

中国民用航空局主要职责如下所述。

（1）提出民航行业发展战略和中长期规划、与综合运输体系相关的专项规划建议，按规定拟订民航有关规划和年度计划并组织实施和监督检查。起草相关法律法规草案、规章草案、政策和标准，推进民航行业体制改革工作。

（2）承担民航飞行安全和地面安全监管责任。负责民用航空器运营人、航空人员训练机构、民用航空产品及维修单位的审定和监督检查，负责危险品航空运输监管、民用航空器国籍登记和运行评审工作，负责机场飞行程序和运行最低标准监督管理工作，承担民航航空人员资格和民用航空卫生监督管理工作。

（3）负责民航空中交通管理工作。编制民航空域规划，负责民航航路的建设和管理，负责民航通信导航监视、航行情报、航空气象的监督管理。

（4）承担民航空防安全监管责任。负责民航安全保卫的监督管理，承担处置劫机、炸机及其他非法干扰民航事件相关工作，负责民航安全检查、机场公安及消防救援的监督管理。

（5）拟订民用航空器事故及事故征候标准，按规定调查处理民用航空器事故。组织协调民航突发事件应急处置，组织协调重大航空运输和通用航空任务，承担国防动员有关工作。

（6）负责民航机场建设和安全运行的监督管理。负责民用机场的场址、总体规划、工程设计审批和使用许可管理工作，承担民用机场的环境保护、土地使用、净空保护有关管理工作，负责民航专业工程质量的监督管理。

（7）承担航空运输和通用航空市场监管责任。监督检查民航运输服务标准及质量，维护航空消费者权益，负责航空运输和通用航空活动有关许可管理工作。

（8）拟订民航行业价格、收费政策并监督实施，提出民航行业财税等政策建议。按规定权限负责民航建设项目的投资和管理，审核（审批）购租民用航空器的申请。监测民航行业经济效益和运行情况，负责民航行业统计工作。

（9）组织民航重大科技项目开发与应用，推进信息化建设。指导民航行业人力资源开发、科技、教育培训和节能减排工作。

（10）负责民航国际合作与外事工作，维护国家航空权益，开展与港澳台的交流与合作。

（11）管理民航地区行政机构、直属公安机构和空中警察队伍。

（12）承办国务院及交通运输部交办的其他事项。

二、中国民用航空局发展

主要历经四个阶段：

1. **第一阶段**（1949 年至 1978 年）

1949 年 11 月 2 日，中共中央政治局会议决定，在人民革命军事委员会下设民用航空局，受空军指导。11 月 9 日，中国航空公司、中央航空公司总经理刘敬宜、陈卓林率两公司在香港员工光荣起义，并率领 12 架飞机回到北京、天津，为新中国民航建设提供了一定的物质和技术力量。1950 年，新中国民航初创时，仅有 30 多架小型飞机，年旅客运输量仅 1 万人，运输总周转量仅 157 万吨千米。1958 年 2 月 27 日，国务院通知：中国民用航空局自本日起划归交通部领导。1958 年 3 月 19 日，国务院通知：全国人大常委会第 95 次会议批准国务院将中国民用航空局改为交通部的部属局。

1960 年 11 月 17 日，经国务院编制委员会讨论原则通过，决定中国民用航空局改称"交通部民用航空总局"，为部属一级管理全国民用航空事业的综合性总局，负责经营管理运输航空和专业航空，直接领导地区民用航空管理局的工作。1962 年 4 月 13 日，第二届全国人民代表大会常务委员会第五十三次会议决定民航局名称改为"中国民用航空总局"。

1962 年 4 月 15 日，中央决定将民用航空总局由交通部属改为国务院直属局，其业务工作、党政工作、干部人事工作等均直归空军负责管理。这一时期，民航由于领导体制几经改变，航空运输发展受政治、经济影响较大，1978 年，航空旅客运输量仅为 231 万人，运输总周转量 3 亿吨千米。

2. **第二阶段**（1978 年至 1987 年）

1978 年 10 月 9 日，邓小平同志指示民航要用经济观点管理。1980 年 2 月 14 日，邓小平同志指出："民航一定要企业化"。同年 3 月 5 日，中国政府决定民航脱离军队建制，把中国民航局从隶属于空军改为国务院直属机构，实行企业化管理。这期间中国民航局是政企合一，既是主管民航事务的政府部门，又是以"中国民航（CAAC）"名义直接经营航空运输、通用航空业务的全国性企业。下设北京、上海、广州、成都、兰州（后迁至西安）、沈阳 6

个地区管理局。1980年全民航只有140架运输飞机，且多数是20世纪50年代或40年代生产制造的苏式伊尔14、里二型飞机，载客量仅20多人或40人，载客量100人以上的中大型飞机只有17架；机场只有79个。1980年，我国民航全年旅客运输量仅343万人；全年运输总周转量4.29亿吨千米，居新加坡、印度、菲律宾、印尼等国之后，列世界民航第35位。

3. **第三阶段**（1987年至2002年）

1987年，中国政府决定对民航业进行以航空公司与机场分设为特征的体制改革。主要内容是将原民航北京、上海、广州、西安、成都、沈阳6个地区管理局的航空运输和通用航空相关业务、资产和人员分离出来，组建了6个国家骨干航空公司，实行自主经营、自负盈亏、平等竞争。这6个国家骨干航空公司是：中国国际航空公司、中国东方航空公司、中国南方航空公司、中国西南航空公司、中国西北航空公司、中国北方航空公司。此外，以经营通用航空业务为主并兼营航空运输业务的中国通用航空公司也于1989年7月成立。

在组建骨干航空公司的同时，在原民航北京管理局、上海管理局、广州管理局、成都管理局、西安管理局和沈阳管理局所在地的机场部分基础上，组建了民航华北、华东、中南、西南、西北和东北六个地区管理局以及北京首都机场、上海虹桥机场、广州白云机场、成都双流机场、西安西关机场（现已迁至咸阳，改为西安咸阳机场）和沈阳桃仙机场。六个地区管理局既是管理地区民航事务的政府部门，又是企业，领导管理各民航省（区、市）局和机场。

航空运输服务保障系统也按专业化分工的要求相应进行了改革。1990年，在原民航各级供油部门的基础上组建了专门从事航空油料供应保障业务的中国航空油料总公司，该公司通过设在各机场的分支机构为航空公司提供油料供应。属于这类性质的单位还有从事航空器材（飞机、发动机等）进出口业务的中国航空器材公司；从事全国计算机订票销售系统管理与开发的计算机信息中心；为各航空公司提供航空运输国际结算服务的航空结算中心；以及飞机维修公司、航空食品公司等。

1993年4月19日，中国民用航空局改称中国民用航空总局，属国务院直属机构，12月20日，中国民用航空总局的机构规格由副部级调整为正部级。

二十多年中，我国民航运输总周转量、旅客运输量和货物运输量年均增长分别达18%、16%和16%，高出世界平均水平两倍多。2002年，民航行业完成运输总周转量165亿吨千米、旅客运输量8594万人、货邮运输量202万吨，国际排位进一步上升，成为令人瞩目的民航大国。

4. **第四阶段**（2002年至2012年）

2002年3月，中国政府决定对中国民航业再次进行重组。主要内容有：

（1）航空公司与服务保障企业的联合重组　民航总局直属航空公司及服务保障企业合并后于2002年10月11日正式挂牌成立，组成为六大集团公司，分别是：中国国际航空集团公司、东方航空集团公司、南方航空集团公司、中国民航信息集团公司、中国航空油料集团公司、中国航空器材进出口集团公司。成立后的集团公司与民航总局脱钩，交由中央管理。

（2）民航政府监管机构改革　民航总局下属7个地区管理局（华北地区管理局、东北地区管理局、华东地区管理局、中南地区管理局、西南地区管理局、西北地区管理局、新疆管理局）和26个省级安全监督管理办公室（天津、河北、山西、内蒙古、大连、吉林、黑龙江、江苏、浙江、安徽、福建、江西、山东、青岛、河南、湖北、湖南、海南、广西、深圳、重庆、贵州、云南、甘肃、青海、宁夏），对民航事务实施监管。

（3）机场实行属地管理　按照政企分开、属地管理的原则，对90个机场进行了属地化管理改革，由民航总局直接管理的机场下放到所在省（区、市）管理，相关资产、负债和人员一并划转；民航总局与地方政府联合管理的民用机场和军民合用机场，属民航总局管理的资产、负债及相关人员一并划转所在省（区、市）管理。首都机场、西藏自治区区内的民用机场继续由民航总局管理。2004 年 7 月 8 日，随着甘肃机场移交地方，机场属地化管理改革全面完成，也标志着民航体制改革全面完成。

2004 年 10 月 2 日，在国际民航组织第 35 届大会上，中国以高票首次当选该组织一类理事国。

2007 年 11 月 15 日，中国南方航空股份有限公司宣布正式加入天合联盟，标志着南航成为中国内地首家加入国际航空联盟的航空公司。2007 年 12 月 12 日，中国国际航空股份有限公司、上海航空股份有限公司正式加入星空联盟。随着国际航空运输业迅速发展和竞争与合作的日益加深，国际航空联盟已成为推动国际航空运输业发展的重要力量。中国的航空公司加入国际航空联盟，对于提升自身品牌价值、增强核心竞争能力和持续盈利能力具有重要意义，同时为旅客提供更多新体验和更高品质的服务。

2002 年至 2012 年，是民航发展最快、最好的十年。2011 年，民航运输总周转量、旅客运输量、货邮运输量分别为 577.4 亿吨千米、2.93 亿人次、557.5 万吨，比 2002 年分别增加了 412.5 亿吨千米、2.07 亿人次、355.4 万吨。特别是 2007 年以来的 5 年，总周转量是过去 57 年总和。

在国际金融危机、欧债危机和油价波动的冲击下，中国民航顺应社会经济发展，主动转变发展方式，调整经济结构，多方发力，航空运输三大指标保持了持续较快的增长。中国民航年运输总周转量、旅客运输量连续 5 年排名世界第二位，成为仅次于美国的全球第二大航空运输系统。

2008 年至 2011 年，全行业运输总周转量、旅客运输量、货邮周转量年均分别同比增长 15.3%、16.3%、13.3%，而同期全球民航年均分别同比增长 4.7%、4.6%、5%（图 6-2，表 6-1，图 6-3，表 6-2）。中国民航再一次以"中国速度"引领全球航空运输业发展。

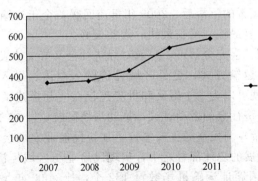

图 6-2　运输总周转量（单位：亿吨千米）

表 6-1　运输总周转量（单位：亿吨千米）

2007 年	2008 年	2009 年	2010 年	2011 年
365.3	376.8	427.1	538.4	577.4

表 6-2　旅客运输量（单位：亿人次）

2007 年	2008 年	2009 年	2010 年	2011 年
1.9	1.9	2.3	2.7	2.9

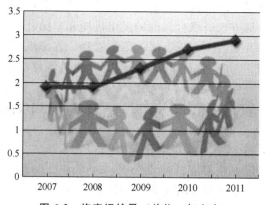

图 6-3 旅客运输量（单位：亿人次）

目前，首都机场客运跃居全球第二，浦东机场货运稳居全球第三；全国年旅客吞吐量1000万人次以上机场达到21个，比2002年增加17个。在2010年国际民航组织第三十七届大会上，我国第三次高票连任国际民航组织一类理事国。

民航安全水平得到稳步提升。2002年至2011年十年期间，我国民航运输飞行百万架次重大事故率为0.18，世界同期平均水平为0.54；亿客公里死亡人数0.008，世界同期平均水平为0.015。国际上衡量民航安全水平的两项重要指标，我国均好于世界平均水平。

效益也是位居前列。国航在2009年、2010年连续两年成为全球盈利状况最好的航空公司。去年，中国民航的盈利规模占全球民航业的56％。

在这十年里，中国民航第一次实现了飞遍全球。"国航开通飞往了南美洲的航线，南航恢复了飞往非洲的航线，中国民航的全球网络越来越密、越来越完善。"截至2011年底，我国与其他国家或地区签订双边航空运输协定114个。

十年发展，并非一帆风顺，民航业也曾相继经历了非典、国际金融危机、高油价等的冲击。难得的是，在危机面前，民航业全行业始终步调一致，共度"严冬"。国际金融危机冲击，民航经历了2008年短暂的下滑后，2009年迅速回暖，全年运输周转量、盈利规模都创新高，在全球民航业中恢复最快、增长最快、效益最好。

民航的战略地位得到社会充分认可，民航对经济社会又好又快发展的贡献显著增大。

航空运输是一种交通运输方式，更是区域经济融入全国、融入全球经济的快速通道。"修建两三千米的跑道，就可以为一个地区和世界连接在一起搭建了平台。这些年来，全国各地都认识到了民航对经济社会的带动意义，推动当地民航业发展的积极性空前高涨。"

已有27个省（区、市）与民航局正式签订了加快民航业发展会谈纪要，把民航业的发展纳入了地区经济社会发展的总体部署之中，实现民航业与区域经济社会的良性互动发展。截至2012年6月底，我国颁证运输机场数量182个，比2002年增加41个，覆盖了全国91％的经济总量、76％的人口和70％的县级行政单元。新增的机场大多分布在欠发达地区，有效地改善了当地交通运输条件，促进了当地经济快速发展。西藏阿里机场、青海玉树机场、新疆和田机场等，在应急救援和国防安全等方面发挥着独特的作用。

民航的飞速发展，外界往往会注意到航线的增加、航班的密集、客流的增长。这十年民航业采用、推广了大量全球最新、最前沿的技术和设备。毫不夸张地说，这些技术的应用，使民航进入一个全新的时代。

十年来，民航局积极推动航空公司进行飞行品质监控，给所有运输飞机都安装上机载防撞系统和增强型近地警告系统，大力推进基于性能的导航、广播式自动相关监视、平视显示器、增强飞行视景系统、电子飞行包以及卫星通信、数据链通信等技术，这一系列新技术的运用，大大增强了民航安全裕度、提高了运行效率。

2003 年国航在国内率先倡导推出了电子客票。现在中国是全世界电子客票普及率最高的国家。从纸质机票到电子客票，是民航信息化的一次大变革。到 2008 年，中国民航实现了 100％的中性电子客票普及率。之后，民航又全面推广了自助值机、网上值机、手机值机、自助登机等一系列自助服务。

在网上查询航班、购买机票、选择飞机座位，不用担心丢失机票，仅凭身份证就可以到机场办理登机……常乘坐飞机的人们普遍感受到了新技术快速推进带来的巨大变化，感受到了民航的现代化步伐。

第二节
国际民用航空组织

一、机构概况

国际民航组织（International Civil Aviation Organization，缩写为 ICAO）（图 6-4）是协调世界各国政府在民用航空领域内各种经济和法律事务、制定航空技术国际标准的重要组织。

(International Civil Aviation Organization——ICAO)

图 6-4　国际民用航空组织标志

国际民航组织前身为根据 1919 年《巴黎公约》成立的空中航行国际委员会（ICAN）。由于第二次世界大战对航空器技术发展起到了巨大的推动作用，使得世界上已经形成了一个包括客货运输在内的航线网络，但随之也引起了一系列急需国际社会协商解决的政治上和技术上的问题。因此，在美国政府的邀请下，52 个国家于 1944 年 11 月 1 日至 12 月 7 日参加了在芝加哥召开的国际会议，签订了《国际民用航空公约》（通称《芝加哥公约》），按照公约规定成立了临时国际民航组织（PICAO）。

1947 年 4 月 4 日，《芝加哥公约》正式生效，国际民航组织也因之正式成立，并于 5 月 6 日召开了第一次大会。同年 5 月 13 日，国际民航组织正式成为联合国的一个专门机构。1947 年 12 月 31 日，"空中航行国际委员会"终止，并将其资产转移给"国际民用航空组织"。

到 1990 年国际民航组织已有 161 个成员国，总部设立在加拿大的蒙特利尔。最高权利机构是该组织的大会，每三年召开一次。理事会是常设机构，由 33 个理事国组成，向大会负责。我国是该组织的成员国、理事国。理事会每年开 3 次会议，下设航空技术、航空运输、法律、导航设备、财务和防止非法干扰国际民航等 6 个委员会。日常办事机构设有航空技术局、航空运输局、法律局、技术援助局、行政服务局和对外关系办公室。在全世界设立 7 个地区办事处，分管地区事务，这 7 个地区是西非和中非（达喀尔），南美（利马），北美、中美和加勒比（墨西哥城），中东（开罗），欧洲（巴黎），东非和南非（内罗毕），亚洲和太平洋（曼谷）。

国际民航航空组织（简称国际民航组织）是政府间的国际组织，是联合国的专门机构。国际民航组织为贯彻其宗旨，制定和统一了一些国际民航技术标准和国际航行规则；协调世界各国国际航空运输的方针政策，推动多边航空协定的制定，简化联运手续，汇编各种民航业务统计，制定航路导航设施和机场设施服务收费原则；研究国际航空公法和影响国际民航私法中的问题；向发展中国家提供民航技术援助；组织联营公海上或主权未定地区的导航设施与服务；出版月刊《国际民航组织公报》及其他一些民航技术经济和法律文件。

我国是国际民航组织的创始国之一，1971 年 11 月 19 日国际民航组织第七十四届理事会第十六次会议通过决议，承认中华人民共和国政府为中国唯一合法代表。1974 年我国承认《国际民用航空公约》并参加国际民航组织的活动。同年我国当选为二类理事国，至今已八次连选连任二类理事国。2004 年在国际民航组织的第 35 届大会上，我国当选为一类理事国。蒙特利尔设有中国常驻国际民航组织理事会代表处。

国际民航组织的宗旨和目的主要有以下几点：

（1）保证全世界国际民用航空安全地、有秩序地发展；

（2）鼓励为和平用途的航空器的设计和操作技术；

（3）鼓励国际民用航空应用的航路、机场和航行设施；

（4）满足世界人民对安全、正常、有效和经济的航空运输的需要；防止因不合理的竞争而造成经济上的浪费；

（5）保证缔约国的权利充分受到尊重，每一缔约国均有经营国际空运企业的公平的机会；

（6）避免缔约各国之间的差别待遇；

（7）促进国际航行的飞行安全。

国际民航组织按照《芝加哥公约》的授权，发展国际航行的原则和技术。近二十年，各种新技术飞速发展，全球经济大环境也发生了巨大变化，对国际民用航空的航行和运输管理制度形成了前所未有的挑战。为加强工作效率和针对性，继续保持对国际民用航空的主导地位，国际民航组织制订了战略工作计划，重新确定了工作重点，具体介绍如下。

二、法规（Constitutional Affairs）

修订现行国际民航法规条款并制订新的法律文书。主要项目有：

（1）敦促更多的国家加入关于不对民用航空器使用武力的《芝加哥公约》第 3 分条，和在包括、租用和换用航空器时由该航空器登记国向使用国移交某些安全职责的第 83 分条。

（2）敦促更多的国家加入《国际航班过境协定》。

(3) 起草关于统一承运人赔偿责任制度的"新华沙公约"。

(4) 起草关于导航卫星服务的国际法律框架。

三、航行(Air Navigation)

(1) 制订并刷新关于航行的国际技术标准和建议措施是国际民航组织最主要的工作，《芝加哥公约》的 18 个附件有 17 个都是涉及航行技术的。战略工作计划要求这一工作跟上国际民用航空的发展速度，保持这些标准和建议措施的适用性。

(2) 规划各地区的国际航路网络、授权有关国家对国际航行提供助航设施和空中交通与气象服务、对各国在其本国领土之内的航行设施和服务提出建议，是国际民航组织"地区规划（Regional Air Navigation Planning)"的职责，由 7 个地区办事处负责运作。战略工作计划要求加强地区规划机制的有效性，更好地协调各国的不同要求。

四、安全监察(Safety Oversight Program)

近年全球民航重大事故率平均为 1.44 架次/百万架次，随着航空运输量的增加，如果这一比率降不下来，事故的绝对次数也将上升到不可接受的程度。国际民航组织从 20 世纪 90 年代初开始实施安全监察规划，主要内容为各国在志愿的基础上接受国际民航组织对其航空当局安全规章的完善程度以及航空公司的运行安全水平进行评估。这一规划在第 32 届大会（1998 年 9 月 22 日）上发展成为强制性的"航空安全审计计划"，要求所有的缔约国必须接受国际民航组织的安全评估。

五、制止非法干扰(Aviation Security)

制止非法干扰即我国通称的安全保卫或空防安全。这项工作的重点为敦促各缔约国按照"附件 17——安全保卫"规定的标准和建议措施，特别加强机场的安全保卫工作，同时大力开展国际民航组织的安全保卫培训规划。

六、实施新航行系统(ICAOCNS/ATM Systems)

新航行系统即"国际民航组织通信、导航、监视/空中交通管制系统"，是集计算机网络技术、卫星导航和通信技术以及高速数字数据通信技术为一体的革命性导航系统，将替换现行的路基导航系统，大大提高航行效率。此概念在 20 世纪 80 年代末期由国际组织提出，90 年代初完成全球规划，1998 年进入过渡实施阶段。这种新系统要达到全球普遍适用的程度，尚有许多非技术问题要解决。战略工作计划要求攻克的难题包括：卫星导航服务（CNSS）的法律框架，运行机构，全球、各地区和各国实施进度的协调与合作、融资与成本回收等。

七、航空运输服务管理制度（Air Transport Services Regulation）

国际民航组织在航空运输领域的重点工作为"简化手续"，即"消除障碍以促进航空器及其乘客、机组、行李、货物和邮件自由地、畅通无阻地跨越国际边界"。

在航空运输管理制度方面，1944年的国际民航会议曾试图制定一个关于商业航空权的多边协定来取代大量的双边协定，但未获多数代表同意。因此，目前国家之间商业航空权的交换仍然由双边谈判来决定。国际民航组织在这方面的职责为，研究全球经济大环境变化对航空运输管理制度的影响，为各国提供分析报告和建议，为航空运输中的某些业务制定规范，战略工作计划要求国际民航组织开展的工作有：修订计算机订座系统营运行为的规范、研究服务贸易总协定对航空运输管理制度的影响。

八、统计（Statistics）

《芝加哥公约》第54条规定，理事会必须要求、收集、审议和公布统计资料，各成员国有义务报送这些资料。这不仅对指导国际民航组织的审议工作是必要的，而且对协助各国民航当局根据现实情况制订民航政策也是必不可少的。这些统计资料主要包括：承运人运输量、分航段运输量、飞行始发地和目的地、承运人财务、机队和人员、机场业务和财务、航路设施业务和财务、各国注册的航空器、安全、通用航空以及飞行员执照等。国际民航组织的统计工作还包括经济预测和协助各国规划民航发展。

九、技术合作（Technology Cooperation）

20世纪90年代以前，联合国发展规划署援助资金中5％用于发展中国家的民航项目，委托给国际民航组织技术合作局实施。此后，该署改变援助重点，基本不给民航项目拨款。鉴于不少发展中国家引进民航新技术主要依靠外来资源，国际民航组织强调必须继续维持其技术合作机制，资金的来源，一是靠发达国家捐款，二是靠受捐援助国自筹资金，委托给国际民航组织技术合作局实施。目前，不少发达国家认为国际民航组织技术合作机制效率低，养人多，还要从项目资金中提取13％管理费，因此很少向其捐款，而主要选择以双边的方式直接同受援国实施项目。

十、培训（Training）

国际民航组织向各国和各地区的民航训练学院提供援助，使其能向各国人员提供民航各专业领域的在职培训和国外训练。战略工作计划要求，今后培训方面的工作重点是加强课程的标准化和针对性。

第三节
国际航空运输协会

国际航空运输协会（International Air Transport Association，IATA）（图6-5）是一个由世界各国航空公司所组成的大型国际组织，其前身是1919年在海牙成立并在第二次世界大战时解体的国际航空业务协会。1944年12月，出席芝加哥国际民航会议的一些政府代表和顾问以及空运企业的代表聚会，商定成立一个委员会为新的组织起草章程。1945年4月16日在哈瓦那会议上修改并通过了草案章程后，国际航空运输协会成立。

（International Air Transport Association——IATA）

图6-5 国际航空运输协会标志

协会的参加成员是国际民航组织成员国的任何一家经营空运的企业，经营国际空运的为正式成员，只经营国内空运的为准成员，目前的成员有200多个。协会的总部设在蒙特利尔，在纽约、巴黎、新加坡、曼谷、内罗毕、北京等地设有分支机构。在瑞士的日内瓦还设有总办事处和清算所。协会的最高权力机构为全体会议，另有4个常务委员会分管法律、业务、财务和技术。国际航协从组织形式上是一个航空企业的行业联盟，属非官方性质组织，但是由于世界上的大多数国家的航空公司是国家所有，即使非国有的航空公司也受到所属国政府的强力参与或控制，因此航协实际上是一个半官方组织。它制订运价的活动，也必然在各国政府授权下进行，它的清算所对全世界联运票价的结算是一项有助于世界空运发展的公益事业，因而国际航协发挥着通过航空运输企业来协调和沟通政府间政策，解决实际运作困难的重要作用。

全体会议是国际航空运输协会的最高权力机构，每年举行一次会议，经执行委员会召集，也可随时召开特别会议。所有正式会员在决议中都拥有平等的一票表决权，如果不能参加，也可授权另一正式会员代表其出席会议并表决。全体会议的决定以多数票通过。在全体会议上，审议的问题只限于涉及国际航空运输协会本身的重大问题，如选举协会的主席和执行委员会委员、成立有关的委员会以及审议本组织的财政问题等。

执行委员会是全会的代表机构，对外全权代表国际航空运输协会。执委会成员必须是正式会员的代表，任期分别为一年、二年和三年。执委会的职责，包括管理协会的财产、设置分支机构、制定协会的政策等。执委会的理事长是协会的最高行政和执行官员，在执委会的监督和授权下行使职责并对执委会负责。在一般情况下，执委会应在年会即全体会议之前召开，其他会议时间由执委会规定。执委会下设秘书长、专门委员会和内部办事机构，维持协会的日常工作。目前执委会有30名成员。

协会的基本职能包括：国际航空运输规则的统一，业务代理，空运企业间的财务结算，技术上合作，参与机场活动，协调国际航空客货运价，航空法律工作，帮助发展中国家航空公司培训高级和专门人员。

国际航空运输协会的活动分为三种：①同业活动——代表会员进行会外活动，向具有权威的国际组织和国家当局申述意见，以维护会员的利益；②协调活动——监督世界性的销售代表系统，建立经营标准和程序，协调国际航空运价；③行业服务活动——承办出版物、财务金融、市场调研、会议、培训等服务项目。通过上述活动，统一国际航空运输的规则和承运条件，办理业务代理及空运企业间的财务结算，协调运价和班期时刻，促进技术合作，参与机场活动，进行人员培训等。

国际航空运输协会的主要宗旨为：促进安全、正常和经济的航空运输以造福于世界各族人民，培植航空商业并研究与其有关的问题；为直接或间接从事国际航空运输服务的各航空运输企业提供协作的途径；与国际民航组织及其他国际组织合作。

第四节
国际货运代理人协会

一、FIATA 基本情况

国际货运代理人协会，法文缩写 FIATA（International Federation of Freight Forwarders Associations）（图 6-6），于 1926 年成立，总部设在瑞士苏黎世，是一个非营利性的国际货运代理行业组织，其目的是保障全球货运代理的利益并促进行业发展。

(International Federation of Freight Forwarders Association——FIATA)

图 6-6　国际货运代理人协会标志

被称为国际货运代理业"建筑师"的 FIATA，在联合国经济与社会理事会、联合国贸易与发展大会、联合国欧洲经济委员会及亚太经济社会中均扮演了顾问咨询的角色。同时也被许多政府及民间组织，如：国际商会、国际航空运输协会、国际铁路联合会、国际公路运输联合会、世界海关组织及世界贸易组织等一致确认为国际货运代理业的代表。FIATA 的影响遍及世界各个角落，出版的刊物有 FIATA 新闻和 FIATA 通讯。

FIATA 通过发布信息、分发出版物等方式，使贸易界、工业界和公众熟悉货运代理人提供的服务；提高制定和推广统一货运代理单据、标准交易条件，改进和提高货运代理的服务质量，协助货运代理人进行职业培训，处理责任保险问题，提供电子商务工具。

二、FIATA 的组织及研究机构

FIATA 有自己的章程，根据章程设立各级组织并开展活动。FIATA 每年举行一次世界性的代表大会，这一国际性的活动将运输界和货运代理紧密联合在一起，适时地引导了货物运输的整体经济发展，是一项社会性的活动。同时也是 FIATA 的最高权力机构，所有会员都可以参加。大会除主要处理 FIATA 内部事务外，还为国际货运代理界人士提供了一个社交的场合及业务交流的机会。

FIATA 从 20 世纪 60 年代起先后成立了若干咨询委员会及常设机构，它们是分别研究有关国际货物运输的热点问题：多式联运机构、海关简化机构和货物空运机构；危险货物咨询委员会、法律事务咨询委员会、职业培训咨询委员会、公共关系咨询委员会和信息技术咨询委员会。

三、FIATA 的会员情况

FIATA 是一个世界运输领域最大的非政府和非营利性组织，具有广泛的国际影响，代表全世界 150 个国家 40000 家货运代理及物流企业，800 万～1000 万货运代理和物流从业人员；目前，有 86 个国家和地区的 96 个一般会员，在 150 多个国家和地区有 2700 多家联系会员，代表 4 万多家货运代理企业、近 1000 万从业人员。

我国对外贸易运输总公司作为国家级会员的身份，于 1985 年加入了该组织。2000 年 9 月中国国际货运代理协会成立，次年作为国家级会员加入 FIATA。我国台湾省和香港特区各有一个区域性会员，台湾以中国台北名称在 FIATA 登记注册。

四、FIATA 标准交易条件及 FIATA 单证

FIATA 1996 年 10 月所推出的 FIATA 标准条件，为国际货运代理人的定义及责任风险做了法律界定，并为货运代理人及托运人之间的委托关系制订了合约文本，对全球货运代理的业务规范化和风险防范起到了巨大的推动作用。

FIATA 所制订的包括联运提单在内的八套标准格式单证，更为各国货运代理所广泛使用，并在国际上享有良好的信誉，对国际货运代理业的健康发展，起到了良好的促进

作用。

第五节
中国航空运输协会

中国航空运输协会（简称：中国航协。英文译名：China Air Transport Association，缩写：CATA。图 6-7）是依据我国有关法律规定，以民用航空公司为主体，由企、事业法人和社团法人自愿参加结成的、行业性的、不以盈利为目的，经中华人民共和国民政部核准登记注册的全国性社团法人。成立于 2005 年 9 月 26 日。

(CHINA AIR TRANSPORT ASSOCIATION——CATA)

图 6-7　中国航空运输协会标志

1. 协会概况

中国航空运输协会，是民航协会体制改革后成立的第一个民间社会团体，是依据民航总局党委"关于民航协会改革指导意见"于 2004 年 8 月 24 日开始筹备的，由中国航空集团公司牵头，中国东方航空集团公司、中国南方航空集团公司、海南航空股份有限公司、上海航空股份有限公司、中国民用航空学院、厦门航空有限公司、深圳航空有限责任公司、四川航空股份有限公司等九家单位发起设立。2005 年 2 月 8 日民航总局审核同意航协筹备成立和拟任领导人人选，民政部于 9 月 6 日正式批准了设立申请。截至目前，协会已有单位会员39 个。

2. 协会标志

（1）环绕的橄榄叶　国际化的象征，代表着和平与祥和，其枝繁叶茂预示着中国航空运输协会的不断发展壮大。

（2）中间的地球形象　象征中国民航飞向世界，是协会成员业务范围的体现。

（3）飞机　协会特点的展现，向上起飞的飞机代表着中国航空运输协会向上发展，腾飞的愿望。

（4）蓝色的圆环　寓意协会为政府与企业以及会员单位之间搭建平台，成为连接各方的纽带。

（5）9 颗星　华夏民族自古就有以九为大，以九为多之传承。在这里寓意中国航空运输协会将不断发展壮大，谱写璀璨篇章。

整个标志形象鲜明，特点突出，大气、美观，充分体现协会遵守宪法、法律法规和国家的方针政策，按照社会主义市场经济体制要求，努力为航空运输企业服务，为旅客和货主服务，维护行业和航空运输企业的合法权益，为会员单位之间及会员单位与政府部门之间的沟通，发挥桥梁和纽带作用的宗旨。

标志颜色以代表天空的蓝色为基本色。

3. 业务范围

（1）宣传、贯彻党和国家关于民航业的路线方针政策、法律法规、标准制度及有关文件精神。

（2）研究国际国内民航市场发展形势、经济形势和世界动向，探讨航空运输企业建设、改革和发展中的理论与实践问题，在改革开放、发展战略、产业政策、科技进步、市场开拓、技术标准、行业立法等方面，为政府提供信息，并及时向政府有关部门反映会员单位的意见和建议。通过政策性建议，争取政府有关部门的指导和支持，为航空运输企业提供管理咨询等。

（3）根据民航总局的授权、政府部门的委托及会员单位的要求，组织对有关专业人员进行培训和资质、资格认证。

（4）传播国际国内航空运输企业先进文化，组织举办航展、会展。

（5）编辑出版协会刊物，为会员单位及航空理论专家、学者、业内人士提供知识、经验、学术交流平台。

（6）组织国内外培训考察活动，开展会员单位间的业务交流与合作，促进航空运输企业核心竞争力的提高和持续发展。

（7）协调会员单位之间各方面的关系，建立起公平竞争、相互发展的经济关系。

（8）督导做好航空销售代理人的自律工作，监督并约束会员单位业务代理的行为规范，反对不正当竞争，维护航空运输企业的合法权益。

（9）在飞机引进、市场准入、基地设置等资源配置方面，为业务主管单位和航空运输企业提供评估报告，作为其决策依据之一。

（10）中国民航总局委托承办的其他业务。

中国航空运输协会的基本宗旨为：遵守宪法、法律法规和国家的方针政策。按照社会主义市场经济体制要求，努力为航空运输企业服务，为会员单位服务，为旅客和货主服务，维护行业和航空运输企业的合法权益，促进中国民航事业健康、快速、持续地发展。

4. 发起单位

（1）中国航空集团公司　中国航空集团公司 2002 年 10 月 11 日正式成立。中国航空集团公司的中文简称为：中航集团公司，总部设在中国北京。

中国航空集团公司拥有包括中国国际航空股份有限公司在内的二级企业 8 家，三级以上企业 130 多家。作为以航空运输业为主、相关服务业为辅，集生产经营和资本运营为一体的企业集团，中国航空集团公司其经营业务涵盖航空客货运及销售地面服务、飞机维修、航空物流、机场管理、航空旅游、金融理财、基本建设开发、传媒广告等相关产业。员工总数 4 万多人。总资产 767.5 亿元人民币。

中航集团拥有飞机 151 架，在全球 101 个主要城市设有营业部和商务代表，经营国际航线 77 条、国内航线 215 多条，每周执行航班 4000 多个，通航 23 个国家和地区，通航城市 108 个，其中国内及地区城市 72 个、国际城市 36 个，形成了以北京为主要枢纽，以成都为次级区域性枢纽，覆盖全国，通达北美、欧洲、澳洲、中东、东北亚和东南亚的航线网络。

此外，通过与美联航、德国汉莎、全日空、芬航、北欧航、上航、山航等18家国内外航空公司进行代码共享，航班延伸到北美、欧洲40多个城市。加上控股、参股航空公司的100多架飞机，中航集团综合实力在世界航空企业排名进入前20位。

（2）中国南方航空集团公司　中国南方航空股份有限公司是中国运输飞机最多、航线网络最发达、年客运量最大的航空公司。目前，南航经营包括波音777、波音747、波音757、波音737，空客A330、A321、A320、A319、A300、A380在内的客货运输机400架，机队规模跃居世界前六。形成了以广州、北京为中心枢纽，密集覆盖国内150多个通航点，全面辐射亚洲40多个通航点，链接欧美澳非洲的发达航线网络，航线数量660多条，每天有1500～2000个航班穿梭于世界各地，每天投入市场的座位数可达20万个。通过与天合联盟成员密切合作，航线网络通达全球884个目的地，连接169个国家和地区，到达全球各主要城市。

2010年，南航旅客运输量7646万人次，位列亚洲第一、全球第三，已连续32年居国内各航空公司之首，是亚洲唯一进入世界航空客运前五强，国内唯一连续6年进入世界民航客运前十强的航空公司。截至2011年4月下旬，南航已累计安全飞行803万小时，连续保证了202个月的空防安全，安全运输旅客已累计超过6亿人次，安全管理水平在国内、国际均处于领先地位。2008年7月16日，南航荣获中国民航总局颁发的飞行安全最高奖"中国民航飞行安全五星奖"，成为国内安全星级最高、安全业绩最好的航空公司，在国际上也处于领先地位。

（3）海南航空股份有限公司　海南航空股份有限公司（以下简称海南航空）于1993年1月成立，起步于中国最大的经济特区海南省，是中国发展最快和最有活力的航空公司之一，致力于为旅客提供全方位无缝隙的航空服务。

海南航空是海航集团旗下一员，拥有波音737、波音767系列和空客A330、A340系列为主的年轻豪华机队，适用于客运和货运飞行。自开航以来，海南航空连续安全运营17年，保持了良好的安全记录，多次夺取中国民航安全生产"金鹰杯"、"金鹏杯"，并于2008年获得中国民航总局颁发的"民航飞行安全二星奖"。航班正常率连续十多年在全民航名列前茅，服务赢得广大旅客和民航业界的一致认可：连续10年，海南航空获得"旅客话民航"用户满意优质奖。

海南航空航线网络已遍布全国各地，开通了国内外航线近500条，其中通航城市90个，并开通国际包机航线。2006年，海南航空实现年旅客运输量1439.09万人次，货邮运输量19.87万吨，年销售收入突破100亿元，跻身中国四大航空公司之列，海南航空是继中国南方航空、中国国际航空及中国东方航空后中国内地第四大航空公司。

2012年1月20日消息：德国飞行安全组织JACDEC（Jet Airliner Crash Data Evaluation Centre）评出了2011年"全球最安全航空公司"。海航排第五。

（4）上海航空股份有限公司（目前已由东航控股）　上海航空公司成立于1985年12月，是中国国内第一家多元投资商业化运营的航空公司。上航坚持"安全第一，顾客至上，优质服务，追求卓越"的企业精神，以"把上航办成国内最好、顾客首选、具有国际水平的航空公司"为目标使命。2009年6月8日，东航和上航联合重组工作正式全面启动。2010年1月28日，以东航换股吸收合并上航的联合重组顺利完成，上航成为新东航的成员企业。上航以良好的安全记录、高质量的服务水准、先进的企业文化和卓有成效的经营管理，取得了良好经济效益和社会效益。先后荣获中国企业500强、全国用户满意企业、全国民航用户满意度优质奖、上海市质量金奖企业等。

截至 2012 年 10 月，机队由目前总数为 65 架飞机组成。

（5）中国民用航空学院 中国民航大学，是中国民用航空局直属的一所以培养高级工程技术和管理人才为主的普通高等学校，学校的前身是 1951 年 9 月成立的军委民航局第二民用航空学校。1958 年 12 月更名为中国民用航空高级航空学校，1963 年 6 月列入普通高校序列，更名为中国民用航空机械专科学校。1981 年 8 月 10 日，更名为中国民用航空学院。2006 年 5 月 30 日，更名为中国民航大学。历经多年的建设与发展，学校已成为目前我国唯一一所民航学科专业门类齐全、将航空宇航科学技术与交通运输工程两大学科群交叉融合的高等学府。

学校占地面积 110.26 万平方米（1654 亩）；总建筑面积 70 万平方米；固定资产总值 16 亿元，其中教学仪器设备总值约 10 亿元；建有国内一流的工程技术训练中心，有实习飞机 21 架，各种类型飞机发动机 47 台；图书馆现有馆藏总量 145.2 万册、电子图书 142 万册、国内外数据库 70 个；校园网出口带宽 1000 兆，可供近万台计算机同时上网。

学校在注重发挥传统优势学科的同时，根据民航及社会发展的需要，不断完善学科专业结构，逐步形成了以工为主，理工结合，管理学、经济学和法学等学科综合发展的学科布局，并在国内和民航领域形成了一批有较大影响力的优势学科。学校现有硕士授权一级学科 13 个，二级学科 49 个，其中航空宇航推进理论与工程、交通运输规划与管理、通信与信息系统、企业管理等 4 个学科为省部级重点学科；拥有工商管理硕士（MBA）办学资质、7 个工程硕士专业学位授权领域和 1 个国际合作办学硕士项目即中法航空安全管理硕士。学校现有 27 个本科专业，其中飞行器动力工程、交通运输、飞行技术等 3 个专业为国家级特色专业点，飞行器动力工程、交通运输、飞行技术、电气工程及其自动化、电子信息工程、飞行器制造工程、通信工程、计算机科学与技术和工商管理等 9 个本科专业为天津市品牌专业。

学校坚持人才强校战略，涌现出一大批在民航业、天津市乃至国内外知名的专家、学者。学校现有专任教师 1023 人，其中高级职称教师 400 余人，博士生导师 10 人，国家杰出青年基金获得者 1 人，天津市特聘教授 1 人，天津市教学名师 3 人，民航特聘专家 4 人，民航中青年技术带头人 9 人。

建校以来，学校为民航和社会培养了八万余名各类毕业生，毕业生遍及民航各生产岗位及技术领域。全国民航七分之一的员工、三分之一的工程技术和管理人才来自该校，一大批毕业生成为民航工程技术和管理的中坚骨干，许多人成为业界精英。学校以培养民航高级工程技术和管理人才为主，现有各类在校学生 2 万余人。

（6）厦门航空有限公司 厦门航空有限公司于 1984 年 7 月 25 日成立，是合资经营的按企业化运行的航空公司，是自主经营的法人实体，实行董事会领导下的总经理负责制，是中国民用航空体制改革初步尝试的产物。其股权方面，股东为：中国南方航空股份有限公司（占 60% 股权）和厦门建发集团有限公司（占 40% 股权）。2010 年 12 月 21 日河北冀中能源控股的河北航空投资集团向厦门航空投资 14.6 亿元，占据厦航 15% 的股份，而厦门航空另外两名股东——中国南方航空和厦门建发的股份则从 60% 和 40% 分别降至 51% 和 34%。厦门航空总部设在厦门，在福州、杭州、南昌、天津、长沙设有分公司，在境内外 40 多个大中城市设有营运基地、办事处和营业部。厦门航空选择技术先进、安全舒适的现代化飞机构建机队，截至 2012 年 8 月拥有波音系列飞机 84 架。主营国内航空客货运输和福建省及其他经民航局批准的指定地区始发至邻近国家和地区的航空客货运输业务。经营航线 240 多条。

依据最新的发展战略规划，厦航将继续保持纯波音机队建设，以新一代波音737及未来的波音737MAX机型为主，波音系列远程宽体客机为辅，至"十二五"末机队规模将达到136架以上（包括6架波音787-8远程宽体客机）。至2020年机队规模将达到200架以上，成为中国及亚洲地区主要、安全、优质的航空公司，并形成辐射亚洲地区，连接欧洲、美洲和澳洲的完善而便捷的全球航线网络。

（7）深圳航空有限责任公司　深圳航空有限责任公司（以下简称"深航"）于1992年11月成立，1993年9月17日正式开航。股东为中国国际航空股份有限公司、深国际全程物流（深圳）有限公司等，主要经营航空客、货、邮运输业务。截止2010年7月，深航及其控股的河南航空、昆明航空、翡翠货运等4家航空公司共拥有波音747、波音737，空客A320、A319等各类型干线客货机逾百架，经营国内国际航线160多条。

深航秉承"安全第一，预防为主，综合治理"的安全工作方针，注重营造科学务实的安全管理文化，不断强化系统防控能力，严格履行责任体系，努力提升风险管理水平，确保安全链的整体可靠，为旅客提供安全可靠的飞行服务。

安全筑基石，服务塑品牌。深航注重持续提升服务质量以铸就优秀企业品牌，通过全力打造"尊鹏俱乐部"和"深航女孩"两个子品牌，为旅客提供出行的全程优质服务；陆续推出的"经深飞"、"城市快线"等多项特色产品，使旅客获得最便捷舒适的出行体验。

根据公司发展规划，"十二五"期末，深航将达到或超过180架客机，并适时引进宽体客机。在未来发展中，深航将努力打造成具有独立品牌的著名的全国性航空公司，并以深圳为基地、航线网络覆盖亚洲及洲际的大型网络航空公司。

（8）四川航空股份有限公司　四川航空股份有限公司的前身是四川航空公司，该公司成立于1986年9月19日，1988年7月14日正式开航营运。

四川航空股份有限公司成立于2002年8月29日，是在对原四川航空公司进行股份制改造后，以其航空经营性净资产为基础，与中国南方航空股份有限公司、上海航空股份有限公司、山东航空股份有限公司和成都银杏餐饮有限公司共同发起设立"四川航空股份有限公司"，同时，原四川航空公司的其他经营性资产则留在改制后的四川航空集团公司继续经营。四川航空集团公司持有四川航空股份有限公司40%的股份，成为第一大股东。

公司始终以"安全、服务、效益"作为企业的永恒追求，走出一条适合自身发展的经营管理路子；积累了一套行之有效的保证飞行安全的经验；创造出一系列具有自身特色的服务品牌；培养出一支作风过硬、责任心强、技术精湛的飞行、机务维护和飞行指挥队伍。公司现有员工4827人，其中具有大专以上文化程度的专业技术及管理人员占80%以上，建立了完整的销售网络、财务管理系统及经营管理体系。公司总部及第一基地在四川成都双流国际机场，第二基地重庆分公司设在重庆江北国际机场。

现行的股份合作，使川航、南航、上航、山航实现了航线联营、航线共飞、代码共享、票价控制、常旅客计划、销售代理的运输销售网络。先进的机型、灵活有效的经营策略及良好的生产环境条件，为川航的迅猛发展奠定了坚实的基础。公司现有欧洲空中客车A320系列飞机50架，A330飞机2架，以及巴西飞机公司生产的EMB145飞机5架，拥有130多条航线，形成从南到北、从东到西、干线支线纵横交错的航空运输网络，航线总里程达20多万千米。

第六节
美国联邦航空管理局

美国联邦航空管理局（Federal Aviation Administration，FAA）（图6-8）是美国运输部下属负责民用航空管理的机构。美国联邦航空管理局和欧洲航空安全局（European Aviation Safety Agency，EASA）同为世界上主要的航空器适航证颁发者。

（Federal Aviation Administration——FAA）

图6-8　美国联邦航空管理局标志

美国联邦航空管理局是美国监督和管理民用航空事业的政府机构。前身是成立于1926年的美国商务部航空司。1958年11月单独成立美国联邦航空局，1967年划归美国运输部领导。

联邦航空局的主要任务是保障民用航空的飞行安全，促进民航事业的发展，但不直接经营民航企业。联邦航空局的机构设置分总部、地区机构和地方机构三级。总部设在华盛顿，是国家的行政立法机构，负责制定民用航空的政策、规划和颁布规章制度、处理国际民用航空事务、领导本系统各地区和地方机构的工作。地区机构是管理本地区民用航空业务的工作机构，负责审查、颁发本地区民用航空领域内各种合格证件和技术业务人员执照，对所辖地方机构实行技术指导和管理。在北美大陆的美国境内共划分为9个地区，各设地区办事处。地方机构则是各种不同类型的民航基层管理设施，如空中交通管制中心、飞行服务站、各种质量检查和标准审定办公室、航空保安机构等。它们直接担负空中交通管制任务，为飞行提供导航服务，接受各种合格证的申请，监督和检查安全质量，参与调查飞行事故和违章事件，进行飞行现场的保安管理等。美国联邦航空管理局根据所制定的"联邦航空条例"直接实施空中交通管制，为民用航空产品颁发型号合格证、生产许可证和适航证，为航空运输企业颁发营业执照，为机场和各类航空设施颁发合格证等，在民用航空领域内对飞机的设计、生产、使用、维护以及空中运输、地面保障等进行全面的监督、控制和管理。

❓ 思考练习题

1. 简述中国民用航空局的工作职责。

2. 简述国际民用航空组织基本概况。

3. 国际航空运输协会实际上是一个半官方组织，为什么？

4. 简述国际货运代理人协会会员情况。

5. 中国航空运输协会的主要任务有哪些？

6. 简述中国与国际民航组织的关系。

7. 国际民用航空组织与国际航协在组成及职能上有什么区别？

第七章

民航法律知识应用

    人类的航空活动具有天然的国际性。航空活动的中介为空气空间，并无有形的边界可言。航空活动的高速性和远程性，以及相关的领空飞越等特殊性质，决定了航空法的国际性。航空法是指关于航空器运行及民用航空活动的法律规范的总和。航空法不包括关于无线电传播和外层空间活动的法律规范。

    航空法是随着航空技术进步而发展起来的一个法律分支，是关于领空主权、空中航行和民用航空活动的法律规范的总称。1944年芝加哥会议签订了《国际民用航空临时协定》、《国际民用航空公约》、《国际航班过境协定》、《国际航空运输协定》和《国际民用航空会议最后决议书》五个文件，为现代航空法奠定了基础。由于航空运输的迅速发展，所涉及的各种国内和国际关系日益复杂和广泛，因此，加强民用航空法的建设成为世界各国的迫切需要。

第一节
国内航空法

    自从1920年我国开辟第一条航线，我国开始发展航空运输事业。中华人民共和国的成立使得我国民航事业进入了新的发展时期。随着改革开放和市场经济的发展，我国民航事业有了迅猛发展，与此同时，我国民航法律体系也在不断完善。

    为了维护国家的领空主权和民用航空权利，保障民用航空活动安全和有秩序地进行，保护民用航空活动当事人各方的合法权益，促进民用航空事业的发展，1995年10月30日，第八届全国人大常委会第16次会议审议通过了《中华人民共和国民用航空法》，并于1996年3月1日起施行。民用航空法包括了十六个章节的内容，分别是：第一章　总则，第二章　民用航空器国籍，第三章　民用航空器权利，第四章　民用航空器适航管理，第五章　航空人员，第六章　民用机场，第七章　空中航行，第八章　公共航空运输企业，第九章　公共航空运输，第十章　通用航空，第十一章　搜寻援救和事故调查，第十二章　对地面第三人损害的赔偿责任，第十三章　对外国民用航空器的特别规定，第十四章　涉外关系的法律适用，第十五章　法律责任，第十六章　附则。民用航空法从不同角度规定了民用航空的各种行为规范，是民用航空企业都必须遵守的法律。

    目前我国民航最主要的法律是1996年施行的《民用航空法》，它规定了我国民用航空的基本法律制度，是制定其他民航法规规章的基本依据。行政法规和行政法规性文件是指国务院根据宪法和法律制定或批准的规范民用航空活动的规定，现行有效的民航行政法规和行政法规性文件共有 27 个，比如《飞行基本规则》、《民用航空器适航管理条例》、《民用航空安全保卫条例》等。民航部门规章是指国务院民用航空主管部门根据法律和国务院的行政法规、决定、命令，在本部门的权限范围内制定发布的规定。它在民航法规体系中内容最广、数量最多，现行有效的共有 118 部，涉及民用航空活动的方方面面，是民航主管部门实施行业管理的重要依据。国际条约尽管并非国内法，但我国缔结或者参加的民航国际条约对于我国的民用航空活动仍有约束力，其效力甚至还要高于法律，如《国际民用航空公约》。

根据规范事项内容，从横向类别来看，可将民航法规体系分为行政程序规则，航空器，航空人员，空域、导航设施、空中交通规则和一般运行规则，民用航空企业合格审定及运输，学校、非航空人员及其他单位的合格审定及运行，民用机场建设和管理，委任代表规则，航空保险，综合调控规则，航空基金，航空运输规则，航空保安，科技和计量标准，航空器搜寻援救和事故调查等十五类。

目前，我国关于航班拒载、取消和延误的法律规定尚不完善，以航班拒载为例，无论是《民航法》还是相关的法规、规章，都没有规定，只能依据《合同法》的规定。如果依据《合同法》，对于拒载，按实际损失赔偿，这种赔偿是没有限额的。但一般情况下，拒载不是不履行合同，而是一种迟延履行，按照《民用航空法》第 131 条的规定："有关航空运输中发生的损失的诉讼，不论其根据如何，只能依照本法规定的条件和赔偿责任限额提出，但是不妨碍谁有权提起诉讼以及他们各自的权利。"但从法律适用的原则来说，应先适用《民用航空法》，但《民用航空法》对构成拒载的条件以及赔偿责任限额没有明确规定。如依据《合同法》按实际损失赔偿，则又与《民用航空法》第 131 条的规定相违背。可以说，在这方面，我国现行的法律需要完善。因此，可否借鉴欧盟的做法，制定航班拒载、取消和延误的法规呢？这样做有以下好处：一是弥补了现行法的缺陷，完善了现行法律；二是使旅客的权利落到实处；三是避免因航空公司自行制定补偿标准而出现的混乱，如同样的航线，延误同样的时间，补偿标准可能在不同的航空公司之间不一样；四是在一定程度上可以遏制航班延误的频繁发生。另一方面，我国的航空承运人也应以适当的方式对此做出回应。

未来，民航局将坚持科学发展观，不断完善民航法规体系，欧美民航发展水平较高，我们有必要吸收借鉴其法律法规的有益成分。民用航空市场国际性强，国际民航组织颁布的大量公约、协定、标准，要逐步与之接轨，使我国航空公司在国际竞争中，能够与外国同行站在同等的平台上竞技较量；我国民航产业正处于成长期，发展速度较快，改革持续深入，安全管理理念、手段不断创新。法规体系建设必须做到与时俱进，紧跟行业发展的需要，做好立改废，及时推陈出新，不断丰富完善；在民航法规体系中与安全相关的技术法规占了较大比重，因此，民航法规体系体现出专业性和技术性强的特点。在飞标、适航管理等领域，就存在着大量技术标准性质的规章。

第二节
国际航空法

一、巴黎公约

1919 年 10 月 13 日 26 个国家在巴黎签署的《关于管理空中航行的公约》，即《巴黎公约》，是第一个关于航空的国际公约，是第一部最完整、最重要的国际航空法法典，对于国际航空法的建立和发展具有重要作用。《巴黎公约》对国家的领空主权、外国航空器的"无害通过权"、国家设立"空中禁区"和保留"国内两地间空运权"以及航空器的国籍等一系列问题予以规定。

《巴黎公约》第一次以公约的形式肯定了国家对于其领土上空具有完全和排他的主权，有权禁止其他国家航空器在本国领空飞行。外国军用航空器未经特许，不得飞越或降停该国领土。该公约是国际航空法的第一个多边国际公约，在航空法发展史上具有积极重要的意义。该公约确立了领空主权原则，为国际空中航行的法律制度奠定了坚实的基础。《巴黎公约》的问世，标志着航空法的正式形成。

二、芝加哥公约

国际民用航空组织于 1944 年 12 月 7 日通过《国际民用航空公约》，因其在美国城市芝加哥签订，故又称其为《芝加哥公约》。根据芝加哥公约的规定，1947 年 4 月 1 日，国际民航组织正式成立。1992 年 9 月召开的国际民航组织第 29 届大会作出决议，自《芝加哥公约》签署 50 周年的 1994 年起，将每年的 12 月 7 日定为"国际民航日"。我国于 1974 年 2 月 15 日承认该公约，同时决定参加国际民用航空组织的活动。

1944 年的《芝加哥公约》取代了 1919 年《巴黎公约》、1926 年《马德里公约》和 1928 年《哈瓦那公约》三个多边国际公约，奠定了现代国际航空法的基础。

《芝加哥公约》被称为航空公法，用以处理民用航空有关国家之间及国际关系和事务。主要内容包括以下几个方面。

1. 主权原则

确定各国在其领土和领海上面的领空有排他性的主权。飞入和飞经该国领空的航班，要经过事先批准，否则不能飞行。各国为了本国的安全可以设立空中禁飞区，飞入的外国航空器要遵守当地的法律。

2. 航空器的国籍

首先规定了航空器的定义，并要求航空器在所在国依据国内法登记并只能有一个国籍。登记国的政府要保证民用航空器的使用条件以保证飞行安全。规定了各国的民航当局要给登记的航空器发给适航证，给机组成员发给资格证明（执照）。

3. 规定国际航空的统一标准

使国际航行更为方便，在这部分中规定了简化海关、关税、移民、放行等方面的措施，后来在此条款的基础上制定了称为"国际标准及建议"的 18 项附件，对民航的各种技术规则做了详细规定。

4. 遇难的搜索救援和事故调查

规定了遇难的搜索救援是一种国际义务，规定了对失事的调查的国家、机构及程序。

5. 关于国际民航组织的章程条款

设立国际民用航空组织：为及时处理因民用航空迅速发展而出现的技术、经济及法律问题，设立国际民用航空组织作为公约的常设机构。公约规定了该机构的名称、目的和大会、理事会、航空委员会等的组成及职责。

6. 争议和违约

公约规定，缔约国发生争议可提交理事会裁决，或向国际法庭上诉；对空运企业不遵守公约规定者，理事会可停止其飞行权；对违反规定的缔约国，可暂停其在大会、理事会的表决权。

《芝加哥公约》是迄今为止最重要的有关国际航空的国际公约，它承认缔约国对本国的领空享有主权。但《芝加哥公约》未能就国际航空运输的运营权力问题达成协议，为了弥补这个缺陷，国际民用航空组织的缔约国还签订了两项适用于国际定期航班的特别协议，即《国际航空过境协议》和《国际航空运输协议》。这两项协议规定，每一个缔约国应当给予其他缔约国五项权利：

① 不降停而飞跃一国领土的权利；

② 非运输业务性（比如加油、修理）降停的权利；

③ 卸下来自航空器所属国领土的旅客、货物和邮件的权利；

④ 装载前往航空器所属国领土的旅客、货物和邮件的权利；

⑤ 装卸前往或者来自任何其他缔约国领土的旅客、货物和邮件的权利。

三、华沙公约

《华沙公约》，全称《统一国际航空运输某些规则的公约》，1929 年 9 月 12 日订于波兰华沙。1933 年 2 月 13 日生效，后经多次修改，我国于 1957 年 7 月通知加入，1958 年 10 月对我国生效。《华沙公约》是《统一国际航空运输某些规则的公约》，其承运人承担赔偿责任的责任基础是推定过失责任制。

它被称为航空私法，是处理国际航空中承运人和乘客及货主之间的责任的法规。华沙公约针对国际航班上如果出现了航空事故，乘客或货物受损失的情况下，由于乘客或托运人与承运人的国籍不同，有关的赔偿应该依据什么样的法律或规则来进行的问题。首先规定了运输凭证的国际统一内容、规格和作为运输合同的法律地位；其次规定了在事故中承运人负有责任，但承运人在证明他采取了必要措施后就没有责任，规定了赔偿的限额等。

在国际航空运输中，承运人和旅客、托运人间相互的责任和义务是很复杂的，特别是在发生事故后，责任赔偿和受理法院的选择等，各国法律规定不同，国际上如不加统一是很难处理的。《华沙公约》的目的是统一国际航空运输的某些规则，以解决各国间的"法律的冲突"，这正是华沙体系的私法性质之所属。国际航空运输在发生事故造成损失时，承运人对旅客或货主负有一定的赔偿责任，并由公约规定责任限额和责任条件，这是对航空承运人的保护，也是对公众合法利益的保护，这在 1929 年航空运输发展初期尤其具有重要的意义。如果没有公约的这种保护，航空公司在一次失事后就可能破产。

《华沙公约》以及随后修正该公约的公约、议定书和有关文件，国际航空法学界统称为"华沙体系"，这一体系构成了当今国际航空运输法律体系的主体部分。华沙体系包括：

（1）1955 年在海牙签订的《修改 1929 年 10 月 12 日在华沙签订的统一国际航空运输某些规则的公约的议定书》（简称《海牙议定书》）；

（2）1961 年在瓜达拉哈拉签订的《统一非缔约承运人所作国际航空运输某些规则以补充华沙公约的公约》（简称《瓜达拉哈拉公约》）；

（3）1971 年在危地马拉城签订的《修改经 1955 年海牙议定书修正的 1929 年 10 月 12 日在华沙签订的统一国际航空运输某些规则的公约的议定书》（简称《危地马拉议定书》）；

（4）1975 年在加拿大蒙特利尔签订的《修改 1929 年 10 月 12 日在华沙签订的统一国际航空运输某些规则的公约的第一、二、三、四号附加议定书》（简称《蒙特利尔第一、二、

三、四号议定书》）。

另外，一般把两个在全球范围内具有重大影响并得到了广泛适用或认可的承运人间的特别协议也看做是华沙体系的一部分：①1966年以美国民用航空委员会为一方、以各国航空公司为另一方签订的《蒙特利尔〈临时〉协议》（简称《蒙特利尔协议》）；②1995年10月由国际航空运输协会（IATA）在吉隆坡的年会上通过的、各国航空公司签订的《国际航空运输协会关于旅客责任的承运人之间的协议》（简称《吉隆坡协议》）及其后以实施该协议为目的的《关于实施〈国际航空运输协会关于旅客责任的承运人之间的协议〉的措施的协议》（简称《实施措施协议》）。

从责任制来看，华沙公约和海牙议定书都是采取过失责任制。而危地马拉议定书对旅客和行李则改为严格责任制。

在过失责任制（liability based on fault）中根据不同的情况，承运人可以免除责任，可以承担公约规定的责任限额，也可能承担比公约规定的限额还大的责任。承运人为了证明自己没有过失或证明是受害人自己的过失，或者索赔人为了证明承运人是有意行为，这种举证和反举证是相当费时的，在法院的诉讼往往一拖好几年，这对承运人和受害人来说都是不利的。

在严格责任制（absolute liability）中，不管承运人有无过失，或过失是否有意，承运人都应根据公约规定的责任限额负责，而这一责任限额在任何情况下都是不可突破的。但如果承运人证明损失是由于受害人或索赔人的过失，或由于旅客自身的健康情况和行李本身属性、质量或缺陷所造成时，承运人的责任可以全部或部分地予以免除。对旅客和行李的延误以及对货物运输，都采用过失责任制。

四、海牙公约

海牙公约是1899年和1907年两次海牙和平会议通过的一系列公约、宣言等文件的总称，亦称"海牙法规"。

在美国的倡议下，1970年12月6日，国际民航组织在荷兰的海牙召开了国际航空法外交会议，讨论有关空中劫持飞机的问题，有76个国家参加。会议于12月16日签订了一项公约，名为：《关于制止非法劫持航空器的公约》。

1899年和1907年两次海牙会议所编纂的公约许多至今仍然有效，为嗣后战争法的编纂和发展奠定了基础，并对在战争中实行人道主义原则起了促进作用。海牙公约具有普遍效力，尽管每一公约都包括"只有在所有交战国都是缔约国时方能适用"的条款，但由于这些公约所包括的许多原则和规则是公认的国际惯例，因而适用于一切国家。但是，随着国际形势的发展变化、科学技术的进步及其在军事上的应用，海牙诸公约的许多内容已经过时。为适应现代战争需要，1949年的《日内瓦公约》及1977年的《日内瓦公约附加议定书》对海牙公约所包括的许多战争法规作了确认、修改和发展。

五、东京公约

《关于在航空器内犯罪和其他某些行为的公约》（Convention on Offences and Certain Other Acts Committed on Board Aircraft）简称《东京公约》。由国际民航组织于1963年9月14日在东京国际航空法会议上签订，同年12月4日生效。已有100多个国家参加这个公约。签订这个公约的目的，是为了统一国际飞行中在飞机上发生劫持等非法暴力行为的处理原则。为此，公约对航空器内的犯罪行动，包括对航空器内违反刑法的罪行以及危害航空器及其所载人员或财产的安全、危害良好秩序和纪律的行为管辖问题作了规定。

《东京公约》主要目的是对在"飞行中"航空器上犯有罪行或某种行为的人行使管辖权，不使其逃避惩罚。所谓"飞行中"是指航空器"从其为了起飞开动马达到着陆滑跑完毕为止"。"航空器登记国对在该航空器内所犯的罪行和行为有权行使管辖"，但不排斥非登记国的缔约国依照本国法规行使任何刑事管辖权。非登记国的缔约国行使刑事管辖权的范围包括：

(1) 罪行在该国领土上具有后果；

(2) 罪行是由该国国民或在该国有永久居所的人所犯，或是针对该国民或该人的；

(3) 罪行危及该国安全；

(4) 罪行违反该国现行的有关航空器飞行的规定；

(5) 为确保该国遵守依国际协定承担的义务而有必要行使管辖权。

规定下列国家有权行使管辖：航空器登记国、罪行在该国领土上具有后果、罪犯或受害者是该国居民或在该国有永久居所以及罪行危及该国的安全等。公约赋予机长、机组人员及乘客以保护航空安全和维持良好秩序和法律的权利。规定机长有足够的根据认为某人在航空器内进行或准备进行犯罪行为或上述其他行为时，可以对其采取必要的合理措施。这个公约是为劫持事件首次制定的一个条款，并对被劫持飞机的恢复管理作出规定，但并没有以空中劫持作为主要对象，因而未能解决由于空中劫持而产生的许多问题。

中国于 1978 年 11 月 14 日交存加入书，1979 年 2 月 12 日该公约对中国生效。

以后，国际民航组织在该公约的基础上于 1970 年和 1971 年先后签订了另外两个公约，一是《关于制止非法劫持航空器的公约》（简称《海牙公约》），另一是《关于制止危害民用航空安全的非法行为的公约》（简称《蒙特利尔公约》）。《东京公约》、《海牙公约》和《蒙特利尔公约》这 3 个公约即是通常所说的关于防止劫持飞机的 3 个国际公约。

六、1971 年《蒙特利尔公约》

1971 年《蒙特利尔公约》（The Montreal Convention），全称为《制止危害民用航空安全的非法行为的公约》（The Convention for the Suppression of Unlawful Acts Against the Safety of Civil Aviation），于 1971 年 9 月 23 日在蒙特利尔签署，1973 年 1 月 26 日生效。

1971 年该公约对劫持航空器以外的其他罪行作了规定。《蒙特利尔公约》第 2 条规定，公约各项规定除对"飞行中"航空器适用外，还对"使用中"航空器适用。"使用中"指"从地面人员或机组为某一特定飞行而对航空器进行飞行前的准备时起，直到降落后 24 小时止"，这就扩大了公约适用的时间和地点的范围。该公约适用的各种罪行：除对"飞行中"的航空器内的人采取危及航空器安全的暴力行为外，还包括：

(1) 破坏或损坏"使用中"的航空器，而危及其飞行安全；

(2) 在"使用中"的航空器内放置危及飞行安全的装置或物质；

(3) 破坏或损坏航行设备或妨碍其工作，以危及"飞行中"航空器的安全；

(4) 传递危及"飞行中"的航空器安全的虚假情报。

《蒙特利尔公约》大体上采取了与《海牙公约》相同的方式处理该公约所适用的各种罪行。

七、1999 年《蒙特利尔公约》

1999 年《蒙特利尔公约》的正式名称是《统一国际航空运输某些规则的公约》（Convention for the Unification of Certain Rules for International Carriage by Air），目的在于确保国际航空运输消费者的利益，对在国际航空运输中旅客的人身伤亡或行李损失，或者运输货物的损失，在恢复性赔偿原则基础上建立公平赔偿的规范体系。

在蒙特利尔公约以前，国际上已经存在若干个关于国际航空运输赔偿的规则，具体包括：《华沙公约》、《海牙议定书》、《瓜达拉哈拉公约》、《危地马拉协议书》、《蒙特利尔第一、二、三、四号议定书》。

上述第二至第五项协议都是对华沙公约的修订，因此上述五项文件被统称为华沙公约文件。

随着历史的发展，华沙公约中的某些规定已显陈旧，而且相关修订文件数量较多。为了使华沙公约及其相关文件现代化和一体化，ICAO 起草定稿了蒙特利尔公约，并在 1999 年 5 月在蒙特利尔召开的国际航空法大会上由参加国签署。中国和其他 51 个国家在该大会上签署了该项公约。

需要说明的是，政府签署该项公约并不代表该国同意加入，只有在本国立法机构批准该公约并提交批准书后，此公约才对该国生效。蒙特利尔公约正式生效后将取代现有的华沙公约文件。

2005 年 7 月 31 日，《蒙特利尔公约》在我国正式生效（在中国香港特别行政区暂不执行公约标准）。

1999 年《蒙特利尔公约》的主要内容有：

（1）由过错责任制走向严格责任制　公约对客、货运均采取客观责任制。

在旅客伤亡方面，公约规定对于因旅客死亡或者身体伤害而产生的损失，只要造成死亡或者伤害的事故是在航空器上或者在上、下航空器的任何操作过程中发生的，承运人就应当承担责任。

在货物运输方面，公约规定，对于因货物毁灭、遗失或者损坏而产生的损失，只要造成损失的时间是在航空运输期间发生的，承运人就应当承担责任。

（2）提高对旅客的赔偿责任限额　采取"双梯度"责任制度，即两级责任制。

第一步是不管有无过错，承运人必须对旅客的人身伤亡承担赔偿 10 万特别提款权（约合 13.5 万美元），承运人不得免除或者限制其责任。

第二步是如果旅客的人身伤亡是由承运人的过错造成的，则承运人承担的责任无限制。但 10 万提款权以上的赔偿责任在下述情况下可以免除：

① 损失不是由于承运人或者其受雇人、代理人的过失或者其他不当行为、不作为造成的；

② 损失完全是由第三人的过失或者其他不当作为、不作为造成的。

（3）行李损失的赔偿

① 托运行李和非托运行李　对托运行李，只要损失事件在航空器上或处于承运人掌管之下，承运人就应当承担责任，除非损失是由于行李的固有缺陷、质量或者瑕疵造成的。对非托运行李，即承运人对由其本身、受雇人或者代理人的过错造成的损失承担责任。

② 行李损失的责任限额　以每名旅客 1000 特别提款权为限，除非旅客在交运托运行李

时特别声明其交付利益，并支付附加费。

（4）货物损失的赔偿　只要造成货物损失的事件是在航空运输期间发生的，承运人就应当承担责任。但由下述原因造成的，承运人可不承担责任：

① 货物的固有缺陷、质量或者瑕疵；

② 承运人或者其受雇人、代理人以外的人包装货物的，货物包装不良；

③ 战争行为或者武装冲突；

④ 公共当局实施的与货物入境、出境或者过境有关的行为；

⑤ 承运人对货物损失承担每千克 17 特别提款权的责任限额，除非托运人在交运包件时特别声明其交付利益，并支付附加费。

（5）旅客、行李或者货物延误的损失赔偿　只要承运人证明其为避免损失的发生，已经采取一切合理的措施或者不可能采取此种措施的，承运人不承担责任。否则，承运人应当承担责任，旅客的延误赔偿以每名旅客 4150 特别提款权为限。

（6）增加了第五管辖权　损害赔偿诉讼必须在一个当事国的领土内，由原告选择，向承运人住所地、主要营业地或者订立合同的营业地的法院，或者向目的地点的法院提起。

对于因旅客死亡或者伤害而产生的损失，诉讼可以向本条第一款所述的法院之一提起，或者在这样一个当事国领土内提起，即在发生事故时旅客的主要且永久居所在该国领土内，并且承运人使用自己的航空器或者根据商务协议使用另一承运人的航空器经营到达该国领土或者从该国领土始发的旅客航空运输业务，并且在该国领土内该承运人通过其本人或者与其有商务协议的另一承运人租赁或者所有的处所从事其旅客航空运输经营。

（7）恢复了运输凭证的正常功能　1999 年蒙特利尔公约恢复了运输凭证的正常功能，具体来说，在旅客运输中，出具个人的客票不再成为强制性规定，在团体运输中，可以出具"集体的运输凭证"。

旅客运输凭证上只需标明始发地点和目的地点以及至少一个约定的经停地点（如有约定的经停地点）。

为了便利电子计算机在客票销售和运输过程中的运用，允许使用任何保存前述内容的"其他方法"，包括电子手段。

在货物运输中同样引入了电子凭证。承运人应按托运人的要求，向托运人出具货物收据。至于航空货运单或货物收据上应当载明的内容，除了标明始发地点和目的地点以及约定的经停地点外，只需标明货物的重量。

八、著名的欧盟 261 条例

欧盟于 2004 年 2 月 17 日公布了保护旅客权利的新规定，即"关于航班拒载、取消或延误时对旅客补偿和帮助的一般规定"（简称第 261/2004 号条例），该条例将于 2005 年 2 月 17 日起生效，取代现存的 1991 年制定的"欧盟关于定期航空运输拒载补偿制度的一般规定"（简称第 295/91 号条例）。该条例一旦生效，在对旅客提供有效的、全方位的保护的同时，将对国际航空运输承运人责任制度产生一定的影响，也将影响到其他国家的国内立法。

1. 条例的立法背景

在欧盟境内的机场，每年大约有 25 万旅客在办理值机手续时会遇到拒载的情形，而事实上是他们都已购票并定妥了座位。因超售而拒载给旅客带来了很大的不便和时间上的损失。与此相同的是在没有任何通知的情况下取消航班和长时间的延误，延误使旅客好几个小时在机场处于一种束手无策的境地。因此，欧盟认为，在航空运输领域应采取行动，确保对旅客更高水平的保护。

实际上，欧盟 1991 年关于在定期航空运输中建立拒载赔偿制度的规定，初步建立了对旅客权利的基本保护。但是，违背旅客意愿，被强行拒载的旅客数量还是居高不下，同样，提前没有任何通知就取消航班和长时间延误，也是如此。

新条例将取代现存的第 295/91 号条例。该条例并没有有效地阻止航空公司拒载或因商业原因取消航班和长时间的延误。并且条例也不适用于不定期航班以及由旅行社经营的包机航班。因此，欧盟决定应提高由第 295/91 号条例规定的对旅客的保护标准，既强化旅客的权利，同时确保承运人在一种和谐的环境下运营。

2. 条例的适用范围

如果说第 295/91 号条例仅限于拒载这一种情况，那么，新条例的适用范围大大拓宽。具体来说，条例从两个方面来界定其适用范围：一是影响旅客的因素方面，除拒载外，还将久为旅客所诉病的航班取消、长时间延误纳入其中，即被强行拒载的旅客、因航班被取消而受到影响的旅客、因航班延误而受到影响的旅客都是条例的适用对象。换句话说，条例要为因超售而拒载的旅客和受航班取消、延误的旅客提供最低的法律保护；二是从机场所处的位置加以界定，这又可以分为以下两种情况。一是条例适用于从位于成员国境内的机场出发的旅客，并且欧盟条约适用于该成员国。这就是说，不管旅客的国籍，不管旅客的目的地点，也不论承运人的国籍，只要该旅客是从位于欧盟成员国境内的机场出发的旅客。这样，不管是欧盟承运人，还是外国的承运人，都要受此规定的约束。二是从一个位于第三国的机场出发前往成员国境内的机场的旅客，前提条件是旅客没有在第三国因航班拒载、取消或延误而获得利益或得到了补偿并给予了帮助，并且该航班的运营承运人是欧盟承运人。

概而言之，适用对象为：从位于欧盟成员国境内的机场出发的旅客，不管旅客的国籍，也不论承运人是谁；和由欧盟承运人运送的从第三国的机场出发前往成员国境内的机场的旅客，只要该旅客因航班拒载、取消或延误而影响了其旅行。

3. 条例的新规定

新条例在第 295/91 号条例规定的 10 条内容的基础上，扩充到 19 条，在数量上几乎增加了一半，内容上更是增加不少，以下择其要点予以评论。

（1）将旅客的权利扩大到所有种类的航班　直到现在，占有航空市场的相当部分的不定期航班，被排除在外。而新条例将定期航班和不定期航班都包括其中。实际上，随着旅游业的发展，包机运输不能说是占据了航空运输市场的半壁江山，但其在航空运输市场的份额在逐年增加，因此，将包机运输等不定期运输纳入其中，统一规定，一方面使条例的规定更加周全和完备，另一方面，也使在包机运输中因延误等原因引起的纠纷有法可依。这也使条例第 13 条的规定有了存在的理由，第 13 条规定："在运营承运人支付了补偿金或履行了本条例规定的义务后，条例的规定不能被解释为限制承运人根据可适用的法律向任何人（包括第三方）追偿的权利。特别是，本条例无论如何也不能限制运营承运人向旅行社或与之有合同关系的其他人追偿的权利。同样地，本条例的规定不能被解释为限制除旅客之外的旅行社或第三方（运营承运人与他们有合同关系）根据可适用的相关的法律向运营承运人追偿的权利。"

（2）提高了补偿数额，明确了补偿方式　根据第 295/91 号条例的规定，在发生拒载后，承运人应立即支付最低数额的补偿金，即航程在 3500 千米以内的航班为 150 欧元，航程超过 3500 千米的航班为 300 欧元。新条例则规定，航程在 1500 千米以内的航班为 250 欧元，航程超过 1500 千米的在欧盟境内的航班和航程在 1500 千米至 3500 千米的其他航班为 400 欧元,所有其他的航班为 600 欧元。可见,新条例从两方面完善了第 295/91 号条例的规定。一是从航程上,将原先的以 3500 千米为界划分成的两个档次,细化为 1500 千米以内、1500 千米以上欧盟境内的飞行、1500 千米至 3500 千米的飞行、除上述三种情况的其他飞行四个档次。二是从补偿金数额上,将原先的 150 欧元、300 欧元两种变更为 250 欧元、400 欧元和 600 欧元三个档次。这样,更加有利于对旅客权利的保护。

有一点需要说明的是,拒载分自愿拒载和非自愿拒载,自愿拒载是指在超售的情况下,旅客自愿响应承运人的号召,自动放弃其座位,以换取承运人给予的好处。而非自愿拒载是指违背旅客的意愿,强行拒载。上述规定的补偿金数额是给予被强行拒载的旅客的,自愿拒载的旅客不在其内。

(3)将补偿金的适用范围扩大到航班取消　不仅在发生拒载时应支付补偿金,而且将其扩大到航班取消。根据条例第 5 条关于航班取消的规定,航空公司或旅行社取消航班,旅客享有三方面的权利:①退票或变更;②免费的食宿;③支付补偿金。除非旅客在航班预定的离开时间两周之前就接到取消航班的通知,或旅客被安排了与原航班在时间上非常接近的航班。

(4)明确规定了支付补偿金的例外情形　在航班取消的情况下,如果承运人事先履行了告知义务,并给旅客变更了旅程,则不支付补偿金。如果运营承运人证明航班取消是由于不可避免的特定情势所引起,即使采取了所有可合理要求的措施也不可避免,则运营承运人不承担第 7 条规定的支付补偿金的义务。

(5)明确规定了承运人的告知义务　条例第 14 条专门规定了承运人的告知义务,并且对告知的地点、方式都做了明确规定。条例规定,运营承运人应保证在值机柜台展示包含如下内容的通知:"如果你被拒载或你的航班被取消或延误至少两小时,请在值机柜台或登机口索要你的权利书,特别是与补偿金和帮助有关的内容。"对旅客来说,该通知应是清晰易读的,并且是显而易见的。

同时,运营承运人拒载或取消航班,应给受其影响的每位旅客提供一份包含本条例补偿金和帮助内容的书面通知。运营承运人也应向延误至少两小时的旅客提供同样内容的通知。以书面的形式向旅客提供第 16 条规定的国家指定的负责执行本条例的机构的联系资料。另外,对于盲人和视力受损的旅客,条例规定以合适的其他方式来告知。由此可见,条例考虑的不可谓不周全。

九、条例的现实意义

在世界航空运输业快速发展,保护旅客权利的呼声日益高涨的形势下,欧盟出台此条例,无疑具有重大的现实意义。

1. 强化了对旅客权利的保护

毫无疑问,条例顺应了保护消费者权利的世界潮流,在对旅客的权利保护上向前迈进了一大步。因为从现行国际公约的规定来看,一般只规定了旅客伤亡、旅客延误后的权利救济,根本没有涉及航班取消、拒载后如何保护旅客的权利。从各国国内法的规定来看,虽然对这三方面进行了规定,一般都比较原则,不具有可操作性。比如拒载,除美国和欧盟有比较详细的规定外,很难看到其他国家在这方面有什么规定。再比如延误,在 1929 年《华沙公约》做了原则性规定后,其后许多国家的国内法基本上都是照搬《华沙公约》的规定,没有明确界定延误的构成要素，致使长期以来关于延误的争论一直不绝于耳，具体是否构成延误，是否承担责任，由法院在具体的个案中去认定。而条例第一次将这三方面放在一起通盘考虑，在立法上是一次创举，也成为航空运输领域保护旅客权利的立法典范。

2. 加重了承运人的责任

在给予旅客更为周全的保护的同时，也加重了承运人的负担，这是毫无疑问的，实际上是一个问题的两个方面。这也就是条例的目的所在，通过一定的经济负担，使承运人尽可能减少航班的拒载、取消。但另一方面，航空运输是一个系统工程，仅仅只有承运人自身的努力还不够，还需要相关部门的大力协助，否则，航班取消或延误不能得到有效的改善。

3. 国际上的示范效应

更为重要的是，条例将在国际上产生示范效应，一些国家将会参照条例制定自己的相关规定。如果说 2003 年 11 月生效的《统一国际航空运输某些规则的公约》（即 1999 年《蒙特利尔公约》）取代了华沙体制使国际航空运输的法律制度重新归于统一的话，那么，条例的规定则有助于各国国内法的趋同和完善，起码对于目前在立法上存在缺陷的航班拒载、取消和延误领域，建立起较为统一的规范。同时，也弥补了公约在这方面的不足。

? 思考练习题

1. 国际民航法主要包括哪些？
2. 《巴黎公约》的重要性有哪些？
3. 我国民航法规体系的主要构架是什么？
4. 简述著名的欧盟 261 条例立法背景。
5. 欧盟 261 条例主要对哪些内容进行了规定？
6. 简述东京公约的重要内容。
7. 1999 年《蒙特利尔公约》的重要贡献是什么？

附 录

附录一 国务院关于促进民航业发展的若干意见（2012年7月8日）

国发〔2012〕24号

各省、自治区、直辖市人民政府，国务院各部委、各直属机构：

民航业是我国经济社会发展重要的战略产业。改革开放以来，我国民航业快速发展，行业规模不断扩大，服务能力逐步提升，安全水平显著提高，为我国改革开放和社会主义现代化建设作出了突出贡献。但当前民航业发展中不平衡、不协调的问题仍较为突出，空域资源配置不合理、基础设施发展较慢、专业人才不足、企业竞争力不强、管理体制有待理顺等制约了民航业的可持续发展。为促进民航业健康发展，现提出以下意见：

一、 总体要求

（一）指导思想。以邓小平理论和"三个代表"重要思想为指导，深入贯彻落实科学发展观，以转变发展方式为主线，以改革创新为动力，遵循航空经济发展规律，坚持率先发展、安全发展和可持续发展，提升发展质量，增强国际竞争力，努力满足经济社会发展和人民群众出行需要。

（二）基本原则。

——以人为本、安全第一。树立和落实持续安全理念，为社会提供安全优质的航空服务。

——统筹兼顾、协调发展。统筹民航与军航、民航与其他运输方式、民航业与关联产业，以及各区域间协调发展。

——主动适应、适度超前。加强基础设施建设，提高装备水平和服务保障能力。

——解放思想、改革创新。破除体制机制障碍，最大限度解放和发展民航生产力。

——调整结构、扩容增效。合理利用空域等资源，增加飞行容量，推进技术进步和节能减排。

（三）发展目标。到2020年，我国民航服务领域明显扩大，服务质量明显提高，国际竞争力和影响力明显提升，可持续发展能力明显增强，初步形成安全、便捷、高效、绿色的现代化民用航空体系。

——航空运输规模不断扩大，年运输总周转量达到1700亿吨千米，年均增长12.2%，全国人均乘机次数达到0.5次。

——航空运输服务质量稳步提高，安全水平稳居世界前列，运输航空百万小时重大事故率不超过0.15，航班正常率提高到80%以上。

——通用航空实现规模化发展，飞行总量达200万小时，年均增长19%。

——经济社会效益更加显著，航空服务覆盖全国89%的人口。

二、 主要任务

（四）加强机场规划和建设。机场特别是运输机场是重要公共基础设施，要按照国家经济社会发展和对外开放总体战略的要求，抓紧完善布局，加大建设力度。机场规划建设既要适度超前，又要量力而行，同时预留好发展空间，做到确保安全、经济适用、节能环保。要按照建设综合交通运输体系的原则，确保机场与其他交通运输方式的有效衔接。着力把北京、上海、广州机场建成功能完善、辐射全球的大型国际航空枢纽，培育昆明、乌鲁木齐等门户机场，增强沈阳、杭州、郑州、武汉、长沙、成都、重庆、西安等大型机场的区域性枢纽功能。新建支线机场，应统筹考虑国防建设和发展通用航空的需要，同时结合实际加快提升既有机场容量。要整合机场资源，加强珠三角、长三角和京津冀等都市密集地区机场功能互补。注重机场配套设施规划与建设，配套完善旅客服务、航空货运集散、油料供应等基础设施，大型机场应规划建设一体化综合交通枢纽。

（五）科学规划安排国内航线网络。构建以国际枢纽机场和国内干线机场为骨干，支线和通勤机场为补充的国内航空网络。重点构建年旅客吞吐量1000万人次以上机场间的空中快线网络。加强干线、支线衔接和支线间的连接，提高中小机场的通达性和利用率。以老少边穷地区和地面交通不便地区为重点，采用满足安全要求的经济适用航空器，实施"基本航空服务计划"。优化内地与港澳之间的航线网络，增加海峡两岸航线航班和通航点。完善货运航线网络，推广应用物联网技术，按照现代物流要求加快航空货运发展，积极开展多式联运。

（六）大力发展通用航空。巩固农、林航空等传统业务，积极发展应急救援、医疗救助、海洋维权、私人飞行、公务飞行等新兴通用航空服务，加快把通用航空培育成新的经济增长点。推动通用航空企业创立发展，通过树立示范性企业鼓励探索经营模式，创新经营机制，提高管理水平。坚持推进通用航空综合改革试点，加强通用航空基础设施建设，完善通用航空法规标准体系，改进通用航空监管，创造有利于通用航空发展的良好环境。

（七）努力增强国际航空竞争力。适应国家对外开放和国际航空运输发展的新趋势，按照合作共赢的原则，统筹研究国际航空运输开放政策。鼓励国内有实力的客、货运航空企业打牢发展基础，提升管理水平，开拓国际市场，增强国际竞争能力，成为能够提供全球化服务的国际航空公司。完善国际航线设置，重点开辟和发展中远程国际航线，加密欧美地区航线航班，增设连接南美、非洲的国际航线。巩固与周边国家的航空运输联系，推进与东盟国家航空一体化进程。加强国际航空交流与合作，积极参与国际民航标准的制定。

（八）持续提升运输服务质量。要按照科学调度、保障有力的要求，努力提高航班正常率。建立面向公众的航班延误预报和通报制度，完善大面积航班延误预警和应急机制，规范航班延误后的服务工作。推广信息化技术，优化运行流程，提升设备能力，保证行李运输品质。完善服务质量标准体系和实施方法，简化乘机手续，创新服务产品，打造特色品牌，提高消费者满意度。

（九）着力提高航空安全水平。坚持"安全第一、预防为主、综合治理"的方针，牢固树立持续安全理念，完善安全法规、制度体系，建立健全安全生产长效机制。坚持和完善安全生产责任制度，严格落实生产运营单位安全主体责任。推行安全隐患挂牌督办制度和安全问责制度，实行更加严格的安全考核和责任追究。完善航空安保体制机制，加强行业主管部门与地方政府的沟通协调，确保空防安全。加强专业技术人员资质管理，严把飞行、空管、维修、签派、安检等关键岗位人员资质关。加大安全投入，加强安全生产信息化建设，积极推广应用安全运行管理新技术、新设备。加强应急救援体系建设，完善重大突发事件应急预案。

（十）加快建设现代空管系统。调整完善航路网络布局，建设国内大容量空中通道，推进繁忙航路的平行航路划设，优化繁忙地区航路航线结构和机场终端区空域结构，增加繁忙机场进离场航线，在海洋地区增辟飞越国际航路。优化整合空管区划，合理规划建设高空管制区。大力推广新一代空管系统，加强空管通信、导航、监视能力及气象、情报服务能力建设，提升设备运行管理水平。完善民航空管管理体制与运行机制。

（十一）切实打造绿色低碳航空。实行航路航线截弯取直，提高临时航线使用效率，优化地面运行组织，减少无效飞行和等待时间。鼓励航空公司引进节能环保机型，淘汰高耗能老旧飞机。推动飞机节油改造，推进生物燃油研究和应用，制定应对全球气候变化对航空影响的对策措施。制定实施绿色机场建设标准，推动节能环保材料和新能源的应用，实施合同能源管理。建立大型机场噪音监测系统，加强航空垃圾无害化处理设施建设。

（十二）积极支持国产民机制造。鼓励民航业与航空工业形成科研联动机制，加强适航审定和航空器运行评审能力建设，健全适航审定组织体系。积极为大飞机战略服务，鼓励国内支线飞机、通用飞机的研发和应用。引导飞机、发动机和机载设备等国产化，形成与我国民航业发展相适应的国产民航产品制造体系，建立健全售后服务和运行支持技术体系。积极拓展中美、中欧等双边适航范围，提高适航审定国际合作水平。

（十三）大力推动航空经济发展。通过民航业科学发展促进产业结构调整升级，带动区域经济发展。鼓励各地区结合自身条件和特点，研究发展航空客货运输、通用航空、航空制造与维修、航空金融、航空旅游、航空物流和依托航空运输的高附加值产品制造业，打造航空经济产业链。选择部分地区开展航空经济示范区试点，加快形成珠三角、长三角、京津冀临空产业集聚区。

三、 政策措施

（十四）加强立法和规划。健全空域管理相关法律法规，推动修订《中华人民共和国民用航空法》。加强航空安全、空中交通、适航审定、通用航空等方面的立法工作，建立比较完备的民航法规和标准体系。编制全国空域规划和通用航空产业规划，完善《全国民用机场布局规划》。各地区编制本地民航发展规划，要做好与当地经济社会发展、土地利用、城乡建设等规划的衔接。

（十五）加大空域管理改革力度。以充分开发和有效利用空域资源为宗旨，加快改革步伐，营造适应航空运输、通用航空和军事航空和谐发展的空域管理环境，统筹军民航空域需求，加快推进空域管理方式的转变。加强军民航协调，完善空域动态灵活使用机制。科学划分空域类别，实施分类管理。做好推进低空空域管理改革的配套工作，在低空空域管理领域建立起科学的基础理论、法规标准、运行管理和服务保障体系，逐步形成一整套既有中国特色又符合低空空域管理改革发展特点的组织模式、制度安排和运行方式。

（十六）完善管理体制机制。适应民航业发展要求理顺民航业管理体制机制，强化民航系统各地区管理机构建设。加强民航业主管部门对民航企业的行业管理力度，完善国有大型航空运输企业考核体系，引导企业更加注重航空运输的社会效益。全面贯彻《民用机场管理条例》，深化机场管理体制改革，进一步明确地方政府在机场发展中的主体责任和相关职能。发挥市场对资源配置的基础性作用，逐步推进民航运输价格改革，健全价格形成机制。完善民航机场和空管收费政策。加快航油、航材、航信等服务保障领域的市场开放，鼓励和引导外资、民营资本投资民航业。

（十七）强化科教和人才支撑。将民航科技创新纳入国家科技计划体系，建立相应的国家级民航重点实验室。加强空管核心技术、适航审定、航行新技术的研发和推广，推动北斗卫星系统在民航领域的应用。加快航空运输系统核心信息平台的升级换代，保障基础信息网络和重要信息系统安全，增强民航装备国产化的实验验证能力。实施重大人才工程，加大飞行、机务、空管等紧缺专业人才培养力度。强化民航院校行业特色，鼓励有条件的非民航直属院校和教育机构培养民航专业人才。对民航行政机构专业技术人员薪酬待遇等实行倾斜政策，稳定民航专业人才队伍。

（十八）完善财税扶持政策。加大对民航建设和发展的投入，中央财政继续重点支持中西部支线机场建设与运营。加强民航发展基金的征收和使用，优化基金支出结构。完善应急救援和重大专项任务的行政征用制度。实行燃油附加与航油价格的联动机制。保障机场及其综合枢纽建设发展用地，按规定实行相应的税收减免政策。支持符合条件的临空经济区按程序申请设立综合保税区等海关特殊监管区域，按规定实行相应的税收政策。继续在规定范围内给予部分飞机、发动机、航空器材等进口税收优惠。

（十九）改善金融服务。研究设立主体多元化的民航股权投资（基金）企业。制定完善相关政策，支持国内航空租赁业发展。鼓励银行业金融机构对飞机购租、机场及配套设施建设提供优惠的信贷支持，支持民航企业上市融资、发行债券和中期票据。完善民航企业融资担保等信用增强体系，鼓励各类融资性担保机构为民航基础设施建设项目提供担保。稳步推进国内航空公司飞机第三者战争责任险商业化进程。

各地区、各部门要充分认识促进民航业发展的重要意义，进一步统一思想，提高认识，扎实工作，采取切实措施落实本意见提出的各项任务，积极协调解决民航业发展中的重大问题，共同开创民航业科学发展的新局面。

国务院

2012 年 7 月 8 日

附录二　中华人民共和国
民用航空安全保卫条例

（1996 年 7 月 6 日中华人民共和国国务院令第 201 号发布）

第一章　总　则

第一条　为了防止对民用航空活动的非法干扰，维护民用航空秩序，保障民用航空安全，制定本条例。

第二条　本条例适用于在中华人民共和国领域内的一切民用航空活动以及与民用航空活动有关的单位和个人。

在中华人民共和国领域外从事民用航空活动的具有中华人民共和国国籍的民用航空器适用本条例；但是，中华人民共和国缔结或者参加的国际条约另有规定的除外。

第三条　民用航空安全保卫工作实行统一管理、分工负责的原则。

民用航空公安机关（以下简称民航公安机关）负责对民用航空安全保卫工作实施统一管理、检查和监督。

第四条　有关地方人民政府与民用航空单位应当密切配合，共同维护民用航空安全。

第五条　旅客、货物托运人和收货人以及其他进入机场的人员，应当遵守民用航空安全管理的法律、法规和规章。

第六条　民用机场经营人和民用航空器经营人应当履行下列职责：

（一）制定本单位民用航空安全保卫方案，并报国务院民用航空主管部门备案；

（二）严格实行有关民用航空安全保卫的措施；

（三）定期进行民用航空安全保卫训练，及时消除危及民用航空安全的隐患。

与中华人民共和国通航的外国民用航空企业，应当向国务院民用航空主管部门报送民用航空安全保卫方案。

第七条　公民有权向民航公安机关举报预谋劫持、破坏民用航空器或者其他危害民用航空安全的行为。

第八条　对维护民用航空安全做出突出贡献的单位或者个人，由有关人民政府或者国务院民用航空主管部门给予奖励。

第二章　民用机场的安全保卫

第九条　民用机场（包括军民合用机场中的民用部分，下同）的新建、改建或者扩建，应当符合国务院民用航空主管部门关于民用机场安全保卫设施建设的规定。

第十条　民用机场开放使用，应当具备下列安全保卫条件：

（一）设有机场控制区并配备专职警卫人员；

（二）设有符合标准的防护围栏和巡逻通道；

（三）设有安全保卫机构并配备相应的人员和装备；

（四）设有安全检查机构并配备与机场运输量相适应的人员和检查设备；

（五）设有专职消防组织并按照机场消防等级配备人员和设备；

（六）订有应急处置方案并配备必要的应急援救设备。

第十一条　机场控制区应当根据安全保卫的需要，划定为候机隔离区、行李分检装卸区、航空器活动区和维修区、货物存放区等，并分别设置安全防护设施和明显标志。

第十二条　机场控制区应当有严密的安全保卫措施，实行封闭式分区管理。具体管理办法由国务院民用航空主管部门制定。

第十三条　人员与车辆进入机场控制区，必须佩带机场控制区通行证并接受警卫人员的检查。

机场控制区通行证，由民航公安机关按照国务院民用航空主管部门的有关规定制发和管理。

第十四条　在航空器活动区和维修区内的人员、车辆必须按照规定路线行进，车辆、设备必须在指定位置停放，一切人员、车辆必须避让航空器。

第十五条　停放在机场的民用航空器必须有专人警卫；各有关部门及其工作人员必须严格执行航空器警卫交接制度。

第十六条　机场内禁止下列行为：

（一）攀（钻）越、损毁机场防护围栏及其他安全防护设施；

（二）在机场控制区内狩猎、放牧、晾晒谷物、教练驾驶车辆；

（三）无机场控制区通行证进入机场控制区；

（四）随意穿越航空器跑道、滑行道；

（五）强行登、占航空器；

（六）谎报险情，制造混乱；

（七）扰乱机场秩序的其他行为。

第三章　民用航空营运的安全保卫

第十七条　承运人及其代理人出售客票，必须符合国务院民用航空主管部门的有关规定；对不符合规定的，不得售予客票。

第十八条　承运人办理承运手续时，必须核对乘机人和行李。

第十九条　旅客登机时，承运人必须核对旅客人数。

对已经办理登机手续而未登机的旅客的行李，不得装入或者留在航空器内。

旅客在航空器飞行中途中止旅行时，必须将其行李卸下。

第二十条　承运人对承运的行李、货物，在地面存储和运输期间，必须有专人监管。

第二十一条　配制、装载供应品的单位对装入航空器的供应品，必须保证其安全性。

第二十二条　航空器在飞行中的安全保卫工作由机长统一负责。

航空安全员在机长领导下，承担安全保卫的具体工作。

机长、航空安全员和机组其他成员，应当严格履行职责，保护民用航空器及其所载人员和财产的安全。

第二十三条　机长在执行职务时，可以行使下列权力：

（一）在航空器起飞前，发现有关方面对航空器未采取本条例规定的安全措施的，拒绝起飞；

（二）在航空器飞行中，对扰乱航空器内秩序，干扰机组人员正常工作而不听劝阻的人，采取必要的管束措施；

（三）在航空器飞行中，对劫持、破坏航空器或者其他危及安全的行为，采取必要的措施；

（四）在航空器飞行中遇到特殊情况时，对航空器的处置作最后决定。

第二十四条 禁止下列扰乱民用航空营运秩序和行为：

（一）倒卖购票证件、客票和航空运输企业的有效订座凭证；

（二）冒用他人身份证件购票、登机；

（三）利用客票交运或者捎带非旅客本人的行李物品；

（四）将未经安全检查或者采取其他安全措施的物品装入航空器。

第二十五条 航空器内禁止下列行为：

（一）在禁烟区吸烟；

（二）抢占座位、行李舱（架）；

（三）打架、酗酒、寻衅滋事；

（四）盗窃、故意损坏或者擅自移动救生物品和设备；

（五）危及飞行安全和扰乱航空器内秩序的其他行为。

第四章 安全检查

第二十六条 乘坐民用航空器的旅客和其他人员及其携带的行李物品，必须接受安全检查；但是，国务院规定免检的除外。

拒绝接受安全检查的，不准登机，损失自行承担。

第二十七条 安全检查人员应当查验旅客客票、身份证件和登机牌，使用仪器或者手工对旅客及其行李物品进行安全检查，必要时可以从严检查。

已经安全检查的旅客应当在候机隔离区等待登机。

第二十八条 进入候机隔离区的工作人员（包括机组人员）及其携带的物品，应当接受安全检查。

接送旅客的人员和其他人员不得进入候机隔离区。

第二十九条 外交邮袋免予安全检查。外交信使及其随身携带的其他物品应当接受安全检查；但是，中华人民共和国缔结或者参加的国际条约另有规定的除外。

第三十条 空运的货物必须经过安全检查或者对其采取的其他安全措施。

货物托运人不得伪报品名托运或者在货物中夹带危险物品。

第三十一条 航空邮件必须经过安全检查。发现可疑邮件时，安全检查部门应当会同邮政部门开包查验处理。

第三十二条 除国务院另有规定的外，乘坐民用航空器的，禁止随身携带或者交运下列物品：

（一）枪支、弹药、军械、警械；

（二）管制刀具；

（三）易燃、易爆、有毒、腐蚀性、放射性物品；

（四）国家规定的其他禁运物品。

第三十三条 除本条例第三十二条规定的物品外，其他可以用于危害航空安全的物品，旅客不得随身携带，但是可以作为行李交运或者按照国务院民用航空主管部门有关规定由机组人员带到目的地后交还。

对含有易燃物质的生活用品实行限量携带。限量携带的物品及其数量，由国务院民用航空主管部门规定。

第五章 罚 则

第三十四条 违反本条例第十四条的规定或者有本条例第十六条、第二十四条第一项、第二十五条所列行为，构成违反治安管理行为的，由民航公安机关依照《中华人民共和国治安管理处罚法》有关规定予以处罚；有本条例第二十四条第二项所列行为的，由民航公安机关依照《中华人民共和国居民身份证法》有关规定予以处罚。

第三十五条 违反本条例的有关规定，由民航公安机关按照下列规定予以处罚：

（一）有本条例第二十四条第四项所列行为的，可以处以警告或者 3000 元以下的罚款；

（二）有本条例第二十四条第三项所列行为的，可以处以警告、没收非法所得或者 5000 元以下罚款；

（三）违反本条例第三十条第二款、第三十二条的规定，尚未构成犯罪的，可以处以 5000 元以下罚款、没收或者扣留非法携带的物品。

第三十六条 违反本条例的规定，有下列情形之一的，民用航空主管部门可以对有关单位处以警告、停业整顿或者 5 万元以下的罚款；民航公安机关可以对直接责任人员处以警告或者 500 元以下的罚款：

（一）违反本条例第十五条的规定，造成航空器失控的；

（二）违反本条例第十七条的规定，出售客票的；

（三）违反本条例第十八条的规定，承运人办理承运手续时，不核对乘机人和行李的；

（四）违反本条例第十九条的规定的；

（五）违反本条例第二十条、第二十一条、第三十条第一款、第三十一条的规定，对收运、装入航空器的物品不采取安全措施的。

第三十七条 违反本条例的有关规定，构成犯罪的，依法追究刑事责任。

第三十八条 违反本条例规定的，除依照本章的规定予以处罚外，给单位或者个人造成财产损失的，应当依法承担赔偿责任。

第六章 附 则

第三十九条 本条例下列用语的含义：

"机场控制区"，是指根据安全需要在机场内划定的进出受到限制的区域。

"候机隔离区"，是指根据安全需要在候机楼（室）内划定的供已经安全检查的出港旅客等待登机的区域及登机通道、摆渡车。

"航空器活动区"，是指机场内用于航空器起飞、着陆以及与此有关的地面活动区域，包括跑道、滑行道、联络道、客机坪。

第四十条 本条例自发布之日起施行。

附录三　中华人民共和国民用航空法

1995 年 10 月 30 日第八届全国人民代表大会
常务委员会第十六次会议通过
1995 年 10 月 30 日中华人民共和国主席令第五十六号
公布自 1996 年 3 月 1 日起施行

第一章　总　　则

第一条　为了维护国家的领空主权和民用航空权利，保障民用航空活动安全和有秩序地进行，保护民用航空活动当事人各方的合法权益，促进民用航空事业的发展，制定本法。

第二条　中华人民共和国的领陆和领水之上的空域为中华人民共和国领空。中华人民共和国对领空享有完全的、排他的主权。

第三条　国务院民用航空主管部门对全国民用航空活动实施统一监督管理；根据法律和国务院的决定，在本部门的权限内，发布有关民用航空活动的规定、决定。

国务院民用航空主管部门设立的地区民用航空管理机构依照国务院民用航空主管部门的授权，监督管理各该地区的民用航空活动。

第四条　国家扶持民用航空事业的发展，鼓励和支持发展民用航空的科学研究和教育事业，提高民用航空科学技术水平。

国家扶持民用航空器制造业的发展，为民用航空活动提供安全、先进、经济、适用的民用航空器。

第二章　民用航空器国籍

第五条　本法所称民用航空器，是指除用于执行军事、海关、警察飞行任务外的航空器。

第六条　经中华人民共和国国务院民用航空主管部门依法进行国籍登记的民用航空器，具有中华人民共和国国籍，由国务院民用航空主管部门发给国籍登记证书。

国务院民用航空主管部门设立中华人民共和国民用航空器国籍登记簿，统一记载民用航空器的国籍登记事项。

第七条　下列民用航空器应当进行中华人民共和国国籍登记：

（一）中华人民共和国国家机构的民用航空器；

（二）依照中华人民共和国法律设立的企业法人的民用航空器；企业法人的注册资本中有外商出资的，其机构设置、人员组成和中方投资人的出资比例，应当符合行政法规的规定；

（三）国务院民用航空主管部门准予登记的其他民用航空器。

自境外租赁的民用航空器，承租人符合前款规定，该民用航空器的机组人员由承租人配备的，可以申请登记中华人民共和国国籍，但是必须先予注销该民用航空器原国籍登记。

第八条　依法取得中华人民共和国国籍的民用航空器，应当标明规定的国籍标志和登记标志。

　　第九条　民用航空器不得具有双重国籍。未注销外国国籍的民用航空器不得在中华人民共和国申请国籍登记。

第三章　民用航空器权利

第一节　一般规定

　　第十条　本章规定的对民用航空器的权利，包括对民用航空器构架、发动机、螺旋桨、无线电设备和其他一切为了在民用航空器上使用的，无论安装于其上或者暂时拆离的物品的权利。

　　第十一条　民用航空器权利人应当就下列权利分别向国务院民用航空主管部门办理权利登记：

　　（一）民用航空器所有权；

　　（二）通过购买行为取得并占有民用航空器的权利；

　　（三）根据租赁期限为六个月以上的租赁合同占有民用航空器的权利；

　　（四）民用航空器抵押权。

　　第十二条　国务院民用航空主管部门设立民用航空器权利登记簿。同一民用航空器的权利登记事项应当记载于同一权利登记簿中。

　　民用航空器权利登记事项，可以供公众查询、复制或者摘录。

　　第十三条　除民用航空器经依法强制拍卖外，在已经登记的民用航空器权利得到补偿或者民用航空器权利人同意之前，民用航空器的国籍登记或者权利登记不得转移至国外。

第二节　民用航空器所有权和抵押权

　　第十四条　民用航空器所有权的取得、转让和消灭，应当向国务院民用航空主管部门登记；未经登记的，不得对抗第三人。

　　民用航空器所有权的转让，应当签订书面合同。

　　第十五条　国家所有的民用航空器，由国家授予法人经营管理或者使用的，本法有关民用航空器所有人的规定适用于该法人。

　　第十六条　设定民用航空器抵押权，由抵押权人和抵押人共同向国务院民用航空主管部门办理抵押权登记；未经登记的，不得对抗第三人。

　　第十七条　民用航空器抵押权设定后，未经抵押权人同意，抵押人不得将被抵押民用航空器转让他人。

第三节　民用航空器优先权

　　第十八条　民用航空器优先权，是指债权人依照本法第十九条规定，向民用航空器所有人、承租人提出赔偿请求，对产生该赔偿请求的民用航空器具有优先受偿的权利。

　　第十九条　下列各项债权具有民用航空器优先权：

　　（一）援救该民用航空器的报酬；

　　（二）保管维护该民用航空器的必需费用。

　　前款规定的各项债权，后发生的先受偿。

　　第二十条　本法第十九条规定的民用航空器优先权，其债权人应当自援救或者保管维护工作终了之日起三个月内，就其债权向国务院民用航空主管部门登记。

第二十一条　为了债权人的共同利益，在执行人民法院判决以及拍卖过程中产生的费用，应当从民用航空器拍卖所得价款中先行拨付。

第二十二条　民用航空器优先权先于民用航空器抵押权受偿。

第二十三条　本法第十九条规定的债权转移的，其民用航空器优先权随之转移。

第二十四条　民用航空器优先权应当通过人民法院扣押产生优先权的民用航空器行使。

第二十五条　民用航空器优先权自援救或者保管维护工作终了之日起满三个月时终止；但是，债权人就其债权已经依照本法第二十条规定登记，并具有下列情形之一的除外：

（一）债权人、债务人已经就此项债权的金额达成协议；

（二）有关此项债权的诉讼已经开始。

民用航空器优先权不因民用航空器所有权的转让而消灭；但是，民用航空器经依法强制拍卖的除外。

第四节　民用航空器租赁

第二十六条　民用航空器租赁合同，包括融资租赁合同和其他租赁合同，应当以书面形式订立。

第二十七条　民用航空器的融资租赁，是指出租人按照承租人对供货方和民用航空器的选择，购得民用航空器，出租给承租人使用，由承租人定期交纳租金。

第二十八条　融资租赁期间，出租人依法享有民用航空器所有权，承租人依法享有民用航空器的占有、使用、收益权。

第二十九条　融资租赁期间，出租人不得干扰承租人依法占有、使用民用航空器；承租人应当适当地保管民用航空器，使之处于原交付时的状态，但是合理损耗和经出租人同意的对民用航空器的改变除外。

第三十条　融资租赁期满，承租人应当将符合本法第二十九条规定状态的民用航空器退还出租人；但是，承租人依照合同行使购买民用航空器的权利或者为继续租赁而占有民用航空器的除外。

第三十一条　民用航空器融资租赁中的供货方，不就同一损害同时对出租人和承租人承担责任。

第三十二条　融资租赁期间，经出租人同意，在不损害第三人利益的情况下，承租人可以转让其对民用航空器的占有权或者租赁合同约定的其他权利。

第三十三条　民用航空器的融资租赁和租赁期限为六个月以上的其他租赁，承租人应当就其对民用航空器的占有权向国务院民用航空主管部门办理登记；未经登记的，不得对抗第三人。

第四章　民用航空器适航管理

第三十四条　设计民用航空器及其发动机、螺旋桨和民用航空器上设备，应当向国务院民用航空主管部门申请领取型号合格证书。经审查合格的，发给型号合格证书。

第三十五条　生产、维修民用航空器及其发动机、螺旋桨和民用航空器上设备，应当向国务院民用航空主管部门申请领取生产许可证书、维修许可证书。经审查合格的，发给相应的证书。

第三十六条　外国制造人生产的任何型号的民用航空器及其发动机、螺旋桨和民用航空器上设备，首次进口中国的，该外国制造人应当向国务院民用航空主管部门申请领取型号认可证书。经审查合格的，发给型号认可证书。

已取得外国颁发的型号合格证书的民用航空器及其发动机、螺旋桨和民用航空器上设备，首次在中国境内生产的，该型号合格证书的持有人应当向国务院民用航空主管部门申请领取型号认可证书。经审查合格的，发给型号认可证书。

第三十七条　具有中华人民共和国国籍的民用航空器，应当持有国务院民用航空主管部门颁发的适航证书，方可飞行。

出口民用航空器及其发动机、螺旋桨和民用航空器上设备，制造人应当向国务院民用航空主管部门申请领取出口适航证书。经审查合格的，发给出口适航证书。

租用的外国民用航空器，应当经国务院民用航空主管部门对其原国籍登记国发给的适航证书审查认可或者另发适航证书，方可飞行。

民用航空器适航管理规定，由国务院制定。

第三十八条　民用航空器的所有人或者承租人应当按照适航证书规定的使用范围使用民用航空器，做好民用航空器的维修保养工作，保证民用航空器处于适航状态。

第五章　航　空　人　员

第一节　一　般　规　定

第三十九条　本法所称航空人员，是指下列从事民用航空活动的空勤人员和地面人员：

（一）空勤人员，包括驾驶员、领航员、飞行机械人员、飞行通信员、乘务员；

（二）地面人员，包括民用航空器维修人员、空中交通管制员、飞行签派员、航空电台通信员。

第四十条　航空人员应当接受专门训练，经考核合格，取得国务院民用航空主管部门颁发的执照，方可担任其执照载明的工作。

空勤人员和空中交通管制员在取得执照前，还应当接受国务院民用航空主管部门认可的体格检查单位的检查，并取得国务院民用航空主管部门颁发的体格检查合格证书。

第四十一条　空勤人员在执行飞行任务时，应当随身携带执照和体格检查合格证书，并接受国务院民用航空主管部门的查验。

第四十二条　航空人员应当接受国务院民用航空主管部门定期或者不定期的检查和考核；经检查、考核合格的，方可继续担任其执照载明的工作。

空勤人员还应当参加定期的紧急程序训练。

空勤人员间断飞行的时间超过国务院民用航空主管部门规定时限的，应当经过检查和考核；乘务员以外的空勤人员还应当经过带飞。经检查、考核、带飞合格的，方可继续担任其执照载明的工作。

第二节　机　　　组

第四十三条　民用航空器机组由机长和其他空勤人员组成。机长应当由具有独立驾驶该型号民用航空器的技术和经验的驾驶员担任。

机组的组成和人员数额，应当符合国务院民用航空主管部门的规定。

第四十四条　民用航空器的操作由机长负责，机长应当严格履行职责，保护民用航空器及其所载人员和财产的安全。

机长在其职权范围内发布的命令，民用航空器所载人员都应当执行。

第四十五条 飞行前，机长应当对民用航空器实施必要的检查；未经检查，不得起飞。

机长发现民用航空器、机场、气象条件等不符合规定，不能保证飞行安全的，有权拒绝起飞。

第四十六条 飞行中，对于任何破坏民用航空器、扰乱民用航空器内秩序、危害民用航空器所载人员或者财产安全以及其他危及飞行安全的行为，在保证安全的前提下，机长有权采取必要的适当措施。

飞行中，遇到特殊情况时，为保证民用航空器及其所载人员的安全，机长有权对民用航空器作出处置。

第四十七条 机长发现机组人员不适宜执行飞行任务的，为保证飞行安全，有权提出调整。

第四十八条 民用航空器遇险时，机长有权采取一切必要措施，并指挥机组人员和航空器上其他人员采取抢救措施。在必须撤离遇险民用航空器的紧急情况下，机长必须采取措施，首先组织旅客安全离开民用航空器；未经机长允许，机组人员不得擅自离开民用航空器；机长应当最后离开民用航空器。

第四十九条 民用航空器发生事故，机长应当直接或者通过空中交通管制单位，如实将事故情况及时报告国务院民用航空主管部门。

第五十条 机长收到船舶或者其他航空器的遇险信号，或者发现遇险的船舶、航空器及其人员，应当将遇险情况及时报告就近的空中交通管制单位并给予可能的合理的援助。

第五十一条 飞行中，机长因故不能履行职务的，由仅次于机长职务的驾驶员代理机长；在下一个经停地起飞前，民用航空器所有人或者承租人应当指派新机长接任。

第五十二条 只有一名驾驶员，不需配备其他空勤人员的民用航空器，本节对机长的规定，适用于该驾驶员。

第六章　民　用　机　场

第五十三条 本法所称民用机场，是指专供民用航空器起飞、降落、滑行、停放以及进行其他活动使用的划定区域，包括附属的建筑物、装置和设施。

本法所称民用机场不包括临时机场。

军民合用机场由国务院、中央军事委员会另行制定管理办法。

第五十四条 民用机场的建设和使用应当统筹安排、合理布局，提高机场的使用效率。

全国民用机场的布局和建设规划，由国务院民用航空主管部门会同国务院其他有关部门制定，并按照国家规定的程序，经批准后组织实施。

省、自治区、直辖市人民政府应当根据全国民用机场的布局和建设规划，制定本行政区域内的民用机场建设规划，并按照国家规定的程序报经批准后，将其纳入本级国民经济和社会发展规划。

第五十五条 民用机场建设规划应当与城市建设规划相协调。

第五十六条 新建、改建和扩建民用机场，应当符合依法制定的民用机场布局和建设规划，符合民用机场标准，并按照国家规定报经有关主管机关批准并实施。

不符合依法制定的民用机场布局和建设规划的民用机场建设项目，不得批准。

第五十七条 新建、扩建民用机场，应当由民用机场所在地县级以上地方人民政府发布公告。

前款规定的公告应当在当地主要报纸上刊登,并在拟新建、扩建机场周围地区张贴。

第五十八条　禁止在依法划定的民用机场范围内和按照国家规定划定的机场净空保护区域内从事下列活动:

(一)修建可能在空中排放大量烟雾、粉尘、火焰、废气而影响飞行安全的建筑物或者设施;

(二)修建靶场、强烈爆炸物仓库等影响飞行安全的建筑物或者设施;

(三)修建不符合机场净空要求的建筑物或者设施;

(四)设置影响机场目视助航设施使用的灯光、标志或者物体;

(五)种植影响飞行安全或者影响机场助航设施使用的植物;

(六)饲养、放飞影响飞行安全的鸟类动物和其他物体;

(七)修建影响机场电磁环境的建筑物或者设施。

禁止在依法划定的民用机场范围内放养牲畜。

第五十九条　民用机场新建、扩建的公告发布前,在依法划定的民用机场范围内和按照国家规定划定的机场净空保护区域内存在的可能影响飞行安全的建筑物、构筑物、树木、灯光和其他障碍物体,应当在规定的期限内清除;对由此造成的损失,应当给予补偿或者依法采取其他补救措施。

第六十条　民用机场新建、扩建的公告发布后,任何单位和个人违反本法和有关行政法规的规定,在依法划定的民用机场范围内和按照国家规定划定的机场净空保护区域内修建、种植或者设置影响飞行安全的建筑物、构筑物、树木、灯光和其他障碍物体的,由机场所在地县级以上地方人民政府责令清除;由此造成的损失,由修建、种植或者设置该障碍物体的人承担。

第六十一条　在民用机场及其按照国家规定划定的净空保护区域以外,对可能影响飞行安全的高大建筑物或者设施,应当按照国家有关规定设置飞行障碍灯和标志,并使其保持正常状态。

第六十二条　民用机场应当持有机场使用许可证,方可开放使用。

民用机场具备下列条件,并按照国家规定经验收合格后,方可申请机场使用许可证:

(一)具备与其运营业务相适应的飞行区、航站区、工作区以及服务设施和人员;

(二)具备能够保障飞行安全的空中交通管制、通信导航、气象等设施和人员;

(三)具备符合国家规定的安全保卫条件;

(四)具备处理特殊情况的应急计划以及相应的设施和人员;

(五)具备国务院民用航空主管部门规定的其他条件。

国际机场还应当具备国际通航条件,设立海关和其他口岸检查机关。

第六十三条　民用机场使用许可证由机场管理机构向国务院民用航空主管部门申请,经国务院民用航空主管部门审查批准后颁发。

第六十四条　设立国际机场,由国务院民用航空主管部门报请国务院审查批准。

国际机场的开放使用,由国务院民用航空主管部门对外公告;国际机场资料由国务院民用航空主管部门统一对外提供。

第六十五条　民用机场应当按照国务院民用航空主管部门的规定,采取措施,保证机场内人员和财产的安全。

第六十六条　供运输旅客或者货物的民用航空器使用的民用机场,应当按照国务院民用航空主管部门规定的标准,设置必要设施,为旅客和货物托运人、收货人提供良好服务。

第六十七条　民用机场管理机构应当依照环境保护法律、行政法规的规定，做好机场环境保护工作。

第六十八条　民用航空器使用民用机场及其助航设施的，应当缴纳使用费、服务费；使用费、服务费的收费标准，由国务院民用航空主管部门会同国务院财政部门、物价主管部门制定。

第六十九条　民用机场废弃或者改作他用，民用机场管理机构应当依照国家规定办理报批手续。

第七章　空中航行

第一节　空域管理

第七十条　国家对空域实行统一管理。

第七十一条　划分空域，应当兼顾民用航空和国防安全的需要以及公众的利益，使空域得到合理、充分、有效的利用。

第七十二条　空域管理的具体办法，由国务院、中央军事委员会制定。

第二节　飞行管理

第七十三条　在一个划定的管制空域内，由一个空中交通管制单位负责该空域内的航空器的空中交通管制。

第七十四条　民用航空器在管制空域内进行飞行活动，应当取得空中交通管制单位的许可。

第七十五条　民用航空器应当按照空中交通管制单位指定的航路和飞行高度飞行；因故确需偏离指定的航路或者改变飞行高度飞行的，应当取得空中交通管制单位的许可。

第七十六条　在中华人民共和国境内飞行的航空器，必须遵守统一的飞行规则。

进行目视飞行的民用航空器，应当遵守目视飞行规则，并与其他航空器、地面障碍物体保持安全距离。

进行仪表飞行的民用航空器，应当遵守仪表飞行规则。

飞行规则由国务院、中央军事委员会制定。

第七十七条　民用航空器机组人员的飞行时间、执勤时间不得超过国务院民用航空主管部门规定的时限。

民用航空器机组人员受到酒类饮料、麻醉剂或者其他药物的影响，损及工作能力的，不得执行飞行任务。

第七十八条　民用航空器除按照国家规定经特别批准外，不得飞入禁区；除遵守规定的限制条件外，不得飞入限制区。

前款规定的禁区和限制区，依照国家规定划定。

第七十九条　民用航空器不得飞越城市上空；但是，有下列情形之一的除外：

（一）起飞、降落或者指定的航路所必需的；

（二）飞行高度足以使该航空器在发生紧急情况时离开城市上空，而不致危及地面上的人员、财产安全的；

（三）按照国家规定的程序获得批准的。

第八十条　飞行中，民用航空器不得投掷物品；但是，有下列情形之一的除外：

（一）飞行安全所必需的；

（二）执行救助任务或者符合社会公共利益的其他飞行任务所必需的。

第八十一条 民用航空器未经批准不得飞出中华人民共和国领空。

对未经批准正在飞离中华人民共和国领空的民用航空器，有关部门有权根据具体情况采取必要措施，予以制止。

第三节 飞 行 保 障

第八十二条 空中交通管制单位应当为飞行中的民用航空器提供空中交通服务，包括空中交通管制服务、飞行情报服务和告警服务。

提供空中交通管制服务，旨在防止民用航空器同航空器、民用航空器同障碍物体相撞，维持并加速空中交通的有秩序的活动。

提供飞行情报服务，旨在提供有助于安全和有效地实施飞行的情报和建议。

提供告警服务，旨在当民用航空器需要搜寻援救时，通知有关部门，并根据要求协助该有关部门进行搜寻援救。

第八十三条 空中交通管制单位发现民用航空器偏离指定航路、迷失航向时，应当迅速采取一切必要措施，使其回归航路。

第八十四条 航路上应当设置必要的导航、通信、气象和地面监视设备。

第八十五条 航路上影响飞行安全的自然障碍物体，应当在航图上标明；航路上影响飞行安全的人工障碍物体，应当设置飞行障碍灯和标志，并使其保持正常状态。

第八十六条 在距离航路边界三十千米以内的地带，禁止修建靶场和其他可能影响飞行安全的设施；但是，平射轻武器靶场除外。

在前款规定地带以外修建固定的或者临时性对空发射场，应当按照国家规定获得批准；对空发射场的发射方向，不得与航路交叉。

第八十七条 任何可能影响飞行安全的活动，应当依法获得批准，并采取确保飞行安全的必要措施，方可进行。

第八十八条 国务院民用航空主管部门应当依法对民用航空无线电台和分配给民用航空系统使用的专用频率实施管理。

任何单位或者个人使用的无线电台和其他仪器、装置，不得妨碍民用航空无线电专用频率的正常使用。对民用航空无线电专用频率造成有害干扰的，有关单位或者个人应当迅速排除干扰；未排除干扰前，应当停止使用该无线电台或者其他仪器、装置。

第八十九条 邮电通信企业应当对民用航空电信传递优先提供服务。

国家气象机构应当对民用航空气象机构提供必要的气象资料。

第四节 飞行必备文件

第九十条 从事飞行的民用航空器，应当携带下列文件：

（一）民用航空器国籍登记证书；

（二）民用航空器适航证书；

（三）机组人员相应的执照；

（四）民用航空器航行记录簿；

（五）装有无线电设备的民用航空器，其无线电台执照；

（六）载有旅客的民用航空器，其所载旅客姓名及其出发地点和目的地点的清单；

（七）载有货物的民用航空器，其所载货物的舱单和明细的申报单；

（八）根据飞行任务应当携带的其他文件。

民用航空器未按规定携带前款所列文件的，国务院民用航空主管部门或者其授权的地区民用航空管理机构可以禁止该民用航空器起飞。

第八章　公共航空运输企业

第九十一条　公共航空运输企业，是指以营利为目的，使用民用航空器运送旅客、行李、邮件或者货物的企业法人。

第九十二条　设立公共航空运输企业，应当向国务院民用航空主管部门申请领取经营许可证，并依法办理工商登记；未取得经营许可证的，工商行政管理部门不得办理工商登记。

第九十三条　设立公共航空运输企业，应当具备下列条件：

（一）有符合国家规定的适应保证飞行安全要求的民用航空器；

（二）有必需的依法取得执照的航空人员；

（三）有不少于国务院规定的最低限额的注册资本；

（四）法律、行政法规规定的其他条件。

第九十四条　公共航空运输企业的组织形式、组织机构适用公司法的规定。

本法施行前设立的公共航空运输企业，其组织形式、组织机构不完全符合公司法规定的，可以继续沿用原有的规定，适用前款规定的日期由国务院规定。

第九十五条　公共航空运输企业应当以保证飞行安全和航班正常，提供良好服务为准则，采取有效措施，提高运输服务质量。

公共航空运输企业应当教育和要求本企业职工严格履行职责，以文明礼貌、热情周到的服务态度，认真做好旅客和货物运输的各项服务工作。

旅客运输航班延误的，应当在机场内及时通告有关情况。

第九十六条　公共航空运输企业申请经营定期航班运输（以下简称航班运输）的航线，暂停、终止经营航线，应当报经国务院民用航空主管部门批准。

公共航空运输企业经营航班运输，应当公布班期时刻。

第九十七条　公共航空运输企业的营业收费项目，由国务院民用航空主管部门确定。

国内航空运输的运价管理办法，由国务院民用航空主管部门会同国务院物价主管部门制定，报国务院批准后执行。

国际航空运输运价的制定按照中华人民共和国政府与外国政府签订的协定、协议的规定执行；没有协定、协议的，参照国际航空运输市场价格制定运价，报国务院民用航空主管部门批准后执行。

第九十八条　公共航空运输企业从事不定期运输，应当经国务院民用航空主管部门批准，并不得影响航班运输的正常经营。

第九十九条　公共航空运输企业应当依照国务院制定的公共航空运输安全保卫规定，制定安全保卫方案，并报国务院民用航空主管部门备案。

第一百条　公共航空运输企业不得运输法律、行政法规规定的禁运物品。

公共航空运输企业未经国务院民用航空主管部门批准，不得运输作战军火、作战物资。

禁止旅客随身携带法律、行政法规规定的禁运物品乘坐民用航空器。

第一百零一条　公共航空运输企业运输危险品，应当遵守国家有关规定。

禁止以非危险品品名托运危险品。

禁止旅客随身携带危险品乘坐民用航空器。除因执行公务并按照国家规定经过批准外，禁止旅客携带枪支、管制刀具乘坐民用航空器。禁止违反国务院民用航空主管部门的规定将危险品作为行李托运。

危险品品名由国务院民用航空主管部门规定并公布。

第一百零二条 公共航空运输企业不得运输拒绝接受安全检查的旅客，不得违反国家规定运输未经安全检查的行李。

公共航空运输企业必须按照国务院民用航空主管部门的规定，对承运的货物进行安全检查或者采取其他保证安全的措施。

第一百零三条 公共航空运输企业从事国际航空运输的民用航空器及其所载人员、行李、货物应当接受边防、海关、检疫等主管部门的检查；但是，检查时应当避免不必要的延误。

第一百零四条 公共航空运输企业应当依照有关法律、行政法规的规定优先运输邮件。

第一百零五条 公共航空运输企业应当投保地面第三人责任险。

第九章　公共航空运输

第一节　一般规定

第一百零六条 本章适用于公共航空运输企业使用民用航空器经营的旅客、行李或者货物的运输，包括公共航空运输企业使用民用航空器办理的免费运输。

本章不适用于使用民用航空器办理的邮件运输。

对多式联运方式的运输，本章规定适用于其中的航空运输部分。

第一百零七条 本法所称国内航空运输，是指根据当事人订立的航空运输合同，运输的出发地点、约定的经停地点和目的地点均在中华人民共和国境内的运输。

本法所称国际航空运输，是指根据当事人订立的航空运输合同，无论运输有无间断或者有无转运，运输的出发地点、目的地点或者约定的经停地点之一不在中华人民共和国境内的运输。

第一百零八条 航空运输合同各方认为几个连续的航空运输承运人办理的运输是一项单一业务活动的，无论其形式是以一个合同订立或者数个合同订立，应当视为一项不可分割的运输。

第二节　运输凭证

第一百零九条 承运人运送旅客，应当出具客票。旅客乘坐民用航空器，应当交验有效客票。

第一百一十条 客票应当包括的内容由国务院民用航空主管部门规定，至少应当包括以下内容：

（一）出发地点和目的地点；

（二）出发地点和目的地点均在中华人民共和国境内，而在境外有一个或者数个约定的经停地点的，至少注明一个经停地点；

（三）旅客航程的最终目的地点、出发地点或者约定的经停地点之一不在中华人民共和国境内，依照所适用的国际航空运输公约的规定，应当在客票上声明此项运输适用该公约的，客票上应当载有该项声明。

第一百一十一条　客票是航空旅客运输合同订立和运输合同条件的初步证据。

旅客未能出示客票、客票不符合规定或者客票遗失，不影响运输合同的存在或者有效。

在国内航空运输中，承运人同意旅客不经其出票而乘坐民用航空器的，承运人无权援用本法第一百二十八条有关赔偿责任限制的规定。

在国际航空运输中，承运人同意旅客不经其出票而乘坐民用航空器的，或者客票上未依照本法第一百一十条第（三）项的规定声明的，承运人无权援用本法第一百二十九条有关赔偿责任限制的规定。

第一百一十二条　承运人载运托运行李时，行李票可以包含在客票之内或者与客票相结合。除本法第一百一十条的规定外，行李票还应当包括下列内容：

（一）托运行李的件数和重量；

（二）需要声明托运行李在目的地点交付时的利益的，注明声明金额。

行李票是行李托运和运输合同条件的初步证据。

旅客未能出示行李票、行李票不符合规定或者行李票遗失，不影响运输合同的存在或者有效。在国内航空运输中，承运人载运托运行李而不出具行李票的，承运人无权援用本法第一百二十八条有关赔偿责任限制的规定。

在国际航空运输中，承运人载运托运行李而不出具行李票的，或者行李票上未依照本法第一百一十条第（三）项的规定声明的，承运人无权援用本法第一百二十九条有关赔偿责任限制的规定。

第一百一十三条　承运人有权要求托运人填写航空货运单，托运人有权要求承运人接受该航空货运单。托运人未能出示航空货运单、航空货运单不符合规定或者航空货运单遗失，不影响运输合同的存在或者有效。

第一百一十四条　托运人应当填写航空货运单正本一式三份，连同货物交给承运人。

航空货运单第一份注明"交承运人"，由托运人签字、盖章；第二份注明"交收货人"，由托运人和承运人签字、盖章；第三份由承运人在接受货物后签字、盖章，交给托运人。

承运人根据托运人的请求填写航空货运单的，在没有相反证据的情况下，应当视为代托运人填写。

第一百一十五条　航空货运单应当包括的内容由国务院民用航空主管部门规定，至少应当包括以下内容：

（一）出发地点和目的地点；

（二）出发地点和目的地点均在中华人民共和国境内，而在境外有一个或者数个约定的经停地点的，至少注明一个经停地点；

（三）货物运输的最终目的地点、出发地点或者约定的经停地点之一不在中华人民共和国境内，依照所适用的国际航空运输公约的规定，应当在货运单上声明此项运输适用该公约的，货运单上应当载有该项声明。

第一百一十六条　在国内航空运输中，承运人同意未经填具航空货运单而载运货物的，承运人无权援用本法第一百二十八条有关赔偿责任限制的规定。

在国际航空运输中，承运人同意未经填具航空货运单而载运货物的，或者航空货运单上未依照本法第一百一十五条第（三）项的规定声明的，承运人无权援用本法第一百二十九条有关赔偿责任限制的规定。

第一百一十七条　托运人应当对航空货运单上所填关于货物的说明和声明的正确性负责。

因航空货运单上所填的说明和声明不符合规定、不正确或者不完全，给承运人或者承运人对之负责的其他人造成损失的，托运人应当承担赔偿责任。

第一百一十八条 航空货运单是航空货物运输合同订立和运输条件以及承运人接受货物的初步证据。

航空货运单上关于货物的重量、尺寸、包装和包装件数的说明具有初步证据的效力、除经过承运人和托运人当面查对并在航空货运单上注明经过查对或者书写关于货物的外表情况的说明外，航空货运单上关于货物的数量、体积和情况的说明不能构成不利于承运人的证据。

第一百一十九条 托运人在履行航空货物运输合同规定的义务的条件下，有权在出发地机场或者目的地机场将货物提回，或者在途中经停时中止运输，或者在目的地点或者途中要求将货物交给非航空货运单上指定的收货人，或者要求将货物运回出发地机场；但是，托运人不得因行使此种权利而使承运人或者其他托运人遭受损失，并应当偿付由此产生的费用。

托运人的指示不能执行的，承运人应当立即通知托运人。

承运人按照托运人的指示处理货物，没有要求托运人出示其所收执的航空货运单，给该航空货运单的合法持有人造成损失的，承运人应当承担责任，但是不妨碍承运人向托运人追偿。

收货人的权利依照本法第一百二十条规定开始时，托运人的权利即告终止；但是，收货人拒绝接受航空货运单或者货物，或者承运人无法同收货人联系的，托运人恢复其对货物的处置权。

第一百二十条 除本法第一百一十九条所列情形外，收货人于货物到达目的地点，并在缴付应付款项和履行航空货运单上所列运输条件后，有权要求承运人移交航空货运单并交付货物。

除另有约定外，承运人应当在货物到达后立即通知收货人。

承运人承认货物已经遗失，或者货物在应当到达之日起七日后仍未到达的，收货人有权向承运人行使航空货物运输合同所赋予的权利。

第一百二十一条 托运人和收货人在履行航空货物运输合同规定的义务的条件下，无论为本人或者他人的利益，可以以本人的名义分别行使本法第一百一十九条和第一百二十条所赋予的权利。

第一百二十二条 本法第一百一十九条、第一百二十条和第一百二十一条的规定，不影响托运人同收货人之间的相互关系，也不影响从托运人或者收货人获得权利的第三人之间的关系。

任何与本法第一百一十九条、第一百二十条和第一百二十一条规定不同的合同条款，应当在航空货运单上载明。

第一百二十三条 托运人应当提供必需的资料和文件，以便在货物交付收货人前完成法律、行政法规规定的有关手续；因没有此种资料、文件，或者此种资料、文件不充足或者不符合规定造成的损失，除由于承运人或者其受雇人、代理人的过错造成的外，托运人应当对承运人承担责任。

除法律、行政法规另有规定外，承运人没有对前款规定的资料或者文件进行检查的义务。

第三节 承运人的责任

第一百二十四条 因发生在民用航空器上或者在旅客上、下民用航空器过程中的事件，造成旅客人身伤亡的，承运人应当承担责任；但是，旅客的人身伤亡完全是由于旅客本人的健康状况造成的，承运人不承担责任。

第一百二十五条 因发生在民用航空器上或者在旅客上、下民用航空器过程中的事件，造成旅客随身携带物品毁灭、遗失或者损坏的，承运人应当承担责任。因发生在航空运输期间的事件，造成旅客的托运行李毁灭、遗失或者损坏的，承运人应当承担责任。

旅客随身携带物品或者托运行李的毁灭、遗失或者损坏完全是由于行李本身的自然属性、质量或者缺陷造成的，承运人不承担责任。

本章所称行李，包括托运行李和旅客随身携带的物品。

因发生在航空运输期间的事件，造成货物毁灭、遗失或者损坏的，承运人应当承担责任；但是，承运人证明货物的毁灭、遗失或者损坏完全是由于下列原因之一造成的，不承担责任：

（一）货物本身的自然属性、质量或者缺陷；

（二）承运人或者其受雇人、代理人以外的人包装货物的，货物包装不良；

（三）战争或者武装冲突；

（四）政府有关部门实施的与货物入境、出境或者过境有关的行为。

本条所称航空运输期间，是指在机场内、民用航空器上或者机场外降落的任何地点，托运行李、货物处于承运人掌管之下的全部期间。

航空运输期间，不包括机场外的任何陆路运输、海上运输、内河运输过程；但是，此种陆路运输、海上运输、内河运输是为了履行航空运输合同而装载、交付或者转运，在没有相反证据的情况下，所发生的损失视为在航空运输期间发生的损失。

第一百二十六条 旅客、行李或者货物在航空运输中因延误造成的损失，承运人应当承担责任；但是，承运人证明本人或者其受雇人、代理人为了避免损失的发生，已经采取一切必要措施或者不可能采取此种措施的，不承担责任。

第一百二十七条 在旅客、行李运输中，经承运人证明，损失是由索赔人的过错造成或者促成的，应当根据造成或者促成此种损失的过错的程度，相应免除或者减轻承运人的责任。旅客以外的其他人就旅客死亡或者受伤提出赔偿请求时，经承运人证明，死亡或者受伤是旅客本人的过错造成或者促成的，同样应当根据造成或者促成此种损失的过错的程度，相应免除或者减轻承运人的责任。

在货物运输中，经承运人证明，损失是由索赔人或者代行权利人的过错造成或者促成的，应当根据造成或者促成此种损失的过错的程度，相应免除或者减轻承运人的责任。

第一百二十八条 国内航空运输承运人的赔偿责任限额由国务院民用航空主管部门制定，报国务院批准后公布执行。

旅客或者托运人在交运托运行李或者货物时，特别声明在目的地点交付时的利益，并在必要时支付附加费的，除承运人证明旅客或者托运人声明的金额高于托运行李或者货物在目的地点交付时的实际利益外，承运人应当在声明金额范围内承担责任；本法第一百二十九条的其他规定，除赔偿责任限额外，适用于国内航空运输。

第一百二十九条 国际航空运输承运人的赔偿责任限额按照下列规定执行：

（一）对每名旅客的赔偿责任限额为16600计算单位；但是，旅客可以同承运人书面约定高于本项规定的赔偿责任限额。

（二）对托运行李或者货物的赔偿责任限额，每千克为17计算单位、旅客或者托运人在交运托运行李或者货物时，特别声明在目的地点交付时的利益，并在必要时支付附加费的，除承运人证明旅客或者托运人声明的金额高于托运行李或者货物在目的地点交付时的实际利益外，承运人应当在声明金额范围内承担责任。

托运行李或者货物的一部分或者托运行李、货物中的任何物件毁灭、遗失、损坏或者延误的，用以确定承运人赔偿责任限额的重量，仅为该一包件或者数包件的总重量；但是，因托运行李或者货物的一部分或者托运行李、货物中的任何物件的毁灭、遗失、损坏或者延误，影响同一份行李票或者同一份航空货运单所列其他包件的价值的，确定承运人的赔偿责任限额时，此种包件的总重量也应当考虑在内。

（三）对每名旅客随身携带的物品的赔偿责任限额为 332 计算单位。

第一百三十条 任何旨在免除本法规定的承运人责任或者降低本法规定的赔偿责任限额的条款，均属无效；但是，此种条款的无效，不影响整个航空运输合同的效力。

第一百三十一条 有关航空运输中发生的损失的诉讼，不论其根据如何，只能依照本法规定的条件和赔偿责任限额提出，但是不妨碍谁有权提起诉讼以及他们各自的权利。

第一百三十二条 经证明，航空运输中的损失是由于承运人或者其受雇人、代理人的故意或者明知可能造成损失而轻率地作为或者不作为造成的，承运人无权援用本法第一百二十八条、第一百二十九条有关赔偿责任限制的规定；证明承运人的受雇人、代理人有此种作为或者不作为的，还应当证明该受雇人、代理人是在受雇、代理范围内行事。

第一百三十三条 就航空运输中的损失向承运人的受雇人、代理人提起诉讼时，该受雇人、代理人证明他是在受雇、代理范围内行事的，有权援用本法第一百二十八条、第一百二十九条有关赔偿责任限制的规定。

在前款规定情形下，承运人及其受雇人、代理人的赔偿总额不得超过法定的赔偿责任限额。

经证明，航空运输中的损失是由于承运人的受雇人、代理人的故意或者明知可能造成损失而轻率地作为或者不作为造成的，不适用本条第一款和第二款的规定。

第一百三十四条 旅客或者收货人收受托运行李或者货物而未提出异议，为托运行李或者货物已经完好交付并与运输凭证相符的初步证据。

托运行李或者货物发生损失的，旅客或者收货人应当在发现损失后向承运人提出异议。托运行李发生损失的，至迟应当自收到托运行李之日起七日内提出；货物发生损失的，至迟应当自收到货物之日起十四日内提出。托运行李或者货物发生延误的，至迟应当自托运行李或者货物交付旅客或者收货人处置之日起二十一日内提出。

任何异议均应当在前款规定的期间内写在运输凭证上或者另以书面提出。

除承运人有欺诈行为外，旅客或者收货人未在本条第二款规定的期间内提出异议的，不能向承运人提出索赔诉讼。

第一百三十五条 航空运输的诉讼时效期间为二年，自民用航空器到达目的地点、应当到达目的地点或者运输终止之日起计算。

第一百三十六条 由几个航空承运人办理的连续运输，接受旅客、行李或者货物的每一个承运人应当受本法规定的约束，并就其根据合同办理的运输区段作为运输合同的订约一方。

对前款规定的连续运输，除合同明文约定第一承运人应当对全程运输承担责任外，旅客或者其继承人只能对发生事故或者延误的运输区段的承运人提起诉讼。

托运行李或者货物的毁灭、遗失、损坏或者延误，旅客或者托运人有权对第一承运人提起诉讼，旅客或者收货人有权对最后承运人提起诉讼，旅客、托运人和收货人均可以对发生毁灭、遗失、损坏或者延误的运输区段的承运人提起诉讼。上述承运人应当对旅客、托运人或者收货人承担连带责任。

第四节　实际承运人履行航空运输的特别规定

第一百三十七条　本节所称缔约承运人，是指以本人名义与旅客或者托运人，或者与旅客或者托运人的代理人，订立本章调整的航空运输合同的人。

本节所称实际承运人，是指根据缔约承运人的授权，履行前款全部或者部分运输的人，不是指本章规定的连续承运人；在没有相反证明时，此种授权被认为是存在的。

第一百三十八条　除本节另有规定外，缔约承运人和实际承运人都应当受本章规定的约束。缔约承运人应当对合同约定的全部运输负责。实际承运人应当对其履行的运输负责。

第一百三十九条　实际承运人的作为和不作为，实际承运人的受雇人、代理人在受雇、代理范围内的作为和不作为，关系到实际承运人履行的运输的，应当视为缔约承运人的作为和不作为。

缔约承运人的作为和不作为，缔约承运人的受雇人、代理人在受雇、代理范围内的作为和不作为，关系到实际承运人履行的运输的，应当视为实际承运人的作为和不作为；但是，实际承运人承担的责任不因此种作为或者不作为而超过法定的赔偿责任限额。

任何有关缔约承运人承担本章未规定的义务或者放弃本章赋予的权利的特别协议，或者任何有关依照本法第一百二十八条、第一百二十九条规定所作的在目的地点交付时利益的特别声明，除经实际承运人同意外，均不得影响实际承运人。

第一百四十条　依照本章规定提出的索赔或者发出的指示，无论是向缔约承运人还是向实际承运人提出或者发出的，具有同等效力；但是，本法第一百一十九条规定的指示，只在向缔约承运人发出时，方有效。

第一百四十一条　实际承运人的受雇人、代理人或者缔约承运人的受雇人、代理人，证明他是在受雇、代理范围内行事的，就实际承运人履行的运输而言，有权援用本法第一百二十八条、第一百二十九条有关赔偿责任限制的规定，但是依照本法规定不得援用赔偿责任限制规定的除外。

第一百四十二条　对于实际承运人履行的运输，实际承运人、缔约承运人以及他们的在受雇、代理范围内行事的受雇人、代理人的赔偿总额不得超过依照本法得以从缔约承运人或者实际承运人获得赔偿的最高数额；但是，其中任何人都不承担超过对他适用的赔偿责任限额。

第一百四十三条　对实际承运人履行的运输提起的诉讼，可以分别对实际承运人或者缔约承运人提起，也可以同时对实际承运人和缔约承运人提起；被提起诉讼的承运人有权要求另一承运人参加应诉。

第一百四十四条　除本法第一百四十三条规定外，本节规定不影响实际承运人和缔约承运人之间的权利、义务。

第十章　通　用　航　空

第一百四十五条　通用航空，是指使用民用航空器从事公共航空运输以外的民用航空活动，包括从事工业、农业、林业、渔业和建筑业的作业飞行以及医疗卫生、抢险救灾、气象探测、海洋监测、科学实验、教育训练、文化体育等方面的飞行活动。

第一百四十六条　从事通用航空活动，应当具备下列条件：

（一）有与所从事的通用航空活动相适应，符合保证飞行安全要求的民用航空器；

（二）有必需的依法取得执照的航空人员；

（三）符合法律、行政法规规定的其他条件。

从事经营性通用航空，限于企业法人。

第一百四十七条　从事非经营性通用航空的，应当向国务院民用航空主管部门办理登记。

从事经营性通用航空的，应当向国务院民用航空主管部门申请领取通用航空经营许可证，并依法办理工商登记；未取得经营许可证的，工商行政管理部门不得办理工商登记。

第一百四十八条　通用航空企业从事经营性通用航空活动，应当与用户订立书面合同，但是紧急情况下的救护或者救灾飞行除外。

第一百四十九条　组织实施作业飞行时，应当采取有效措施，保证飞行安全，保护环境和生态平衡，防止对环境、居民、作物或者牲畜等造成损害。

第一百五十条　从事通用航空活动的，应当投保地面第三人责任险。

第十一章　搜寻援救和事故调查

第一百五十一条　民用航空器遇到紧急情况时，应当发送信号，并向空中交通管制单位报告，提出援救请求；空中交通管制单位应当立即通知搜寻援救协调中心。民用航空器在海上遇到紧急情况时，还应当向船舶和国家海上搜寻援救组织发送信号。

第一百五十二条　发现民用航空器遇到紧急情况或者收听到民用航空器遇到紧急情况的信号的单位或者个人，应当立即通知有关的搜寻援救协调中心、海上搜寻援救组织或者当地人民政府。

第一百五十三条　收到通知的搜寻援救协调中心、地方人民政府和海上搜寻援救组织，应当立即组织搜寻援救。

收到通知的搜寻援救协调中心，应当设法将已经采取的搜寻援救措施通知遇到紧急情况的民用航空器。

搜寻援救民用航空器的具体办法，由国务院规定。

第一百五十四条　执行搜寻援救任务的单位或者个人，应当尽力抢救民用航空器所载人员，按照规定对民用航空器采取抢救措施并保护现场，保存证据。

第一百五十五条　民用航空器事故的当事人以及有关人员在接受调查时，应当如实提供现场情况和与事故有关的情节。

第一百五十六条　民用航空器事故调查的组织和程序，由国务院规定。

第十二章　对地面第三人损害的赔偿责任

第一百五十七条　因飞行中的民用航空器或者从飞行中的民用航空器上落下的人或者物，造成地面（包括水面，下同）上的人身伤亡或者财产损害的，受害人有权获得赔偿；但是，所受损害并非造成损害的事故的直接后果，或者所受损害仅是民用航空器依照国家有关的空中交通规则在空中通过造成的，受害人无权要求赔偿。

前款所称飞行中，是指自民用航空器为实际起飞而使用动力时起至着陆冲程终了时止；就轻于空气的民用航空器而言，飞行中是指自其离开地面时起至其重新着地时止。

第一百五十八条　本法第一百五十七条规定的赔偿责任，由民用航空器的经营人承担。

前款所称经营人，是指损害发生时使用民用航空器的人。民用航空器的使用权已经直接或者间接地授予他人，本人保留对该民用航空器的航行控制权的，本人仍被视为经营人。

经营人的受雇人、代理人在受雇、代理过程中使用民用航空器，无论是否在其受雇、代理范围内行事，均视为经营人使用民用航空器。

民用航空器登记的所有人应当被视为经营人，并承担经营人的责任；除非在判定其责任的诉讼中，所有人证明经营人是他人，并在法律程序许可的范围内采取适当措施使该人成为诉讼当事人之一。

第一百五十九条 未经对民用航空器有航行控制权的人同意而使用民用航空器，对地面第三人造成损害的，有航行控制权的人除证明本人已经适当注意防止此种使用外，应当与该非法使用人承担连带责任。

第一百六十条 损害是武装冲突或者骚乱的直接后果，依照本章规定应当承担责任的人不承担责任。

依照本章规定应当承担责任的人对民用航空器的使用权业经国家机关依法剥夺的，不承担责任。

第一百六十一条 依照本章规定应当承担责任的人证明损害是完全由于受害人或者其受雇人、代理人的过错造成的，免除其赔偿责任；应当承担责任的人证明损害是部分由于受害人或者其受雇人、代理人的过错造成的，相应减轻其赔偿责任。但是，损害是由于受害人的受雇人、代理人的过错造成时，受害人证明其受雇人、代理人的行为超出其所授权的范围的，不免除或者不减轻应当承担责任的人的赔偿责任。

一人对另一人的死亡或者伤害提起诉讼，请求赔偿时，损害是该另一人或者其受雇人、代理人的过错造成的，适用前款规定。

第一百六十二条 两个以上的民用航空器在飞行中相撞或者相扰，造成本法第一百五十七条规定的应当赔偿的损害，或者两个以上的民用航空器共同造成此种损害的，各有关民用航空器均应当被认为已经造成此种损害，各有关民用航空器的经营人均应当承担责任。

第一百六十三条 本法第一百五十八条第四款和第一百五十九条规定的人，享有依照本章规定经营人所能援用的抗辩权。

第一百六十四条 除本章有明确规定外，经营人、所有人和本法第一百五十九条规定的应当承担责任的人，以及他们的受雇人、代理人，对于飞行中的民用航空器或者从飞行中的民用航空器上落下的人或者物造成的地面上的损害不承担责任，但是故意造成此种损害的人除外。

第一百六十五条 本章不妨碍依照本章规定应当对损害承担责任的人向他人追偿的权利。

第一百六十六条 民用航空器的经营人应当投保地面第三人责任险或者取得相应的责任担保。

第一百六十七条 保险人和担保人除享有与经营人相同的抗辩权，以及对伪造证件进行抗辩的权利外，对依照本章规定提出的赔偿请求只能进行下列抗辩：

（一）损害发生在保险或者担保终止有效后；然而保险或者担保在飞行中期满的，该项保险或者担保在飞行计划中所载下一次降落前继续有效，但是不得超过二十四小时；

（二）损害发生在保险或者担保所指定的地区范围外，除非飞行超出该范围是由于不可抗力、援助他人所必需，或者驾驶、航行或者领航上的差错造成的。

前款关于保险或者担保继续有效的规定，只在对受害人有利时适用。

第一百六十八条 仅在下列情形下，受害人可以直接对保险人或者担保人提起诉讼，但是不妨碍受害人根据有关保险合同或者担保合同的法律规定提起直接诉讼的权利：

（一）根据本法第一百六十七条第（一）项、第（二）项规定，保险或者担保继续有效的；

（二）经营人破产的。

除本法第一百六十七条第一款规定的抗辩权，保险人或者担保人对受害人依照本章规定提起的直接诉讼不得以保险或者担保的无效或者追溯力终止为由进行抗辩。

第一百六十九条 依照本法第一百六十六条规定提供的保险或者担保，应当被专门指定优先支付本章规定的赔偿。

第一百七十条 保险人应当支付给经营的款项，在本章规定的第三人的赔偿请求未满足前，不受经营人的债权人的扣留和处理。

第一百七十一条 地面第三人损害赔偿的诉讼时效期间为二年，自损害发生之日起计算；但是，在任何情况下，时效期间不得超过自损害发生之日起三年。

第一百七十二条 本章规定不适用于下列损害：

（一）对飞行中的民用航空器或者对该航空器上的人或者物造成的损害；

（二）为受害人同经营人或者同发生损害时对民用航空器有使用权的人订立的合同所约束，或者为适用两方之间的劳动合同的法律有关职工赔偿的规定所约束的损害；

（三）核损害。

第十三章 对外国民用航空器的特别规定

第一百七十三条 外国人经营的外国民用航空器，在中华人民共和国境内从事民用航空活动，适用本章规定；本章没有规定的，适用本法其他有关规定。

第一百七十四条 外国民用航空器根据其国籍登记国政府与中华人民共和国政府签订的协定、协议的规定，或者经中华人民共和国国务院民用航空主管部门批准或者接受，方可飞入、飞出中华人民共和国领空和在中华人民共和国境内飞行、降落。

对不符合前款规定，擅自飞入、飞出中华人民共和国领空的外国民用航空器，中华人民共和国有关机关有权采取必要措施，令其在指定的机场降落；对虽然符合前款规定，但是有合理的根据认为需要对其进行检查的，有关机关有权令其在指定的机场降落。

第一百七十五条 外国民用航空器飞入中华人民共和国领空，其经营人应当提供有关证明书，证明其已经投保地面第三人责任险或者已经取得相应的责任担保；其经营人未提供有关证明书的，中华人民共和国国务院民用航空主管部门有权拒绝其飞入中华人民共和国领空。

第一百七十六条 外国民用航空器的经营人经其本国政府指定，并取得中华人民共和国国务院民用航空主管部门颁发的经营许可证，方可经营中华人民共和国政府与该外国政府签订的协定、协议规定的国际航班运输；外国民用航空器的经营人经其本国政府批准，并获得中华人民共和国国务院民用航空主管部门批准，方可经营中华人民共和国境内一地和境外一地之间的不定期航空运输。

前款规定的外国民用航空器经营人，应当依照中华人民共和国法律、行政法规的规定，制定相应的安全保卫方案，报中华人民共和国国务院民用航空主管部门备案。

第一百七十七条 外国民用航空器的经营人，不得经营中华人民共和国境内两点之间的航空运输。

第一百七十八条 外国民用航空器，应当按照中华人民共和国国务院民用航空主管部门批准的班期时刻或者飞行计划飞行；变更班期时刻或者飞行计划的，其经营人应当获得中华人民共和国国务院民用航空主管部门的批准；因故变更或者取消飞行的，其经营人应当及时报告中华人民共和国国务院民用航空主管部门。

第一百七十九条 外国民用航空器应当在中华人民共和国国务院民用航空主管部门指定的设关机场起飞或者降落。

第一百八十条 中华人民共和国国务院民用航空主管部门和其他主管机关，有权在外国民用航空器降落或者飞出时查验本法第九十条规定的文件。

外国民用航空器及其所载人员、行李、货物，应当接受中华人民共和国有关主管机关依法实施的入境出境、海关、检疫等检查。

实施前两款规定的查验、检查，应当避免不必要的延误。

第一百八十一条 外国民用航空器国籍登记国发给或者核准的民用航空器适航证书、机组人员合格证书和执照，中华人民共和国政府承认其有效；但是，发给或者核准此项证书或者执照的要求，应当等于或者高于国际民用航空组织制定的最低标准。

第一百八十二条 外国民用航空器在中华人民共和国搜寻援救区内遇险，其所有人或者国籍登记国参加搜寻援救工作，应当经中华人民共和国国务院民用航空主管部门批准或者按照两国政府协议进行。

第一百八十三条 外国民用航空器在中华人民共和国境内发生事故，其国籍登记国和其他有关国家可以指派观察员参加事故调查。事故调查报告和调查结果，由中华人民共和国国务院民用航空主管部门告知该外国民用航空器的国籍登记国和其他有关国家。

第十四章　涉外关系的法律适用

第一百八十四条 中华人民共和国缔结或者参加的国际条约同本法有不同规定的，适用国际条约的规定；但是，中华人民共和国声明保留的条款除外。

中华人民共和国法律和中华人民共和国缔结或者参加的国际条约没有规定的，可以适用国际惯例。

第一百八十五条 民用航空器所有权的取得、转让和消灭，适用民用航空器国籍登记国法律。

第一百八十六条 民用航空器抵押权适用民用航空器国籍登记国法律。

第一百八十七条 民用航空器优先权适用受理案件的法院所在地法律。

第一百八十八条 民用航空运输合同当事人可以选择合同适用的法律，但是法律另有规定的除外；合同当事人没有选择的，适用与合同有最密切联系的国家的法律。

第一百八十九条 民用航空器对地面第三人的损害赔偿，适用侵权行为地法律。

民用航空器在公海上空对水面第三人的损害赔偿，适用受理案件的法院所在地法律。

第一百九十条 依照本章规定适用外国法律或者国际惯例，不得违背中华人民共和国的社会公共利益。

第十五章　法　律　责　任

第一百九十一条 以暴力、胁迫或者其他方法劫持航空器的，依照关于惩治劫持航空器犯罪分子的决定追究刑事责任。

第一百九十二条 对飞行中的民用航空器上的人员使用暴力，危及飞行安全，尚未造成严重后果的，依照刑法第一百零五条的规定追究刑事责任；造成严重后果的，依照刑法第一百零六条的规定追究刑事责任。

第一百九十三条　违反本法规定，隐匿携带炸药、雷管或者其他危险品乘坐民用航空器，或者以非危险品品名托运危险品，尚未造成严重后果的，比照刑法第一百六十三条的规定追究刑事责任；造成严重后果的，依照刑法第一百一十条的规定追究刑事责任。

企业事业单位犯前款罪的，判处罚金，并对直接负责的主管人员和其他直接责任人员依照前款规定追究刑事责任。

隐匿携带枪支子弹、管制刀具乘坐民用航空器的，比照刑法第一百六十三条的规定追究刑事责任。

第一百九十四条　公共航空运输企业违反本法第一百零一条的规定运输危险品的，由国务院民用航空主管部门没收违法所得，可以并处违法所得一倍以下的罚款。

公共航空运输企业有前款行为，导致发生重大事故的，没收违法所得，判处罚金；并对直接负责的主管人员和其他直接责任人员依照刑法第一百一十五条的规定追究刑事责任。

第一百九十五条　故意在使用中的民用航空器上放置危险品或者唆使他人放置危险品，足以毁坏该民用航空器，危及飞行安全，尚未造成严重后果的，依照刑法第一百零七条的规定追究刑事责任；造成严重后果的，依照刑法第一百一十条的规定追究刑事责任。

第一百九十六条　故意传递虚假情报，扰乱正常飞行秩序，使公私财产遭受重大损失的，依照刑法第一百五十八条的规定追究刑事责任。

第一百九十七条　盗窃或者故意损毁、移动使用中的航行设施，危及飞行安全，足以使民用航空器发生坠落、毁坏危险，尚未造成严重后果的，依照刑法第一百零八条的规定追究刑事责任；造成严重后果的，依照刑法第一百一十条的规定追究刑事责任。

第一百九十八条　聚众扰乱民用机场秩序的，依照刑法第一百五十九条的规定追究刑事责任。

第一百九十九条　航空人员玩忽职守，或者违反规章制度，导致发生重大飞行事故，造成严重后果的，分别依照、比照刑法第一百八十七条或者第一百一十四条的规定追究刑事责任。

第二百条　违反本法规定，尚不够刑事处罚，应当给予治安管理处罚的，依照治安管理处罚条例的规定处罚。

第二百零一条　违反本法第三十七条的规定，民用航空器无适航证书而飞行，或者租用的外国民用航空器未经国务院民用航空主管部门对其原国籍登记国发给的适航证书审查认可或者另发适航证书而飞行的，由国务院民用航空主管部门责令停止飞行，没收违法所得，可以并处违法所得一倍以上五倍以下的罚款；没有违法所得的，处以十万元以上一百万元以下的罚款。适航证书失效或者超过适航证书规定范围飞行的，依照前款规定处罚。

第二百零二条　违反本法第三十四条、第三十六条第二款的规定，将未取得型号合格证书、型号认可证书的民用航空器及其发动机、螺旋桨或者民用航空器上的设备投入生产的，由国务院民用航空主管部门责令停止生产，没收违法所得，可以并处违法所得一倍以下的罚款；没有违法所得的，处以五万元以上五十万元以下的罚款。

第二百零三条　违反本法第三十五条的规定，未取得生产许可证书、维修许可证书而从事生产、维修活动的，违反本法第九十二条、第一百四十七条第二款的规定，未取得公共航空运输经营许可证或者通用航空经营许可证而从事公共航空运输或者从事经营性通用航空的，国务院民用航空主管部门可以责令停止生产、维修或者经营活动。

第二百零四条　已取得本法第三十五条规定的生产许可证书、维修许可证书的企业，因生产、维修的质量问题造成严重事故的，国务院民用航空主管部门可以吊销其生产许可证书或者维修许可证书。

第二百零五条 违反本法第四十条的规定，未取得航空人员执照、体格检查合格证书而从事相应的民用航空活动的，由国务院民用航空主管部门责令停止民用航空活动，在国务院民用航空主管部门规定的限期内不得申领有关执照和证书，对其所在单位处以二十万元以下的罚款。

第二百零六条 有下列违法情形之一的，由国务院民用航空主管部门对民用航空器的机长给予警告或者吊扣执照一个月至六个月的处罚，情节较重的，可以给予吊销执照的处罚：

（一）机长违反本法第四十五条第一款的规定，未对民用航空器实施检查而起飞的；

（二）民用航空器违反本法第七十五条的规定，未按照空中交通管制单位指定的航路和飞行高度飞行，或者违反本法第七十九条的规定飞越城市上空的。

第二百零七条 违反本法第七十四条的规定，民用航空器未经空中交通管制单位许可进行飞行活动的，由国务院民用航空主管部门责令停止飞行，对该民用航空器所有人或者承租人处以一万元以上十万元以下的罚款；对该民用航空器的机长给予警告或者吊扣执照一个月至六个月的处罚，情节较重的，可以给予吊销执照的处罚。

第二百零八条 民用航空器的机长或者机组其他人员有下列行为之一的，由国务院民用航空主管部门给予警告或者吊扣执照一个月至六个月的处罚；有第（二）项或者第（三）项所列行为的，可以给予吊销执照的处罚：

（一）在执行飞行任务时，不按照本法第四十一条的规定携带执照和体格检查合格证书的；

（二）民用航空器遇险时，违反本法第四十八条的规定离开民用航空器的；

（三）违反本法第七十七条第二款的规定执行飞行任务的。

第二百零九条 违反本法第八十条的规定，民用航空器在飞行中投掷物品的，由国务院民用航空主管部门给予警告，可以对直接责任人员处以二千元以上二万元以下的罚款。

第二百一十条 违反本法第六十二条的规定，未取得机场使用许可证开放使用民用机场的，由国务院民用航空主管部门责令停止开放使用；没收违法所得，可以并处违法所得一倍以下的罚款。

第二百一十一条 公共航空运输企业、通用航空企业违反本法规定，情节较重的，除依照本法规定处罚外，国务院民用航空主管部门可以吊销其经营许可证。对被吊销经营许可证的，工商行政管理部门应吊销其营业执照。

第二百一十二条 国务院民用航空主管部门和地区民用航空管理机构的工作人员，玩忽职守、滥用职权、徇私舞弊，构成犯罪的，依法追究刑事责任；尚不构成犯罪的，依法给予行政处分。

第十六章 附 则

第二百一十三条 本法所称计算单位，是指国际货币基金组织规定的特别提款权；其人民币数额为法院判决之日、仲裁机构裁决之日或者当事人协议之日，按照国家外汇主管机关规定的国际货币基金组织的特别提款权对人民币的换算办法计算得出的人民币数额。

参 考 文 献

[1] 中国民用航空总局规划司. 从统计看民航（2010）. 北京：中国民航出版社，2010.

[2] 张光辉. 中国民用机场：上册. 北京：中国民航出版社，2008.

[3] 张光辉. 中国民用机场：下册. 北京：中国民航出版社，2008.

[4] 刘得一，张兆宁，杨新湦. 民航概论. 第3版. 北京：中国民航出版社，2011.

[5] 李涛. 民用航空机场地面服务实用手册. 北京：中国知识出版社，2006.

[6] 郭莉. 民用航空法概论. 北京：航空工业出版社，2010.

[7] 李永. 民航基础知识. 北京：中国民航出版社，2007.

[8] 李永，朱天柱. 民航机场地面服务概论. 北京：中国民航出版社，2009.

[9] 罗亮生. 新编高职高专民航概论. 北京：中国民航出版社，2009.

[10] 孙继湖. 航空运输概论. 北京：中国民航出版社，2009.

[11] 夏洪山. 现代航空运输管理. 北京：人民交通出版社，2003.

[12] 民航资源网. 网址：http://www.carnoc.com/.